現代生物学の
基本原理
15講

大瀧 丈二

大学教育出版

まえがき

　これまでに生物学の教科書は数え切れないほど出版されています。分厚い本から手ごろな薄い本まで様々です。特に最近のものは美しい写真やイラストを取り揃えたビジュアルな本も多くみられます。生物学の知識に対する需要はここ数年でも高まってきているように感じるのは私だけではないでしょう。このような時代に、ここにまた一冊、生物学の新しい教科書を世に送り出す意味はあるのだろうかと考える方もいるかもしれません。

　しかし、こういう時代だからこそ意味があるというのが私の結論です。親切に書かれたそれらの本には、やはり肝心なものが欠けているような気がしてなりません。きれいな本には「きれいごと」しか並べられていません。きれいごとには人間味がないことが多く、正直言ってあまり面白くないものばかりです。

　また、いわゆる親切な本には、「情報」こそ網羅され整理されてはいますが（そして、そのような著作は大変重要ですが）、整然とした情報ばかりでは誤解を生む可能性もあります。著者の気迫や意気込みは感じられません。羅列的であり、ストーリー性がありません。そのため、情報が断片的に頭にとどまるだけで有機的に結びついてこないのです。

　さらに、生物学は幅広い分野であり、しかも、日進月歩です。「生物学の教科書」を大学の講義のために執筆する場合、誰も本当の意味ですべての領域を見渡せるわけはないですから、当然のこととして、トピックは限定的なものとなり、著者の視点が色濃く出ることになります。

　そして何よりも、大学生を対象としているのですから、特に科学とは何かという思想や社会との関わりについて論じる機会をつくる必要があるでしょう。「思想や感情の伴わない科学は意味がない」というのが私の持論です。けれども、当然のことながら、そのような話題は生物学そのものではないため、一般の教科書

にはまったく取り上げられません。かといって、ほかでも取り上げられる場所はまったくありません。一方、学生側の需要としては、そのような話こそ、本当に知りたいことである場合が多いのです。ほとんどの学生は、将来、生物学者になるわけではないのですから。

　そのようなわけで、琉球大学で生物学を教授するこの機会に、私が学生の頃に感じた空虚感をできるだけ感じさせないような授業を展開できないものかと思い、本書を執筆することにしました。生物学の原点から最新の方法論までを取り扱い、かつ、根本原理となる考え方を中心に論述を展開しました。また、他の教科書には単なる事実の羅列としてしか書かれていないものを、私なりに有機的に配列し、積極的に意味づけするように試みてみました。

＊＊＊

　本書の題名「現代生物学の基本原理15講」というのは、生物学が単なる断片的暗記事項の寄せ集めではなく、有機的な知識のつながりであることを理解してほしいという念願を込めて命名されたものです。生物学という科目は、概して「暗記科目」という印象が強くあります。確かにそのとおりです。雑学的な暗記事項が多いのです。暗記せずには何もはじまりません。一方、数学や物理学は「暗記科目」ではないと言われています。確かに、数学や物理学には法則があり、法則を覚えてしまえば、あとはそれに当てはめるだけであるという印象が強くあります。

　けれども、実は、数学でも物理学でも暗記しなければ試験で高得点は望めません。実は、少なくとも「試験問題を解く」というレベルでは、数学や物理学も暗記科目そのものであることは、最近多くの教諭によって説かれています。私も賛成です。数学や物理学の試験問題を解くことは、「自然の法則について考えること」からは程遠いのです。

　では、生物学と数学・物理学との違いはどこにあるのでしょうか。それは暗記対象の質の違いです。生物学では、ばらばらな学術用語をとにかく意味も分らないまま暗記しなければなりません。数学や物理学では、学術用語は少なく、問題解法のパターンをとにかく意味も分らないまま暗記しなければなりません。

このように、生物学が雑学的であるのは、一般原理あるいは根本原理の稀少さに端を発するものです。それは必ずしも暗記事項の多さと短絡的な関係があるわけではありません。一般原理・根本原理が稀少なのであれば、暗記事項が多くて煩雑である反面、それらを体系的にまとめることはむしろ容易なはずです。つまり、それほど多くはない生物学の根本原理を教授すれば、生物学全体を俯瞰できる人材を育成することは困難なことではないでしょう。

　もちろん、生物学は多様性を探求する学問でもあるため、いわゆる雑学的な視点こそ必要な場合も多いでしょう。しかし、根本原理なしに雑学的知識ばかり教えているのでは、いくら楽しくても教育という意味では失格でしょう。最初に根本原理を理解しておけば、その後に仕入れた知識の位置づけが容易となり、有機的な知識を育むことが可能となります。それぞれの知識の相互関係を明確にするような「地図」を頭の中につくり上げることが重要なのです。

　私は蝶が好きで、それなりに蝶に関する知識を持っていますが、蝶の形態や生態などに関する限り、アマチュアの蝶屋の方々には私はまったく及びません。しかし、蝶に関する知識を現代科学の中で有機的に捉え、的確に位置づけることに関しては、私はアマチュアにないものを持っています（はずです）。蝶の形態や生態に思いを馳せることはこの上なく楽しいことですが、そのような個々の事象だけを教えることは、大学というプロフェッショナルな教育機関では好ましいことではありません。逆に言えば、大学の生物学の授業を通して、現代生物学の全体像がおぼろげながらにでもイメージとして浮かんでくるようになるのなら、授業の価値もあるというものです。

＊＊＊

　実は、私は大学・大学院時代を通じて、現代生物学を概観するために必須となる根本原理や知識の有機的つながりについて教授していただいた記憶はほとんどありません。また、それは教科書には書かれていないことが多いのです。ほとんどの教科書も事実の羅列とストーリー性のなさ、きれいごとと表面を滑走するような断片的知識しか与えてはくれなかったことを覚えています。それでも私は必死になって多くの教科書に取り組んできましたが、読了後には心の中を風が吹

き抜けるような気持ちになってしまうものさえ少なくはありませんでした。生物学の解説書がちまたにあふれるようになった現在でも、そのような状況は決して改善されてはいません。

ただ、例外的に私の印象に残っているのは、マサチューセッツ大学に所属していたときに受けた基礎生化学の授業です。トリカルボン酸サイクルをはじめとした代謝経路が中心となっているため、生化学こそは暗記中の暗記のように思われますが、私の予想に反し、エレガントな授業が展開されました。それはアマースト・カレッジの教員による授業でした。彼は、教科書にはほとんど書かれていない、代謝経路の「意味」について語ってくれたのです。日本ではほとんど知られていませんが、アマースト・カレッジはハーバード大学などをしのぐ学部教育名門校です。学生のレベルが高いということは、やはり、教員のレベルの高さの反映なのであろうかと今になって思い起こすのです。

現実は、数学者でも、数学の法則や定理の意味を必ずしも理解せず、丸暗記のまま研究に利用している人がほとんどです。生物学においても状況は変わりません。生物学者が生物学の基本原理を理解したうえで研究に取り組んでいるというわけではありません。全体像が見えているわけでもありません。それが現実です。もちろん、研究者として自立していく中で必ずしも基本原理を徹底的に理解しておく必要はありませんし、必ずしも全体像を把握しておく必要はありません。しかし、教育の場合は話が別です。われわれ研究者が教育に取り組む場合、やはり、物事の核となるものを選定して掘り下げる必要があるでしょうし、学生に生物学の全体像を教授するように努力することが求められるのです。

ただし、根本原理のみを強調するということは、逆に言うと、一般の生化学や分子生物学の教科書で長々と議論されている部分を思い切って省略するということでもあります。そのような部分が重要でないわけではありません。整然と整理された情報を提供する本の存在も、特に、将来生物学者を志す学生にとっては重要であることは疑い得ません。本書では、私自身の独断と偏見および能力の及ぶ範囲でトピックを選定せざるを得ませんでした。将来研究者を目指す方々は、本書のほか、生化学、分子生物学、生理学などの教科書にあたることをおすすめします。その場合、一般的に定評のあるものならば、どのような教科書でも構わないでしょう。

本書は生物学の本とはいえ、私自身の興味も反映し、社会現象や生命倫理をも取り扱ってみました。20世紀の偉大な物理学者たちがそうであったように、21世紀の生物学者には、ぜひ鋭い社会的視点も持ち合わせてもらいたいという願望も込められています。その意味でも、他の本にはないユニークなものに仕上がっていると思います。紙面や時間の都合もあり、本書で本来の目標を達成できたかどうかは分かりませんが、私なりに努力してみたことは確かです。学生の方々からのフィードバックをいただければ幸いです。

2006年8月

琉球大学理学部にて　大瀧　丈二

現代生物学の基本原理 15 講

目　次

まえがき ………………………………………………………………… i

第1部　生物科学の考え方 ……………………………………………… 1

第1講　科学の立場を的確に捉える ………………………………………… 2
　（1）　科学とは何か　　2
　（2）　科学は実験によって観測可能なことのみを論じる　　3
　（3）　実験系の限定　　5
　（4）　客観性と再現性　　6
　（5）　生物学における還元論　　8
　（6）　自然界の階層原理　　9
　（7）　単一性と多様性　　12
　（8）　WHAT・HOW・WHYに答える　　14
　（9）　科学教に陥らないための批判力　　16
　（10）　文化活動としての科学　　18
　（11）　科学のスタイルの変遷　　19
　（12）　現代科学者の生活　　21
　（13）　社会的に「役に立つ」とは　　23
　（14）　基礎科学的知識の価値はその楽しみにある　　25

第2講　生物学の大目標——複雑怪奇な生命現象を論理的に説明する ……… 27
　（1）　生物学の多様性と学問的位置づけ　　27
　（2）　複雑怪奇な生命現象を説明する　　29
　（3）　理解するとはどういうことか　　32
　（4）　一般性の追究としての物理学　　34
　（5）　生物学のスタイル——出発点としての二名法　　37
　（6）　生物学の統一原理——ダーウィンとウォレスの登場　　40
　（7）　自然選択説と用不用説　　42
　（8）　進化は集団レベルで起こる　　44

（9）遺伝学を確立したメンデル　　45
　（10）メンデルの法則　　47
　（11）メンデルの法則の実際　　50
　（12）ダーウィンとメンデルから現代生物学へ　　52

第2部　細胞が利用する化学現象 …………………………… 53

第3講　化学的視点から生物を語る …………………………… 54
　（1）生物学の特徴——生物学と化学の違い　　54
　（2）生体を構成する分子　　56
　（3）生体を構成する化学物質の種類　　58
　（4）核酸の構造　　64
　（5）蛋白質の構造　　68
　（6）化学結合の本質としての電気陰性度——共有結合からイオン結合まで　　70
　（7）波動方程式と化学結合の概念　　73
　（8）原子軌道という電子の部屋は量子数によって規定される　　76
　（9）電子配置の一般則　　78
　（10）共有結合の本質としての混成軌道　　80
　（11）非共有結合　　81
　（12）水の性質と酸塩基の概念　　84
　（13）特異的相互作用を駆使する　　88

第4講　生物のエネルギー・マネジメント ………………………… 90
　（1）生物におけるエネルギーの流れ　　90
　（2）エネルギーとは——熱力学の第一法則　　92
　（3）自由エネルギーの概念　　94
　（4）自由エネルギー変化と物質量　　98
　（5）共役によって自由エネルギーを稼ぐ　　100
　（6）活性化エネルギーを超える　　101

（7）　解糖系とTCAサイクル　　*103*
　（8）　エネルギーの通貨としてのATP　　*106*
　（9）　酸素の存在と酸化　　*108*
　（10）　酸化的燐酸化と化学浸透圧説　　*111*
　（11）　エネルギー代謝研究の歴史――生化学から生まれた生物の単一性　　*113*
　（12）　ヌクレオチドと核酸の多彩な機能　　*114*

第5講　細胞内に秩序を構成する――特異的相互作用と膜の機能　………… *116*
　（1）　生命現象の基本単位としての細胞　　*116*
　（2）　拡散という「移動手段」　　*117*
　（3）　平衡移動の概念　　*119*
　（4）　濃度変化による平衡移動と分子の移動　　*121*
　（5）　平衡定数から相互作用の強さを知る　　*123*
　（6）　膜によって仕切りをつくる　　*124*
　（7）　細胞内外のイオン分布の制御――ナトリウム・ポンプ　　*126*
　（8）　細胞の起源――細胞膜と自己複製分子の共生　　*128*
　（9）　原核細胞からの進化――細胞内共生説　　*131*
　（10）　真核細胞の特徴としての膜構造　　*132*
　（11）　膜電位の発生機構　　*133*
　（12）　拡散から秩序をつくり出す――反応拡散系　　*136*

第3部　情報分子の働き　………………………………… *139*

第6講　DNA→RNA→蛋白質――分子情報の流れ　………………… *140*
　（1）　分子生物学と生化学の違い　　*140*
　（2）　DNAの構造　　*141*
　（3）　蛋白質の構造と機能　　*144*
　（4）　遺伝情報はDNA→RNA→蛋白質として発現される　　*146*
　（5）　ミーシャーによる核酸の発見　　*149*

目次 xi

　（6）　アベリーの先駆的研究　　*151*
　（7）　ハーシーとチェイスの実験　　*152*
　（8）　シャルガフ則からワトソンとクリックの二重らせん構造まで　　*154*
　（9）　DNAの分子構造モデルをめぐる人間模様　　*156*
　（10）　セントラル・ドグマの提唱　　*157*

第7講　遺伝子発現制御——現代生物学のパラダイム ………………… *159*
　（1）　細胞の独自性と遺伝子発現調節　　*159*
　（2）　オペロン説——遺伝子発現調節のパラダイム　　*161*
　（3）　ラクトース・オペロンのしくみ　　*164*
　（4）　大腸菌とファージ　　*166*
　（5）　λファージのオペロンの構造　　*168*
　（6）　リプレッサー蛋白質とCroの発現調節　　*170*
　（7）　真核生物の転写調節　　*172*
　（8）　光受容体遺伝子の発現調節　　*174*
　（9）　匂い受容体遺伝子の発現制御　　*175*

第8講　蛋白質の構造と活性の制御 ……………………………………… *177*
　（1）　蛋白質は生命のマジック・マシーン　　*177*
　（2）　蛋白質の構成単位としてのアミノ酸　　*179*
　（3）　蛋白質の立体構造とアミノ酸配列　　*183*
　（4）　αヘリックスとβストランド　　*185*
　（5）　蛋白質の立体構造と機能　　*187*
　（6）　酵素の触媒活性の原理　　*188*
　（7）　ヘキソキナーゼの誘導適合　　*189*
　（8）　蛋白質活性の調節法［1］——アロステリック制御　　*191*
　（9）　蛋白質活性の調節法［2］——燐酸化　　*192*
　（10）　蛋白質活性の調節法［3］——GTPの加水分解　　*194*
　（11）　ユビキチン化と蛋白質の分解　　*195*

第 4 部　高次現象の分子生理学 ……………………………… 197

第 9 講　細胞——細胞間・細胞内の情報伝達経路 ……………… 198
　（1）　真核生物の進化　　*198*
　（2）　情報分子の種類　　*199*
　（3）　受容体分子とは　　*201*
　（4）　G 蛋白質共役受容体の多様性　　*203*
　（5）　G 蛋白質共役受容体を介した細胞内情報伝達経路　　*204*
　（6）　G 蛋白質共役受容体の特性　　*205*
　（7）　匂い物質の受容　　*206*
　（8）　化学受容としての光受容　　*207*
　（9）　ステロイド・ホルモンのシグナル伝達経路　　*210*
　（10）　ラス経路と細胞の癌化　　*211*
　（11）　細胞に生命が宿る　　*213*

第 10 講　発生——形態形成の分子論 ……………………………… 215
　（1）　発生学から発生生物学へ　　*215*
　（2）　細胞分化という現象　　*217*
　（3）　ゲノムの再編成は不要　　*219*
　（4）　胚発生とシュペーマンの実験　　*221*
　（5）　モルフォゲンの勾配モデル　　*223*
　（6）　シュペーマンのモルフォゲンの正体　　*225*
　（7）　ビコイドによる前後軸シグナル　　*227*
　（8）　ホメオティック遺伝子　　*229*
　（9）　翅の発生におけるセレクター遺伝子　　*231*
　（10）　翅の発生におけるコンパートメント化　　*232*
　（11）　情報の統合としてのシスエレメントの役割　　*235*
　（12）　昆虫の翅の多様性と進化　　*236*
　（13）　チョウの翅の構造　　*238*
　（14）　チョウの眼状紋形成過程　　*240*

(15) チョウの翅の多様性を生み出すメカニズム　*242*

第 11 講　免疫——自己を守る細胞ネットワーク ………………… *246*
　(1) 免疫学の難しさ　*246*
　(2) マクロファージという前衛防御部隊　*247*
　(3) 抗体の構造　*249*
　(4) 抗体の機能——補体系と免疫細胞の活性化　*251*
　(5) 抗体の多様性の基盤を求める　*252*
　(6) 多様性を生み出すための遺伝子発現　*254*
　(7) B 細胞の活性化　*257*
　(8) T 細胞の活性化と二次リンパ器官　*258*
　(9) 細胞傷害性 T 細胞とヘルパー T 細胞　*260*
　(10) 免疫寛容とサプレッサー T 細胞　*261*

第 12 講　神経——動物行動の基盤 ………………………………… *263*
　(1) 高等動物の分子生理学——免疫系と神経系　*263*
　(2) 身近な神経系——感覚世界　*265*
　(3) 嗅覚系は生殖活動に必須　*267*
　(4) 感覚系の種類　*268*
　(5) 神経細胞は情報伝達用の特殊な細胞　*269*
　(6) 活動電位の発生機構　*270*
　(7) シナプスの構造と機能　*272*
　(8) 感覚系に共通の特徴　*275*
　(9) 網膜の組織構造　*277*
　(10) 嗅上皮の組織・細胞レベルの構造　*278*
　(11) グリア細胞の存在　*280*

第 13 講　進化——生物多様性と種分化 …………………………… *281*
　(1) 生物の本質としての種　*281*
　(2) 生物の分類階級　*282*

（3）種の定義——ダーウィンの形態学的種概念　　284
（4）交配を基準とした種の定義——マイアの生物学的種概念　　286
（5）他の種概念の登場　　289
（6）理想と現実——表現型・遺伝子型を用いる　　290
（7）種の隔離は完璧ではない　　292
（8）種分化の種類——異所的種分化と同所的種分化　　294
（9）島による隔離と異所的種分化　　296
（10）部分的隔離による輪状種の存在　　298
（11）昆虫の多様性と同所的種分化　　300
（12）同所的種分化の例——サンザシミバエからリンゴミバエへの種分化　　302
（13）染色体倍数化による種分化　　303
（14）分子進化の中立説と分子系統解析　　306
（15）種分化の分子的基盤を求めて　　308

第5部　生物学の実験技術と現代社会 ……………………………… 311

第14講　分子生物学と組換えDNA技術 ……………………… 312
（1）分子生物学の独自性　　312
（2）方法論としての分子生物学の発展——組換えDNA技術革新　　313
（3）制限酵素の発見　　315
（4）プラスミドへの挿入と形質転換　　317
（5）遺伝子組換えとクローニングの現状　　321
（6）DNA配列決定法　　322
（7）核酸のハイブリダイゼーション　　324
（8）ポリメラーゼ連鎖反応——PCR　　326
（9）遺伝子の機能解析　　328
（10）真核生物への遺伝子導入法　　330
（11）遺伝子操作動物の作製　　332
（12）緑色蛍光蛋白質とイメージング技術の進歩　　334

第 15 講　組換え技術の社会的利用 …………………………………………… *337*
　（１）　思想なき現代社会　　*337*
　（２）　分子生物学の発展と組換え技術の社会的応用　　*339*
　（３）　組換え実験の規制　　*341*
　（４）　分子病の概念──鎌状赤血球貧血症　　*343*
　（５）　遺伝子治療　　*345*
　（６）　原因特定は治療には結びつかない　　*347*
　（７）　現代医学に対する幻想と新薬開発　　*349*
　（８）　遺伝子診断と犯罪捜査　　*351*
　（９）　遺伝子組換え食品への応用　　*353*
　（10）　緑の革命の真実　　*354*
　（11）　46 億年の歴史に敬意を払う　　*356*

あとがき ………………………………………………………………………… *357*

第 1 部

生物科学の考え方

第 1 講
科学の立場を的確に捉える

（1） 科学とは何か

　本書の目的は、現代生物学を概観するための枠組みを提供することです。とはいっても、現代生物学は非常に多岐に及びますから、この「枠組み」は必ずしも一律なものではないでしょう。そのため、本書では、著者として私個人のスタイルが展開されることになります。良く言えば独自のもの、悪く言えば偏見に満ちたものです。その点を了承していただければ、本書が「科学とは何か」を考えることからはじまることも、それほど奇異なことではないでしょう。生物学は、当然のことながら科学ですから、生物学を学ぶまえに、「科学とは何か」をそれなりに理解する必要があるのです。

　科学という言葉ほど信仰力のあるものは現代社会においてほとんどありません。極論かもしれませんが、科学的だというコメントをつければ、多くの人々には反抗すべき資格すら与えられませんし、それは自動的に絶対的に正しいことをほのめかしています。一方、非科学的であるというコメントは、その事実は無価値であるかのような印象を与えます。

　でも、本当にそうでしょうか。科学とは一体何でしょうか。現代社会には科学信仰が蔓延しているように私には思われるのです。科学社会は、キリスト教社会の基盤の上に誕生しました。人類は科学の力でキリスト教的な信仰を乗り越え、新天地に立ったと多くの人々に錯覚させているだけのように私には思われるのです。

　科学とは何か、あるいは、科学的であるとはどういうことか、将来的に科学者を目指す人はもちろん、科学者になるつもりがない人も、この複雑怪奇な現代社

会の中を適切に泳いでいくためには、この質問に的確に答えられるようになる必要があります。そのためには、以下で述べるような、科学の基本的な方法論を理解する必要があります。

　ここで最初に注意しておいてほしいことは、科学の対象とならないものや非科学的な対象は無意味であるという態度はいただけないということです。たとえば、多くの芸術分野はまったく科学ではありませんが、人類にとって非常に価値のあるものです。

　実は科学も、芸術の一部であると私は考えています。欧米にはアーツ・アンド・サイエンシズ Arts and Sciences という言葉があります。アートとサイエンスは本来切り離せないものであったのです。それはレオナルド・ダ・ヴィンチのような芸術と科学の両分野に優れた業績を残した人物が過去に多く輩出されたことからも理解できます。実際に、科学の実験は職人芸的な部分も多く、まったく同じ実験を複数の人にやってもらうと、簡単に成功する人もいれば、何度やっても失敗する人がいます。卓越した実験科学者になるためには、卓越した芸術性が必須です。

（2） 科学は実験によって観測可能なことのみを論じる

　科学の目標は自然界について知ることです。それは空想の世界について思い巡らすことではなく、現実のこの宇宙についての確かな知識を蓄積していく行為です。科学とは、キリスト教的な世界観から言うならば、絶対神が創造したこの世界について知ることです。そこには神の意図が見て取れるはずですから。そのようなモチベーションは、現代科学者にはもはやほとんどありませんが、科学の誕生においては最大のモチベーションであったと思われます。

　では、この自然界について知るにはどうすればよいのでしょうか。ギリシア哲学の時代のように、人間の頭の中で思考を繰り返せばよいという考え方もありましたが、ガリレオやニュートン以来、それは誤りであることが判明しました。自然界はわれわれの想像を絶するほど複雑怪奇です。そのため、単なる推測だけでは、真実を見誤ってしまうばかりです。少なくとも、推測にはそれを支えるだけの根拠が必要です。その根拠は実験 experiment によって得られなければなりま

せん。言い換えると、実験による観測可能なものだけが科学の対象となるということです。実験的に観測不可能、証明不可能なものについて議論することは科学ではありません。

　実験手段は科学技術の発展とともに改良され、実験による観測可能な領域は拡大されていくことは確かです。しかし、実験による観測可能領域が拡大されていくと、ついには人智による観測が不可能な領域にまで達することがあります。生物学では、観測不可能な壁は未だに訪れていませんが、物理学では、すでに20世紀前半の量子力学 quantum mechanics の確立の際にそのような壁に突き当たりました。

　20世紀初頭のことです。電子 electron や光子 photon（光の粒子）の挙動について実験を積み重ねていくと、われわれの常識からは想像すらできない結果が得られることが分かってきました。それまでの常識とは、ニュートンが確立した物理学であったわけですが、ニュートン力学はわれわれの生活一般常識からあまりかけ離れたものではありませんでした。たとえば、ある物体のある瞬間における位置と運動量（速度）を観測することは、それほど困難なことではありません。道路を走っている車が時速何 km である地点をある時間に通過するということは、簡単に調べられます。

　ところが、これを電子に当てはめてみるとどうなるでしょうか。ある電子があるときにある場所においてどれくらいの運動量を持つかは、厳密な絶対的数値として実験的に調べることはできません。その代わり、量子の位置と運動量は確率 probability として表現されます。このことについてあまり深く議論することは、この講義の内容を超えてしまうのでできませんが、要するに、われわれの測定技術には限界があって、それ以上のことを厳密に論じることはできないということを第一に認識してください。

　ところが、ここで議論している量子の話は単なる技術的制約ではありません。技術がどんなに進歩しても決して知ることはできないのです。位置を正確に求めようとすれば運動量が不確定になります。逆に、運動量を厳密に求めようとすれば、その位置はどんどん不確定になってしまいます。それがハイゼンベルグが提唱した**不確定性原理** uncertainty principle です。不確定性原理は技術の限界によるものではなく、量子一般の性質として理解されなければなりません。

知ることができないということは、われわれの人智を超えた世界がその先に広がっていると想像してもいいですが、そのような世界はそもそも存在しないと想像することもできます。どちらにしてもそれは想像にすぎないため、科学にはなり得ません。量子力学の創始者の一人であるデュラックは、「実験の結果についての問いかけだけが、科学として実際に意味を持っており、物理学で考える必要があるのも、そのような問いかけだけである」という言葉を残しています。実際にそのようなポリシーのもとに量子力学は成功を修めるのです。

　このように、科学には実験という過程が必須であり、実験に即した理論の構築が必須であり、実験不可能なことに関してはノーコメントであるということが何となくでも理解できたでしょうか。他方、このような説明は、実験に直接的に関わる短絡的な考察のみに限定するのが科学であるという誤解を招きかねませんが、そうではありません。実験事実と考察とは明確に区別したうえで、次なる実験の基盤をつくるべく考察を行うことは科学の過程として重要なことです。

（3）　実験系の限定

　科学には実験が重要であると述べましたが、実験とはどのようなものでしょうか。科学するための必須条件ともいえるのが、「実験系の限定 restriction of the experimental system」です。この摩訶不思議な自然界を対象としつつもある物事について明確に述べるためには、その対象を限定することが必要となります。実験条件を壁とした概念的な箱を構築し、その閉鎖した箱の中のものだけを対象とするという方法です。「条件づけ」あるいは「条件設定」と呼んでもよいでしょう。

　物理学でもそうですが、これは複雑怪奇な生物界を対象とした生物学においても同様に重要なことです。生物界はとてつもなく多様で複雑であるため、研究者は特定の研究分野や対象生物に限定して研究を進める必要があります。実際の実験では、さらに研究対象を細かく絞り込まなければなりません。あれも知りたいしこれも知りたいのであれもこれも実験したいという誘惑に駆られることもあるでしょうが、人生はぼんやり過ごせば長いかもしれませんが、何かを成し遂げるにはそれほど長くはありません。それに対して、自然界は無限に複雑怪奇です。

研究対象をできるだけ限定し、その枠の中で的確に記述する必要に迫られます。言い換えると、変数を固定するのです。一義的には、変数がコントロールできればできるほど、よりよい科学的実験であると言えます。

　自然界全体を知ることはおろか、特定の実験系だけに限ったとしても、その詳細を知ることは気の遠くなるような話です。科学者は興味の対象あるいは研究目標を限定して、自分の直観を頼りに生物界という複雑怪奇な海の中を泳いでいかなければなりません。時間や実験系に限りがあるという意味でも、科学者はできるだけ科学的知識として意味のある重要な発見を目指すわけです。

　このような実験系の限定は、人生が有限であり、自然界が無限であるための制約ではありますが、それは科学の本質的な方法論でもあることを理解しておく必要があります。対象とする実験系が何であるかを明確にしなければ科学にはなり得ません。実験条件を壁とする概念的な箱をつくり、箱の中のものについては詳細に記述することが科学なのです。そのような系の限定があってはじめて実験に再現性が得られ、その行為が科学となるのです。

　逆に言えば、限定された系をはずれるものについては、科学者は決定的な言明はできないということになります。証拠がないからです。限定された系における実験事実と系の外部に関する推測は、科学においては明確に区別されなければなりません。たとえば、特定の食品や栄養素に関して「何々は体にいい」などという宣伝文句がよく使われる今日この頃ですが、これらの発言はまったく非科学的だと言わねばなりません。どのような実験系でどのような実験を行ったのか、明示されていないからです。そして、ある実験系でそれが真であるとしても、それがどの系（つまり消費者個人）でも真となる保証はまったくありません。ですから、このような宣伝は完全な嘘ではないにしても、消費者に故意に誤解を誘発しているようなものです。

（4）　客観性と再現性

　科学は客観的 objective であるとよく言われますね。これはどういうことでしょうか。科学は自然現象を調べる行為ですから、自然界に忠実であれば、普通にしていても客観的になりますね。とはいえ、どのような現象やデータが客観的

であるかという判断が主観的 subjective であることは避けられません。では、客観的という言葉を辞書で引いてみましょう。

  見方が公正であったり、考え方が論理的であったりして、多くの人に理解・納得される様子（『新明解国語辞典』第5版、三省堂）

　この定義には考えさせられますね。公正であるとは、多くの可能性を考えるということですね。しかし、実際の科学の発展においては、厳密な意味で「公正」でない場合が多いと思われます。たとえば、メンデルが実験をはじめたとき、最初から多くの可能性を公正に取り入れていたら、実験は進みません。そうではなく、最初は独断で仮説を立てることから科学は出発します。仮説を立てる段階では、データがないのですから、独断と偏見で「こうに違いない」と思い込むしかありません。その思い込みが、実際に科学を遂行するパワーになるのです。その結果、その仮説が公正に「見えてくる」のですね。あるいは、データによっては、その仮説が誤りのように見えてくるというわけです。データがその仮説を否定しているのに、その仮説に固執するのは科学的ではないかもしれませんが、データの精度や解像度には限界がありますから、そのデータが本当に仮説を否定しているのかどうか、判断するのは自分自身になります。そこには、ある種の直観力が必要になります。少し論を飛躍させると、客観とは、「比較的多くの事実によって支持される主観」にすぎないことがわかります。

　では、論理的であるとはどういうことでしょうか。これは物事の関係が明確に打ち出されている状態のことです。物事の関係が明確であるというのは、これまでの科学的常識からさほどかけ離れていないことを意味します。ちなみに、物事の関係は日本語では助詞や接続詞で表しますから、論理的であるとは、助詞や接続詞で示された物事の関係がより自然に聞こえるということを意味します。助詞や接続詞を的確に使いこなす文章力が科学者には必要です。

　科学における客観性のもう一つの意味は、実験データの**再現性**（反復性）reproducibility にあります。理想的には、個人的な主観が入りにくいものだというわけです。客観的な実験なら、誰がやっても何度やっても同様のデータが得られるはずですね。ただし、以上のような話は、現実の科学の過程を単純化・理想化したものにすぎません。実際の科学では、データの再現性がなかなか得られないことも稀ではありません。それは実験が難しいものであればあるほど、避け

られないことです。

　この辞書の定義で重要なことは最後にあります。「多くの人に理解される様子」です。これが本当に「多くの人」である必要はありません。難しい問題ほど、ほとんどの人は理解できませんから。ただし、少数の人でもよいから、ある種の人々に理解されるものが客観的な事実、つまり、科学的な事実ということになります。たとえば、メンデルの法則が誰にも理解されなかったときには、それが客観的なものなのかどうか判断不可能ですから、それが科学的かどうかすら不明です。20世紀になってようやくそれを理解できる人が現われたとき、その客観性が認められたということになります。

（5）　生物学における還元論

　生命現象は複雑怪奇ですから、生物学者は実験系を限定しなければならないことは前に述べたとおりです。実験系を限定する際には様々な条件が考慮されると思います。対象とする生物はもちろん、対象とする組織 tissue や細胞 cell、さらには対象とする遺伝子 gene を限定しなければなりません。たとえば、2004年にノーベル生理学医学賞を受賞した研究では、嗅覚 olfaction という生命現象を研究するためにラット rat の嗅上皮 olfactory epithelium に着目し、匂い受容体遺伝子 odorant receptor gene に限定して研究を行っています。

　このような実験系の限定方法は、**還元論** reductionism と言われる範疇に入ります。たとえば、匂いあるいは嗅覚という現象に興味がある場合、匂い現象は必ずしも鼻の中の嗅神経細胞 olfactory neuron だけに起因するものではありませんが、とりあえず、匂いの受容において最も重要な役割を果たしていると思われる嗅神経細胞だけに注目してみます。それ以外の細胞や組織は無視します。そして、その細胞における匂い受容 odorant reception の現象には様々な蛋白質分子が関与していることが予想されるとはいえ、その中で最も重要だと考えられる受容体 receptor に注目し、他は無視します。さらに、その蛋白質分子をコードしている遺伝子配列にのみ注目して研究するのです。このように、本来興味ある対象の枝葉を次々と切り落とし、重要な分子にまでその要因を絞り込むという論法が還元論です。分子生物学的方法論は還元論の最たるものだと言われることもあり

ます。
　還元論にはいろいろと批判もあります。重要な点をそぎ落としてしまい、最終的にはあまり重要でないものしか残されていないのではないかという批判もあるでしょう。また、単純に分けられてしまった要素を独立に研究しても、それらの間の相互作用は認知できないかもしれません。生物系は、たとえば1＋1＝2ではなく、1＋1＝10となる非線形系 nonlinear system ですから、個別に研究した要素1をそれぞれ理論的に足し合わせても本当の生命像は得られないことも多いのです。
　とはいえ、還元論的アプローチこそが、20世紀において最も生産性の高い結果を得ていることは確かです。還元論的アプローチの対極にある全体論的なアプローチで高い生産性をあげた学問分野はあまり多くありません。それは全体論 holism のアプローチが実験系を限定しにくいことにも起因するでしょう。ですから、われわれ現代の科学者は、還元論の欠点を認識しつつも、還元論的アプローチを推し進める必要があるでしょう。
　ただし、21世紀になって分子生物学が変貌してきたこともまた事実です。単なる要素への分解自体は、ゲノム・プロジェクト genome project が完了するにあたって、大きなトレンドではなくなってきました。今はそれらの分解された情報をいかに統合するかが一つの大きなトレンドとして浮上してきました。たとえば、ある細胞におけるすべての遺伝子産物の活動を把握し、細胞の活動全体を描き出すことを目的としたプロジェクトなどもあります。厳しく評価すればこれもやはり還元論の焼き直しにすぎないことは確かですが、生物全体を検討しようとする意気込みは感じられます。

（6）　自然界の階層原理

　還元論的アプローチは、様々な批判もあるとはいえ、生物学研究に必須であることは間違いありません。特に神経科学は、脳・行動という生物階層において最もマクロな現象にその興味を発していますから、神経科学における分子生物学的なアプローチは究極的な還元論であると言えましょう。
　自然科学においてこの還元論的考え方を基にして実験系を設定していく際に

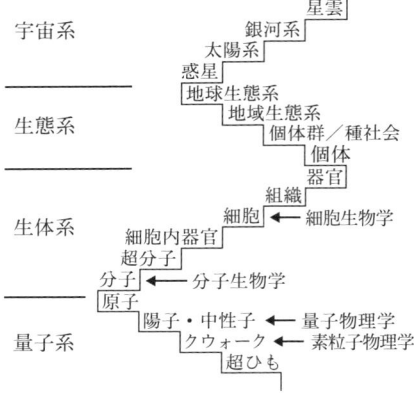

図1-1 自然界の階層原理

注意しなければならないことがあります。自然界は階層構造を成しているということです。自然界の時空間はマクロ（巨視）macroからミクロ（微視）microにかけてなだらかにそのスケールscaleを縮小していくわけではありません。あるレベルから次のレベルへは階段状のギャップgapになっているのです。生物界では、大雑把に言うと、生態系ecosystem、個体群populationあるいは種社会specia、個体individual、器官organ、組織tissue、細胞cell、細胞小器官organelle、分子molecule、原子atomという順序でマクロからミクロへと階段状につながっています。階段状であるというのは、あるレベル（たとえば分子レベル）で得られた事実は、直接的に別のレベル（細胞レベルや個体レベル）に当てはめることはできないことを表現したものです。当てはめたい場合には理論ではなく、別のレベルで実験をして証明しなければなりません。私はこれを**階層原理**stratification principle of Natureと呼んでいます（図1-1）。

　自然科学において階層を超える説明が破綻することは、科学の歴史上、経験的に知られてきたことです。特に量子力学quantum mechanicsにおける科学革命は、階層のギャップを如実に表したものとして解釈することができます。マクロな実験系で得られた事実は、ミクロな世界ではまったく破綻してしまうことが分かったのです。

　生物学においても、階層原理は、研究者が意識しているかどうかにかかわらず、広く認識されています。遺伝子配列だけでその遺伝子の細胞レベルでの働きを完全に予言することはできません。さらに、いかに遺伝子産物の機能を細胞レベルで研究しても、個体レベルでどのような機能を持つかは実験してみなければ何とも言えません。生物学者がしつこいほど実験に執着するのは、生物の複雑さに伴う階層原理があるからだといえましょう。

　実験系の限定と階層原理とは、深く関連し合っています。たとえば、鬱病

depression の患者について考えてみましょう。「鬱病患者の脳でモノアミン monoamine の濃度が低い」という実験結果をどのように解釈するでしょうか。それは実験事実としては正しいことですが、鬱病というのは幅広い症候群 syndrome ですから、実験対象の限定された条件以外の鬱病患者には当てはまらないことも多いはずです。さらに、この実験結果を「脳のモノアミン濃度の低下が鬱病の原因である」と解釈するのはまったくの誤りです。実験対象となった限られた鬱病患者においては鬱病とモノアミン濃度の間に関係はありますが、それはせいぜい**相関関係** correlation にとどまり、原因・結果の関係（**因果関係** cause-and-effect relation／**因果律** causality）ではありません。因果関係であることはこの実験では証明できません。さらに重要なことは、「鬱」という概念は「モノアミンの濃度」という概念とまったく異なったものです。そもそもこの実験だけで二つを比較することが論理的に可能なのでしょうか。**範疇誤認** category mistake なのではないかという疑問がわいてくるわけです。そこには大きな階層のギャップがあります。しかも、生物系は基本的に非線形 nonlinear ですから、鬱という個体レベルの行動 behavior と分子 molecule の濃度との間には、この実験ではまったく説明できない無限の分子・細胞間の相互作用があるわけです。

　私は生物学における還元論に反対ではありません。それどころか、実験を推進していくうえで還元論は必須であると確信しています。ただし、盲目的な還元論崇拝者は、その哲学的認識を高めるべきであると訴えているにすぎません。これらのことを肝に銘じて分子生物学を志せば、非常に有意義な結果が得られると思います。

　生物界は多くの階層から成り立っていますから、分子から行動や生態まで、様々な階層を対象としてある生物を研究することができます。研究するうえでは、対象とする階層を明確にし、実験系を限定したうえで、必要な場合は還元論的に論を進めれば、有意義な研究結果を出すことができるでしょう。

　ここで、遺伝子決定論 genetic determinism について言及しておきます。これは非常に誤った概念です。遺伝子 gene の配列さえすべて分かれば、その個体の病状をはじめとしたすべての性質が分かるという誤解です。これは階層原理を無視した還元論にすぎません。生物個体の発生・成長には遺伝子以外にも多くの要

因が関与します。遺伝子決定論は、まるで量子力学が確立されている現代においてニュートン力学が絶対だと主張しているようなものです。

　もう一言だけ付け加えておくと、私は医学という「患者の治癒を目的とした学問」において還元論を振りかざすことには反対です。対処療法には還元論的治療法は必要な場合も多々ありますが、結果的に患者を苦しめる場合がほとんどだからです。この問題については、あまりにも本論からはずれますのでこのくらいにしておきます。

（7）　単一性と多様性

　分子生物学については後章で概観しますが、分子生物学は生物現象における一般性を求めてきた学問です。分子生物学は多くの物理学や化学出身の研究者によって構築されてきた歴史があります。そのため、できるだけ単純な細菌やバクテリオファージなどを研究対象として進められてきました。真核生物へと駒を進める際にも、分子生物学の主力は酵母菌であり、培養細胞でした。現在でも、ある意味ではこの伝統は続いています。それは、単純な生物ほど一般原理の追究に適しているという考え方を基盤としています。

　その結果、われわれはすでに、生物の**単一性** unity（あるいは共通性 community あるいは一般性・普遍性 generality）と表現してもよい生物の一般原理 general principle について理解できるようになりました。すべての生物はDNAを遺伝物質 genetic material とし、それぞれの遺伝子 gene から mRNA がつくられ（転写 transcription）、さらに mRNA から蛋白質 protein がつくられます（翻訳 translation）。この一連の過程を**遺伝子発現** gene expression と言います。それぞれの遺伝子の上流または下流に位置する遺伝子調節領域 gene regulatory region によってそれぞれの遺伝子の発現パターンが調節されます。このようにしてつくられた生物の外観つまり表現型 phenotype が自然選択 natural selection の直接の対象となり、結果として選ばれた遺伝子型 genotype が進化していくことになります。このようなことはすべての生物における一般原理です。例外はありません。数式化された物理学の法則と比べると何とも曖昧な一般原理かもしれませんが、その成果は20世紀の科学の特筆事項であることは

疑いありません。

　このような生物学の一般原理は主に大腸菌やバクテリオファージを対象とした研究で明らかにされてきました。けれども、生物学者は本当に細菌について知りたかったのかというと必ずしもそうではないはずです。生物学者は多かれ少なかれ、生物界の**多様性** diversity に惹かれているのです。それは、たとえば、蝶の翅の紋様などを考えてみれば一目瞭然でしょう。その多様性には目を見張るものがあります。DNA の二重らせん構造が美しいと感じる学者も多いと思いますが、私個人的には、蝶の美しさに勝るものはありません。

　生物学者は単一性にも惹かれてはいますが、多様性と分離したところではなく、この多様な表現の背後に単一性があるからこそ驚きとなるのです。2004 年にノーベル生理学医学賞を受賞したリンダ・バックとリチャード・アクセルによる 1991 年の匂い受容体の発見は、単一性を求めてきた分子生物学が、動物の行動や神経活動と直接的に関連している匂い受容の問題に大きな突破口を開いたものです。その意味で、20 世紀末になって単一性と多様性がようやく融合され、生物界の全体像が再構築されてきたように思われるのです。

　DNA の二重らせん構造を提唱したジェームズ・ワトソンの師であったサルバドール・ルリアは「自然研究は生物学の敵だ」という発言を残しています。確かにその発言には一理ありますが、私はそうは思いません。時代は変わってきているのです。嗅覚の研究は、分子生物学の中核として邁進しつつ、自然研究にも通じるところがあるのですから。博物学的な生物学にも多くの共感を抱いている私のような研究者には、現在の分子生物学の時代はこの上なく楽しい研究課題を提供してくれるのです。

　余談ですが、物理学の厳格さと生物学の曖昧さは何に起因するのでしょうか。生物は複雑な分子集団であるため、これは当然の帰結ではありますが、原因はこれだけではないのかもしれません。考えてみれば、宇宙は一つしかありません。物理学がその一つしかない宇宙を対象として研究すれば、多くの厳格な「法則」が生まれるのは当然のことです。もし多くの多様な宇宙があれば、宇宙は生物体と同様に多様性を示すかもしれないと考えるのは愉快なことです。宇宙分類学ができてしまいます。そして、すべての宇宙に共通する宇宙大法則はそれほど厳密ではないのかもしれません。

（8） WHAT・HOW・WHYに答える

　分子生物学は生命現象の一般原理を探るべくして創生されました。それまでの博物学的な生物学を否定し、生物の本質を単一性の中に見て取ろうというのです。そのような目標は基本的には成功し、いまや分子生物学が神経活動や動物の行動といった一見すると博物学的な生命現象にまで切り込んでいく時代となりました。このような多様性と単一性の融合は、少なくとも私にとっては喜ばしいことです。その一つのエポックが匂い受容体の発見であったと言ってよいでしょう。

　そのような面とは別に、良かれ悪しかれ、多少皮肉な面も露呈してきました。どのような分子でもその性質を記載すれば論文になるという「分子博物学」あるいは「分子分類学」の時代に突入してしまいました。現在の分子生物学は一見すると昆虫の分類などと大きく異なりますが、哲学的にはあまり大きな違いを見いだせません。分類学 systematics / taxonomy はすべての出発点となりうるものですので、それ自体が悪いわけではないのですが、自然史研究を批判する分子生物学が、実際にやっていることはミクロな部分の分類学にすぎないことは少し滑稽ですらあります。

　分類学はすべての出発点となり得ますが、それだけで満足することはできません。系統分類学 phylogenetic systematics によって位置づけられた生物種も、発生 development・行動 behavior・進化 evolution の中で位置づけられてはじめてその生物種の生態系における役割が明確になります。それと同じように、分子の分類は確かに重要ですが、それだけでは分子や細胞が分かったとは言い難いのです。言い換えると、生物現象における WHAT の疑問だけでなく、HOW の疑問、そして、WHY の疑問すべてに答えられたときにはじめて、納得のいく生物学的な説明ができるようになります。

　ここで、WHAT の研究とは、それまで知られていなかった分子や新種の蝶などのモノの同定のことです。HOW の研究とは、それらの分子間に生じる相互作用をはじめとした動的なメカニズムの解明を目的とした研究です。また、WHY の研究とは、どのような理由でなぜそのようになったのかという進化的時空間に

おける動的な生物の機能を対象とした研究です。もちろん、どの部分を本当に知りたいかは、研究者によっても異なってくるでしょう。また、どの部分が本当に重要であるかは、対象としている系によって違ってきます。しかし、WHAT がより初期的、HOW がその次、そして、WHY が長い進化の時系列をも包含した最も統合的な質問事項となるでしょう。

　分子生物学は WHAT について答えることは得意ですが、HOW や WHY に答えることはそれほど得意ではありません。細胞レベルのダイナミクス dynamics、リアルタイムの動き real-time behavior、反応拡散波 reaction-diffusion wave などについては、直接的には答えることはできません。ですから、純粋な分子生物学的研究は、広義のバイオアッセイ bioassay と組み合わせることが必須となってきます。ノックアウト・マウス knockout mouse や遺伝子ターゲッティング・マウス gene targeting mouse の作製実験は、電気生理学 electrophysiology や行動実験 behavioral experiment などと併用されなければなりません。その一つの方法として、コンピュータ・モデリング computer modeling あるいはシミュレーション simulation もあげることができるでしょう。最近では、バイオイメージング bioimaging の発展が著しく、生きた細胞内での分子の動きや機能を直接解析することができるようになりました。

　近年は、総合化して細胞あるいは生物を捉えようという動きも見えてきました。これはゲノムプロジェクトの余波ともいえますが、線虫の研究者が線虫をモデル生物として選択したときから思い描いていた野望でもありました。これを「システム生物学 systems biology」などと呼ぶこともあります。つまり、線虫というシステム（系）をあらゆる角度から徹底的に解明して、その全体像を構築しようという試みです。

　ところで、大学入試の数学には「証明問題」があります。しかし、証明は数学だけにあるものではありません。生物学においても証明問題はあります。ただし、生物学で証明問題を解くことは容易ではなく、もちろん、多くの実験を要します。たとえば、ある遺伝子が単離されたとします。この遺伝子はおそらく匂い受容体蛋白質をコードしている遺伝子だと想像されたとします。それを証明するためにはどうすればよいのでしょうか。それはこの章での議論を超えてしまいますので省略せざるを得ませんが、生物学には生物学の証明の仕方があるというこ

とは覚えておいてください。そして、単なる現象の記述を目的とする論文に比べて、ある分子の機能を証明した論文は一般に高く評価される傾向にあります。これは WHAT と HOW に関する研究に当たるでしょう。つまり、何がどのような振舞いを見せるのか、という生物学的機能の問題が、たとえば、ある遺伝子がどのような機能を持っているのかということに対応します。

ただし、WHAT と HOW だけでは、生物の重要な側面を見逃していることになります。それが WHY です。一体なぜ、そのような機能を持つに至ったのか、これは歴史的な疑問です。生命は物質に還元して論じることができますが、生命は単なる物質以上のもの、つまり、歴史のたまものであるからです。

（9） 科学教に陥らないための批判力

ここまで、「科学とは何か」について哲学的な話をしてきました。それはある程度理想化された科学像であることには注意しなければなりませんが、そのような知識があってはじめて、いわゆる「科学教」から脱することができるようになります。「科学教」の一端は、科学の学習過程に顕著に見ることができます。

すべての学問分野の学習には暗記が伴います。科学の学習においても例外ではありません。しかし、科学の学習が他のものと大きく異なっているのは、実生活とまったくかけ離れた世界に関することを何の価値判断もなく「覚えてしまう」ことにあります。つまり、本当にそうなのか判別する余地はまったく与えられないまま、教科書に書いてあることや教師の話すことを絶対的真理 absolute truth のごとく受け止めてしまう傾向があります。ある程度はそのような方法で覚えてしまわないと先に行けないことは確かですが、いつまでもそのような態度で「素直に」学習してばかりでは、宗教と同じになってしまいます。科学の教科書は聖典であり、その中に記述されていることは絶対的真理であると。これが私の言う「科学教」です。

たとえば、高校では、すべてのものは原子でできていることを習います。そして、原子は電子と原子核から成り立っていると教えられます。本当でしょうか。初学者にはこれを実感として捉えることはとても無理でしょう。それもそのはずであり、その知識は物理学者が苦心惨憺して実験と理論を展開した結果、ようや

く到達した知識だからです。過去の科学者も、ある意味ではいやおうなくその実験事実を受け止めてきたのですから。原子の実在性が議論の余地なく認められたのは、1908年にペランがアインシュタインのブラウン運動の理論を実験的に証明した後ですから、その後100年あまりしかたっていません。この100年を長いと見るか短いと見るかは、それぞれの人の判断に委ねましょう。

　特に生物学的な発見は、ダーウィンとウォレスの自然選択説以来、イデオロギーになりやすい傾向があります。新聞やテレビの情報については、特に鵜呑みにしないように注意すべきでしょう。それには、本当にそうなのかと疑ってみる力、つまり、批判力が必要になります。そして、批判力をつけるには、その特定の知識がどのようにしてつくられたのかを大雑把にでも判断できるようになる必要があります。そのときに、すでに論じできた「科学とは何か」という概念が役に立つわけですね。

　そもそも科学の発展には、オープン・ディスカッションが大切でした。昨今は知的所有権について非常にうるさい時代ですから、健全な科学的ディスカッションも施行できなくなってきましたが、これは悲しいことです。ディスカッションには相手の主張を素直に受け入れる態度とともに、批判的思考 critical thinking も必要です。たとえ正しいと分かっていても批判してみるくらいの態度は必要でしょう。実際に科学の知識の多くはそのような中から生まれてきました。多くの科学者が様々な可能性を検討し、ああでもない、こうでもないと批判的に考えた末、実験事実を矛盾なく説明できることが「おそらく真実だろう」ということになり、教科書に書かれることになります。批判的に物事を観る力、つまり、批判力は、科学の学習過程はもとより、科学者として研究を進めていくうえでも欠かせない力です。批判過程は物事の真髄を読み取ろうとするための原動力として働きます。

　日本では、本当にそうなのかと疑って考えてみることはあまり奨励されません。何でも素直に受け止めろと。これは悪く言えば、絶対服従を意味しますね。科学は宗教ではありません。科学とは批判的思考プロセスであるという言い方をしてもあながち誤りではありません。ただし、批判には論理性が伴わなければなりません。まったく論理がなければ、それは単なる言い訳や屁理屈になってしまいます。

科学者はいかにも理路整然とした思考回路を持ち、規則正しい生活を送っているかのような印象を持っている人も多いかと思いますが、必ずしもそうではないことがここまでの話ではっきりしたのではないでしょうか。科学論文に掲載されたものは正当化された結果であり、そこまでたどり着く道筋は紆余曲折なのです。当たり前ですね。科学とは、知のフロンティアであり、これまでに誰も見いだしていないことを発見しようという試みなのですから。

　「正当化 justification」という過程は実際の科学には必須です。それはそれぞれのデータを的確に位置づけることを意味します。それはデータの改ざんや捏造とはまったく異なる行為です。データはデータですから、ある意味ではどのように解釈しても研究者の勝手ですが、決して改ざん・捏造してはなりません。それは自然の神に反することになります。一方、どのようなデータを取り、どのようにデータを配列するかは、その科学者の力量にかかっていると言えます。つまり、一見乱雑に得られたようなデータを的確に再配置し、そのデータの意味を読み、さらに新しいデータを取ります。これは科学には必須の行為です。このような過程には「お話作り（ストーリー・メーキング story-making）」とまったく同様な思考過程が必要です。ここで「お話（ストーリー）」とは、いわゆる小説と大きな違いはありません。ここにも、科学の芸術性が表れるわけですね。ただし、科学論文では、データ自身（実験の結果）とその解釈（実験の考察）とはきちんと分けて論じる必要があります。そして、そのストーリーは、少なくとも自然界の真実の一側面を表したものでなければなりません。どんなに面白いものでも、空想ではいけないのです。空想を記述したい場合は、空想科学小説を書くのがよいでしょう。

(10)　文化活動としての科学

　「科学とは何か」と考えることは、実は、いわゆる一般的に言われる科学そのものではないことに注意しなければなりません。科学とは何かと考えることは科学哲学であり、日本的に言えば、文科系の学問領域になります。そのためかどうかは分かりませんが、このような哲学的基礎のない科学者が数多くいることは間違いありません。それは、科学者が現代社会の中では職業として定着し、いわゆる

「科学産業従事者」として営業しているからでしょう。その営業方針の中には「つつがなく業務を実行する」というお役所的思考があるかもしれません。また、研究が細分化かつ高度化した結果、現代科学者には科学とは何かなどと考えている余裕すらなくなってしまったのかもしれません。哲学と科学とが分離して久しいですが、学問分野としては分離していても、個々の科学者の頭の中では分離しているべきではないと私は信じています。安保の頃（1960・70年代）には、他の学部よりも理学部の学生こそが、科学とは何か、そして、科学の社会的意味について真剣に考えたものだという話を元京都大学教授の方からうかがい、驚いたことがあります。

結局、科学とは人に伝えるという文化活動であるにほかなりません。その意味で、多くの人々が信じれば真実となり、誰も信じなければ異端の説となります。科学も社会的文化活動ですから、これは避けられません。逆に言えば、多くの人々が真実として信じ込まされていることでも、実際には真実から大きくかけ離れているものも数多く存在することが十分に想定されるわけですね。その意味でも、科学は一種の宗教的活動であると言えなくもありません。

つまり、科学的知識は、あるとき誰かが創り出したものであることを常に認識しておいてほしいのです。教科書に書いてある知識をまるで人類誕生以前からの絶対的真理 absolute truth のように疑いもなく受け止めることは決して勧められません。そして、科学者とは、そのような知識を創り出すという文化活動に従事する人々のことです。

科学とは何かを知るには、このような科学哲学的アプローチのほかに、実際に科学者は何をしているのかということを知ることが助けになるでしょう。これは、いわゆる科学社会学ですね。生物学的なアナロジーで「科学生態学」と言ってもいいかもしれません。次項から少しだけ科学者の生活ぶりをのぞいてみます。

(11) 科学のスタイルの変遷

科学のスタイルは歴史的にかなり変遷してきました。また、それと同時に科学者の社会的地位および科学者の持つ世界観や哲学も大きく変化してきました。

19世紀くらいまでは、科学者はどちらかというと変人扱いされていたし、実際にそうだったのではないかと想像できます。たとえば、科学の父と言われるアイザック・ニュートンは、イギリス王家から貴族として認められ、社会的にも地位の高い人物でしたが、伝記などを読んでみると、実際にはかなりの変人であったことがうかがえます。ニュートンはケンブリッジ大学の教授でしたが、当時のイギリスでの教授職は神学と強く結びついていました。ニュートンもこの宇宙に充満する神の教えを読み取り、いかにこの宇宙が完璧にできているかを示すために物理学の研究に打ち込んだのでした。社会的な地位や自分の経済的要求のためにその世界に身を投じたわけではありません。

20世紀に入ると、大学職はもっと広く社会的にその地位を認められるものになります。しかし、20世紀初頭の頃は、まだまだ社会から切り離された象牙の塔であったようです。研究の規模がそれほど大きくなかったため、研究費はそこそこでしたが、それなりに平穏に研究ができるような体制が敷かれました。国家規模や国際規模の科学プロジェクトはほとんどありませんでした。

しかし、20世紀も半ばにさしかかると、第二次世界大戦のために原子爆弾の開発プロジェクト（いわゆるマンハッタン・プロジェクト Manhattan Project）がはじまり、上述したように、最先端科学はもはや社会との関わりを無視していくわけにはいかなくなってきたのです。特に物理学は実験が国家あるいは国際プロジェクトのレベルにまで大型化し、個人のアイディアの追究はほとんど不可能になってしまいました。ある著名な物理学者は、物理学を志す若者への助言を求められたとき、「物理学は巨大化したため、この分野へ進むことはあきらめたほうがよい」と発言しています。研究者個人は、巨大プロジェクトの中の歯車の一つになってしまうからです。そしてさらに、「生物学や化学では、小規模な実験設備でも、まだ重要な発見ができる可能性がある」と付け加えています。

ゲノム・プロジェクト Genome Project に代表されるように、生物学にも巨大化現象が見られるようになってきたのは否めませんが、戦後しばらくの間、小規模の実験室でも超一流の仕事ができる古き良き時代があったように思えます。たとえば、生化学者ピーター・ミッチェル Peter Mitchell (1920-1992) は、病気のために大学職を辞め、自分で小さな研究所を設け、研究員を含めて数人だけで自分の理論を証明すべく実験を続けました。それが有名な化学浸透圧説

chemiosmotic hypothesis であり、生物学史上、厳密な意味での唯一の科学革命 scientific revolution であると言われています。生物学は物理学のように多くの科学革命を経て発展してきたわけではないのですが、このときだけは例外でした。

この研究に代表されるように、研究者人口が少なかったことや、小規模の実験室でも十分に最先端の実験ができたことなど、様々な要因はあるでしょうが、当時は個人個人の研究者のアイディアが研究スタイルにかなり反映されていました。次にどのような研究をすべきかというのは、それぞれの研究者の力量と直感に大きく左右されており、その面白さが大きく前面に出ていた時代でした。

現在は必ずしもそうではありません。研究に用いることができる方法論はほぼ確定しており、研究分野もほぼ確定しています。モデル生物も研究対象もほぼ確定しており、次に何を行えばインパクトの高い研究となるかは、知識さえ詰め込めば誰でも理解できてしまうわけです。研究者の個性は出にくくなっています。また、研究はより費用のかかるものとなっているため、いかに研究費を得て人員をリクルートして研究室を組織化するかによって、その研究者の業績が決まる時代となってしまいました。たまたま名声の高い大学に職が得られれば、たいしたアイディアもなしにどんどん実験は進行します。良い生徒が集まりますから、フリー・ランニングでもやっていけるのです。私はそれが大変うらやましいのですが、一方では、格別優れたアイディアもなくプロジェクトを進める研究室には現代科学の嫌な面が表れているような気もします。

(12) 現代科学者の生活

科学者とは、具体的には何をしている人物なのでしょうか。基本的には、科学者は仮説を立て、観察事実を蓄積し、実験し、データをまとめて論文として発表します。アカデミックな論文を掲載する専門雑誌 academic journal は、それぞれの評価が決まっていて、最近は**インパクト・ファクター** impact factor と呼ばれる怪しい数値で雑誌のランク付けがされています。ですから、科学者は一般に、できるだけインパクト・ファクターの高い雑誌に自分の論文を載せようと努力します。たとえば、『セル *Cell*』、『ネーチャー *Nature*』、『サイエンス *Science*』

はインパクト・ファクターが 25 〜 30 くらいで、超一流の雑誌とみなされます。これらの超一流の雑誌ではレフェリー（査読者）の審査が厳しく、受理されるためにはかなり内容の濃い実験結果が必要となります。多くの中堅の雑誌はインパクト・ファクターが 3 〜 8 くらいです。私の研究分野である嗅覚味覚関連の専門雑誌『ケミカル・センシズ Chemical Senses』や日本神経科学会の雑誌『ニューロサイエンス・リサーチ Neuroscience Research』はインパクト・ファクターが 2 程度となっているようです。また、最近では論文の出版だけでは不十分で、学会での口頭発表やポスター発表が行われます。嗅覚関連の日本の学会としては「日本味と匂学会」や「日本神経科学会」などがあります。

　このような一連の研究および研究発表には研究費が必要なので、科学者は文部科学省の科学研究費やその他の助成金申請のための文書を作成しなければなりません。大学の場合は、その間に授業をこなし、さらに入学試験の問題作成などの膨大な雑用をこなさなければなりません。多くの職業と同じで、科学者も楽ではありません。

　私はアメリカの大学での生活が長かったため、日本の大学とアメリカの大学との研究環境の違いは何かとよく聞かれます。昔は研究機器施設そのものの違いもありましたが、現在ではその違いはほとんどなくなっています。しかし、今でも、大きな違いはあります。それは研究に対する目的意識と雑用の量です。アメリカでは、研究のためならかなりのことでも許されますが、日本では形式的に逸脱する先生方は煙たがられます。また、アメリカでは、研究・教育に何の関連もない雑用の量はそれほど多くはありません。それはリソース（知的資源）の損失とみなされますから、雑用は秘書や事務員が引き受けるのです。日本では、秘書を雇える裕福な地位の人以外、雑用は教授の仕事です。

　ですから、日本の文部科学省がいかに科学研究費に投資しても、日本の科学がアメリカと肩を並べることは難しいということは容易に理解できます。これは科学組織のマネジメントの問題です。一方、日本にはアメリカにない利点もあります。日本では、マイナーな研究でも生存できますので、それが将来的に大きく花開くこともあるでしょう。現代のアメリカでは、テンポの速い流行の研究をこなさなければ研究者として生存できません。研究者はそれぞれの研究環境の特質を生かして独自性のある研究を進めていくことが必要なのです。

(13) 社会的に「役に立つ」とは

　科学は人間の文化活動であると述べましたが、もう少し具体的に言うと、科学は知識の生産活動です。つまり、科学者は知識の生産者（プロデューサー）あるいは創造者（クリエーター）となります。また、科学者はできるだけ質の高い知識の生産を目指します。知識というものは、それが科学的知識であれ歴史的知識であれ、誰かが創り出したものであることを認識することができれば、このことは容易に理解できると思います。

　では、知識を生産して何になるのでしょうか。特に基礎科学と呼ばれる分野の知識を生産して何になるのでしょうか。あるいは、生物学を学んだり生物学の研究に従事して、一体何が楽しいのでしょうか。

　私はよく母に「社会の役に立つこと、社会のためになることをする人間になってほしい」などと言われて育ってきました。現在、私はまったく社会のためにならない人間として生活しているといっても、あながち間違いではありませんから、私は大変な親不孝息子だということになります。

　工学的な知識の生産は、直接的に産業の発達（つまり利潤あるいは金儲け）につながります。利潤につながることは善行であるとみなされる現代の資本主義社会においては、工学的な知識の生産は大いに歓迎されることです。特にコンピュータ・IT関連産業では、このような知識生産は、その良し悪しにかかわらず、われわれの日常生活に直接的に影響を与えます。インターネットや携帯電話の普及はその典型的な例でしょう。一方、基礎科学的な知識の生産はどうでしょうか。直接的に何かの利潤につながることはほとんどありません。嗅覚生物学は近年大きな進歩を遂げましたが、それが直接的にわれわれの生活に必須の商品を生み出したわけではありません。

　また、基礎科学はすぐに利潤にはつながらないけれども、そのうち大きくつながっていくはずであるという楽観論も頻繁に耳にします。それはごく一部の知識については当てはまるかもしれませんが、大部分は利潤にはつながりません。たとえ利潤につながったとしても、それが本当に社会に役に立つ知識として歓迎されるべきものなのでしょうか。

ここで、「社会にとって役に立つ」あるいは「世の中に貢献する」とはどういうことか、あるいは、何が社会の役に立つのか、ちょっと考えてみる必要があります。直接的に利潤につながるということは、本当に社会の役に立っているのでしょうか。私はそうは思いません。発明者に金銭的豊かさをもたらすためには大いに役に立っていますが。

　本当の意味で「社会に役に立つ」とは、その人の社会的行為（科学者の場合は知識の生産）のおかげでできるだけ多くの人が幸せになることだと思います。単なる金銭的利潤の発生は、富の再配分にすぎません。誰かのもとへ富が集中し、誰かがそれによって徐々に圧迫されていく過程にすぎないのです。もちろん、現代社会は高度資本主義社会ですから、そのような利潤追求行為は経済的存続のために必要である、つまり必要悪であることは確かですから、そのあたりをこれ以上批判しても建設的ではありません。

　科学はある意味では人類の最も贅沢な知的活動であると言うこともできます。英知の結集でしょうか。実益を伴わないのに、それを超えて余りあるほどの楽しみがあるからです。それは自己満足でもありますが、周囲の人々から評価されたいという科学者のエゴもかなり大きな部分を占めていますね。

　私が言いたいのは、純粋な科学的行為は利潤追求とはまったく別の欲求から発せられるものであり、物質生産に直接的に関わる必要はないということです。いや、もし物質生産による富の再分配によって不幸になる人々が多いのなら、それは利潤につながらないほうが喜ぶべきことだとも言えます。嗅覚の基礎研究が、新しい香料を開発するとか、新しいブランドの香水を開発するとか、そのような商品開発に直接結びつく必要はありません。私は、「先生の研究が何か役に立つのですか」と尋ねる素直な学生には、一義的な答えとして「役に立たないよ」と答えています。

　そして、私は、生物学を勉強しなければ、社会的善悪を判断できる人間は育たないと断言します。もちろん、社会現象の善悪を本当に的確に評価できるようになるには、社会学などの学問にも触れてみる必要がありますが。科学とは何なのかを理解することは、私たちが生きていくうえで価値のある考え方を与えてくれます。

(14) 基礎科学的知識の価値はその楽しみにある

　われわれ科学者は知識のクリエーターです。知識がどのようにして生産されているのか、あるいは、現在流通している知識はどこで誰がどのようにして創り出したものなのか、そして、その知識の信憑性はいかなるものなのか、そのあたりを判断する「考え方」を学ぶことこそ、大学の理学部で科学を学ぶ主意だと思います。

　知識の生産は工業的な商品の生産とは関係ありません。それでも（それだからというか）科学者は科学をやりたいのです。それは科学がエキサイティングであるからにほかなりません。新事実の発見は、神との対話といってもよいほどの興奮を伴いますし、良かれ悪しかれ、自分こそが発見したという権威・権力的な満足感も得られます。そして、科学することは、一言でまとめると、「楽しい」のです。この楽しさが分からない科学者は、モグリですね。

　それをもう少しかっこよく言えば、科学こそは人類の英知の結集などというポジティヴな言葉で表現しても大きな誤りはないでしょう。その一方で、科学は究極的な「大人の遊び」であると表現しても本質的な誤りはありません。私は、科学的知識が精神的・文化的に人々の生活に楽しみを与えるのであれば、そのような行為は正当化されてもよいのではないかと思っています。たとえば、われわれは今、どのようにして美しいバラの匂いを嗅ぐことができるのか、かなり大雑把ではありますが、大体のしくみを理解することができるのです。その知識は物質的には何も生産しませんが、そのしくみが理解できること自体、何と素晴らしいことではありませんか！

　科学は楽しいことですから、科学教育をはじめとした科学の普及行為自体には私は賛成です。実際、私もそれを推進している一人です。しかし、科学の誤った印象を普及させることは避けなければなりません。悲しいことに、現代の科学ジャーナリズムや科学教育ではそうなりがちです。

　新聞や雑誌では、「すべての人の遺伝子が読まれれば、医学が急速に進歩する」などという超楽観論がよく目にとまりますが、それは真実からは程遠い非科学的な主張です。「近い将来、新薬ができてガンが根治できる」などという主張は、

生物学的・医学的知識の欠如からくる大きな見当違いです。「バイオテクノロジーによる新品種のイネが世界の食糧危機を救う」わけはありません。事実はその逆です。このように、特に生物学の医学・薬学・農学への応用については、大体の報道は、それを書いた人の意図に反して結果的には嘘ですから、読者の皆さんはそれらに振り回されることのないように注意しなければなりません。これについては、本書の最終講義に委ねたいと思います。

　科学の楽しさは物質生産ではなく、知識生産そのものにあることを理解して大学の理学部を卒業していく学生は、残念ながら多くはありません。しかし、ひとたび科学の考え方自体を学べば、人生の糧として最も重要なものを得て大学を卒業できるのではないかと私は思っています。真の意味で論理的な判断ができる人こそ、自信が持てるようになり、自分を愛せるようになり、人々から信頼を得ることができるようになり、その結果として、有意義な人生を送ることができるようになります。そのような意味での科学教育こそ、情報化社会に振り回されがちな現在、最も必要とされているのではないでしょうか。

第2講

生物学の大目標――複雑怪奇な生命現象を論理的に説明する

（1） 生物学の多様性と学問的位置づけ

　世の中には様々な学問分野があります。〇〇学とつく言葉は大変多くありますね。生物学・化学・物理学・数学だけでなく、医学、薬学、農学、工学、教育学、社会学、人類学、哲学、歴史学、文学、経済学、経営学など、大学の学部の名称になっているものも少なくありません。

　このような多彩な学問分野を大雑把に二つに分けることができます。一つは、実際の経済効果（商品開発や利潤の追求）やある種の社会的目的の達成を目指す学問分野で、これを実学と呼びます。これには、工学をはじめ、医学、薬学、農学などが含まれます。一方、実際の経済効果には直接的には関与しないけれども、物事の真理を探究する学問分野があります。これは、いわば学問中の学問（あるいは学問のための学問）と呼んでもよいでしょう。これらの学問分野を虚学と呼びます。最近は実学と虚学の境界も曖昧となってきたこともあり、実学・虚学という呼称は誤解を招きがちですが、学問分野の大分類には便利な言葉です。そして、虚学は大きく分けると、**自然科学** natural sciences、**社会科学** social sciences、**人文科学** humanities から構成されています。そして、単に「科学 science」といえば、基本的に自然科学を指すことが通例となっています。

　伝統的には、大学という場所は学問中の学問、つまり、虚学を追及する場のはずであることは一言述べておきます。実際の経済効果を目標とする物事は企業が商業目的で研究するでしょうし、役に立つ技術を教えるのなら専門学校でもよいのですから。ただし、日本の大学は設立当初から経済発展を目標とした実学面を強調したものでした。また、大学は自由な発想・思想を育む場という大義名分が

ありますから（現在ではそのような大義名分も古臭く聞こえてしまいますが）、大学は官僚の支配下にあるべきではないという意見が大きく取り上げられた時代もありました。日本では東京大学を頂点とした官僚養成機構として大学が設置されたという背景もあります。

　いずれにしても、この虚学の代表ともいえる自然科学は、ご存知のとおり、数学 mathematics・物理学 physics・化学 chemistry・生物学 biology・地学 geology などを中心として成り立っています。最近は分子生物学の進歩のおかげで、生物学は最先端科学という立場を確立してきましたが、科学中の科学といえば、伝統的には物理学がその中心位置を占めてきました。物理学は非常に完成度の高い学問分野であることは、高校の物理学を学んだだけでも感じることができるのではないでしょうか。一方、生物学は同じ自然科学でも、物理学と比べると非常にとりとめもないことは、みなさんも感じていることでしょう。それはなぜでしょうか。

　生物学は多岐にわたる学問です。特に最近は「○○生物学」とか「生物○○学」という名称をよく見かけます。たとえば、分子生物学 molecular biology、発生生物学 developmental biology、生物物理学 biophysics、生物情報学 bioinformatics などです。また、「生物」という名前がつかなくても、明らかに広い意味での生物学に含まれる分野もあります。生理学 physiology、組織学 histology、免疫学 immunology、生態学 ecology、蛋白質科学 protein science などがそうでしょう。さらに、生物学とかなり深い関係を持つ周辺領域は広大です。医学 medicine、薬学 pharmacology、農学 agricultural science などがその代表です。医学、薬学、農学などは、人間や農芸作物などの生物を対象とする学問分野ですから、それらの理解には、生物学が欠かせません。生物学と他の学問との関連もはなはだ高いわけです。これらをひっくるめて、「生物科学 biological sciences」あるいは「生命科学 life sciences」という名称が使われることもあります。

　ですから、いわゆる生物科学分野において、実際の研究スタイルも様々となります。生態系の中での生きた生物個体を対象とするフィールドワーク中心のもの、死んだ標本を用いた形態観察中心のもの、抽出された分子ばかり研究して実際の生物は一切登場しないもの、ひいては分子さえ本物は登場せず、コンピュー

タばかりと格闘するものなどもあります。それは生物現象の多様性をそのまま反映しているといってよいでしょう。

（2） 複雑怪奇な生命現象を説明する

このように多岐にわたる生物科学分野ですが、生物学はいったい何を目標にしているのでしょうか。このような疑問は、実学にこそ興味がある人にとっては特に大きく感じられるのではないでしょうか。この学問を究めても何にも直接的な実益につながらないのですから（もちろん、その副産物として大きな実益につながることは時々ありますが）、糸の切れた凧のように、ただ単に興味本位でふらついているのが生物学のようにも見えることでしょう。

実はそれも誤りではないのですが、生物科学の分野には、一つの共通項ともいえる大目標があります。それは、生命現象を論理的に説明することです。生命現象は霊的で摩訶不思議でつかみどころのない、神のみが操れる現象であると古来から考えられてきました。もちろん、今でも生命現象が摩訶不思議であることには変わりはありませんが、過去にはそのような現象は「摩訶不思議」という一言で片付けられ、何の説明も与えられていませんでした。そのような生命現象に論理的な説明を与えようというのが生物学の大目標なのです。生物学の歴史は、まさにこの摩訶不思議性を取り除いて論理に置き換えていった歴史なのです。

ですから、生きたそのままの生命現象をできるだけ「生のまま」捉えることが理想です。死んだ標本をコレクションすること自体は生物学の大目標ではありません。それは、生きた生物の活動について考える足がかりを与えてくれる手段にすぎないのです。同様に、生体分子を取り出してきて、その物理化学的性質を調べること自体は大目標ではありません。それは実は化学としては目標になるのかもしれませんが、このような生体分子の化学的分析は生きた生体内で起こっていることの理解の基盤を得る手段にすぎないのです。

「生物学」という言葉は「バイオロジー biology」の日本語訳です。「バイオ bio」とは「生物の」という接頭辞で、「ロジー」は「論理」という意味の接尾辞です。合わせると、「生物の論理」となります。つまり、生命現象を論理的に説明すること、それが生物学なのです。そこには、いわゆる論理学などには還元さ

れない、生物学特有の論理の進め方があります。これについては、本書を通して理解していってほしいと思います。

　ですから、摩訶不思議状態を好み、論理的説明を求めない人には、生物学は必要ないということになりますね。私はこうして生物学を教えていますが、私はすべての人に生物学を好きになってくれと言うつもりはありません。ましてや、すべての人に科学者あるいは生物学者になってくれと言うつもりはありません。多くの人々にとって生命現象は摩訶不思議のままでよいのではないかとも思うのです。実は私も生物の摩訶不思議性が好きですから、それが解明されて取り除かれると、ある種の興奮とともに、正直言って、ある種の悲しみさえ多少は感じますね。

　ただし、矛盾するようですが、生物学の知識を蓄えることで生命の摩訶不思議性がなくなるのかというと、必ずしもそうではありません。もちろん、多くの生命現象にそれなりの説明が与えられますので、そのベールが徐々に剥がされていくことは確かです。しかしながら、生命現象は人智をはるかに超えて深遠なものです。剥がされたベールの奥にまた深い摩訶不思議な世界が待っています。つまり、次々と深いレベルの摩訶不思議性が展開していくわけです。

　少し話はそれますが、既存の生命観を脅かす医療技術が生物学の進歩のおかげで次々と生み出されているということがしばしば新聞やテレビで誇大に取り上げられています。たとえば、クローン技術をヒトに応用すれば、様々な難病が治るはずだという話などです。確かに、最近の進歩には目を見張るものがあります。しかし、そのような人類の技術を実際の生物界自体と比較すると、われわれの技術はほんのお遊びにも満たない程度にすぎないことは知っておく必要があるでしょう。現在の生物学は生物の現象を追跡しているにすぎません。本当に生命現象が理解できたとき、われわれはまったくゼロから生命体をつくり上げることができるはずですが、それは到底不可能というものです。この自然界ですら、地球上に複雑なエコシステムをつくり上げるのに46億年を要しています。人間がいくらがんばっても自然の神が46億年かけてつくってきた遺産を短期間で再構築することはまったく不可能なことです。

　ですから、生物は全然不思議でもなんでもないとか、われわれの意図どおりに簡単に操作できるとか、そのような誤った考え方に陥ることのないように警告し

ておきます。生物学を学べば学ぶほど、生物の神秘に触れ、さらにその奥の深さを理解するとともに、自然の神の素晴らしさに感動することができるような人になってほしいと思うわけです。

　生物学が直接的には何の実益にもつながらない可能性が高いにもかかわらず、生物学者に研究を進めさせるモチベーションも、ここにあります。それは、生物界を通して自然の神と対話したいがためです。つまり、真理の追究であり、そこに楽しさがあるわけです。

　ただし、ここでは非常にきれいな面だけを述べたのですが、現実的なモチベーションは様々ですね。科学者は職業として成り立っていますから、特に研究はしたくないけれども食べていくために必須だから仕方がないという方も多いことでしょう。何となく勉強して何となく科学者になってしまった人も多いことでしょう。それはそれとして正当化できると思います。私自身も、このような本を執筆しているのは、職業科学者であるからというのがその理由ではないとは否定できません。しかし、生物学の講義の最初に、そんなことを大きく取り上げるのも意気消沈ですから、そこに関してはとりあえず目をつぶってもらいましょう。

　いずれにしても、そのような生物学者の活動によって、何らかの新しい知識が生み出されることになります。科学者は知識のクリエーターであり、これこそ、ある意味では人智の結晶と言えます。そして、その楽しみこそが、科学者を研究に向かわせる内なるモチベーションです。

　知識には文化的価値がありますが、科学者はできるだけ価値のある知識を生み出すように努力します。すべての知識が均等な価値を持つわけではありません。テレビや新聞紙上を賑わすような知識は、他人との共通話題を探すときには役に立ちますが、一過性の知識でしかありません。一過性の知識は数年後、いや、数日後には古ぼけてしまい、別の一過性の知識に置き換えられてしまいます。そのような知識をいくら数多く収集しても、決して人類文化の全体像を描くため、あるいは自分の人生をうまくデザインするための知識として使うことはできません。一方、真理を突いた知識は自分の人生について考えるうえでも、深い意味で役に立ちますし、それが古びてしまうことはありません。たとえば、ダーウィンの自然選択という概念は、その提唱から150年を経た現在でも、そしておそらく今後も忘れ去られてしまうことはないはずです。

ここまで読んでいて、気づいた方もいるでしょうか。ここで私は生物学の知識は「役に立つ」と述べましたね。私は本当に深い意味で役に立つのは生物学をはじめとした虚学であると信じています。真理探究のための方法論を学ぶのです。その知識自体が直接役に立つことはないとしても、知識がいかにしてつくられるのか、あるいは、真理とは何を意味するのかが分かれば、その後はどのような情報が入ってきても自分なりに考えていくことができるようになります。つまり、考える力がつくのです。論理的な思考を身につけることこそ、その人の人生にとって最も「役に立つ」ことを再度強調しておきます。

（3）理解するとはどういうことか

　生物学は生命現象を論理的に説明することを目標にしています。論理的に説明するということは、生命現象を理解するということ、つまり、「分かった！」という感情を伴うことです。この「分かった！」という感情はどのようなときに伴うものでしょうか。また、大学で事物を学ぶということは、その物事を理解することですが、理解するとはどういうことでしょうか。以下に様々な点を書き出してみましょう。

① その物事の存在を知る。あるいは名前を記憶する。

　大学入試程度をクリアするにはこの程度の理解が必要とされます。いや、これ以上の理解がある人は入試をうまくクリアできないかもしれませんね。しかし、学問をやるうえでは、名前を記憶することは理解の過程のスタート地点にすぎません。入試の勉強と学問は本質的に異なっていることをできるだけ早く認識してください。

② その物事が発見されてきた歴史と現在の評価を知る。

　知識は絶対的な真理ではなく、ある時点で誰かによって創出されたものです。それには歴史的な過程が伴います。その歴史を知れば、その物事についてより深く理解することができるようになります。「ああ、そういうことだったのか」という感情が伴うでしょう。歴史的な背景を知らない場合は誤解を伴いやすくなります。また、現在、その知識は一般的にはどのように評価されているのかを知ることも必要です。

③　その物事を全体の中で的確に位置づける。

　現時点までに自分が持っている知識と照らし合わせ、物事を的確な位置に配置することが重要です。その物事と自分の経験や記憶のイメージを合致させる、あるいは、アナロジーをとるのです。その物事と他の物事との関連性を見いだすのです。その結果、自分の頭の中に、断片的な知識を有機的に結びつけた地図ができます。理解するとは、自分の中の経験のプールに新事実を照合し、最も近い場所に新事実を位置づけてみるという操作を知らず知らずのうちに行うことなのです。結局、人は物事を経験やアナロジーでしか理解できません。自分の中で何かと何かが合致したとき、「なるほど！」という感情が沸き起こります。また、知識がすぐに取り出せるように慣れ親しむことも必要です。別の言い方をすると、知識に名札をつけて的確な場所にしまっておく必要があります。出しっぱなしにしたままでは、頭の中はただの散らかった部屋にすぎません。そのような知識はノイズになりますから、捨ててしまったほうがましかもしれません。

④　その物事の様々な面を知る。

　一つの物事には必ず多面性があります。様々な角度から眺めると、同一のものでもまったく異なった見え方をしてきます。そのような物事の多面性が理解できたときに、「ああ、そうだったのか！」と思うことができます。これは前項で述べた「知識の地図」を3次元あるいは多次元的に構築することです。

⑤　その物事に関して実際に手を動かすことによって、オペレーショナルな（操作的な）経験を得、紙上の知識との整合性を見いだす。

　知識というのは多くの場合、紙や画像などから得たものです。これはいわば「死んだ知識」にすぎません。生物学の知識は、生物学者の多くの実験によって構築されてきました。自分でも実際に手を動かしてみて類似の実験を行うことによって、「生きた知識」を得ることができます。たとえば、神経細胞を見たことがない人にとって、それは紙上の知識にすぎませんが、手を動かして組織切片を作製し、顕微鏡をのぞいてみれば、神経細胞に関する知識はいっそう深まります。そうすれば、「ああ、この発見はこうして行われたのだな」という実感が沸いてきます。また、そのような経験はできるだけリアリティーのあるものである必要があります。画像を見るだけなどのイミテーションでは効果が薄いということです。結局のところ、自分の身につくためにはある程度の感情が伴わなければ

ならないのです。リアリティーのあるものほど、より自然に感情を高めるとともに、記憶として明確に残されていきます。

⑥　その物事や考え方に慣れ、まったく不自然さを感じなくなる。

　これは理解の最終段階です。悪く言えば思い込みですが、そのような状態になることで、次の段階の理解の過程がスムーズに行われるようになります。

　上記のことは、どれも理解することの一面を表現しています。つまり、物事の理解の過程は何重にも重なったようなタマネギ構造となっており、単に名称を暗記するだけではまだ使い物にならないということです。そして、最終的には、その知識を批判し、自分の中で独自の評価を下すことが必要となります。この「批判と評価」に至ることは、専門分野の研究者でも楽ではありませんが、少なくとも狭い範囲においては個人個人が独自の見解を持つ（つまり、既存の知識を批判し、独自に評価する）ことが望まれるのです。そうすれば、この現代社会における知識体系の構造を理解できるようになります。それが生物学にかかわらず、虚学を学ぶ目標だと言えます。これこそが、生きるうえで必須となる「考える力」です。

　余談ですが、面白いことに、このような理解の過程はコンピュータ・サイエンスの分野でも応用されています。たとえば、「自己組織化マップ」と呼ばれるアルゴリズムは人間の理解の過程を模倣したもので、様々な分野に応用されています。生物科学においては蛋白質分子の分類などに威力を発揮しています。

　実際、何をもって「分かった！」と感じるかは人によって様々ですが、理解するということが何段階にもなっていることは、常に認識しておいてほしいと思います。

（4）　一般性の追究としての物理学

　さて、理解するとは何かを理解したうえで（ややこしい話ですが）、これから、生物学の大目標へ向かう足掛かりをつくったダーウィンとウォレスの進化論とメンデルの遺伝の法則へと話を進めて行きたいと思いますが、そのような生物学の基礎の位置づけとそれらがつくり上げられた歴史的背景を理解するためには、物

理学の話に少し触れなければなりません。

　生物学は自然科学の一部として西洋世界で生まれ、発展してきました。自然科学においては（というよりも現代資本主義文明においては科学、芸術、思想、社会体制などほぼすべてですが）、特に、イギリス、ドイツ、フランスが旧来からその発展に関与してきました。戦後はアメリカを中心として発展してきました。日本も近年、顕著な業績を出せるようになってきましたが、日本人のノーベル賞受賞者の数も手で数えることができるほどですから、まだまだ欧米と比較すればかわいいものです。

　なぜ、科学が西洋世界で発達してきたのか、少しだけ考えてみましょう。科学中の科学である物理学の礎をつくったアイザック・ニュートンの心境に思いを馳せてみれば、科学が西洋で発達したのは必然であったことが実感できるでしょう。

　ニュートンは、おそらく人類史上最大の科学者であるといっても誤りではないでしょう。ノーベル賞はすでに死亡した人には与えられませんが、そうでもしなければ、いくつものノーベル賞をニュートンに授与しなければならなくなります。そのニュートンは、敬虔なキリスト教徒でした。彼はケンブリッジ大学の教授を務めましたが、神学に対して厚い情熱を抱いていました。実際、欧州の大学は神学研究を進めるために設立されたのですから。

　ではなぜ、彼は物理学に没頭したのでしょうか。神学と物理学、あるいは、宗教と科学という一見相反するようにも思われる二つの分野が一人の人の心の中に同居していたのはなぜでしょうか。実は、これは決して不思議なことではありません。現代の感覚では捉えることが難しいかもしれませんが、神への厚い信仰心があるからこそ、多くの努力を惜しみなく物理学の研究に注ぐことができたのです。なぜなら、この世界は神がつくったものであり、物体の運動という神の力の現われを研究すれば、そこに神の意図を汲み取ることができるに違いないと信じていたからです。

　これはニュートンに限ったことではありません。その後に輩出された天才的物理学者たち——アインシュタイン、シュレーディンガー、ボーアなど——もほとんどすべて神秘主義者でした。特に17世紀、18世紀には「この世界には神の意図が満ちあふれているはずである」という信条が疑いのないものとしてすべ

の科学者の心の中にあったはずです。ここで、神というのは、日本のいわゆる「八百よろずのカミ」ではなく、キリスト教の神であることに注意してください。八百よろずのカミは世界中いたるところにうようよといますが、キリスト教の神はこの世界に一つです。つまり、キリスト教の神は全知全能の絶対神であって、決して日本のカミのように人間にいたずらしたり、何かに失敗したりすることはありません。

　神の意図を探求し、ひいては神との対話を可能とするには、神がつくった世界の「現象を記述すること」が第一段階として必要でしょう。神の力が現れている現象といえば、太陽、月、星の動きがその代表例ではないでしょうか。これらの天体は天空に規則的に姿を現し、決して地上に落ちてくることはありません。これこそ神の力の現れだと考えても不思議ではありません。実際、天体の運動についてはティコ・ブラーエやヨハネス・ケプラーが厳密な記録を残しました。

　そのように現象を詳細に記録していくと、一見しただけでは雑多な情報が並べられているようですが、実は、神のメッセージが暗号のように入っていることが分かってきたのです。ケプラーはティコ・ブラーエの天体の動きに関する膨大な観察結果をまとめ、ケプラーの法則 Kepler's laws を発見しました。ケプラーの法則は、「惑星は太陽を一つの焦点とする楕円軌道を描く」ことに関して、その惑星の速さや公転周期について説明する法則です。これは「理由はまったく分からないけれども経験的にこうなる」という、いわゆる経験則です。

　ここに、自然界の「法則性」が認識されます。これに注目したのがニュートンです。特にケプラーの法則は、それを体現したものとしてニュートンには思われたことでしょう。いや、そればかりではなく、もっと深く、美しい数式で記述される一般法則が潜んでいるはずだとニュートンは考えました。天体の運動だけに限ったことではなく、この宇宙すべて、ありとあらゆるものにみなぎる神の力が一般法則として描き出されるはずだと考えたのです。それこそ、神のメッセージであるはずだと。ニュートンは、惑星と太陽の間に万有引力 universal gravitation が働くと考えて、ケプラーの法則を数学的に説明したばかりでなく、すべての物体の運動を説明することに成功しました。

　驚くべきことに、そのような運動の法則を確立するためには、当時の数学ではうまく描写できないことをニュートンは認識し、独自で新しい数学体系をも構築

してしまいます。これが微積分法 differential and integral calculus です。このような歴史を考えると、高校数学の醍醐味である微積分法は運動の法則との関連で必ず教えられるべきものです。しかし、高校ではなぜそのような数学的解析法が発明されるに至ったのか、そして、それによって研究者は何が知りたかったのか、まったく意味不明のまま、その結果だけを強要されるため、学生に大きな嫌悪感を抱かせてしまうのです。

　いずれにしても、ニュートンの法則は宇宙の原理を説明する法則として、確固たる地位を得ることになります。このニュートン力学 Newtonian mechanics の哲学的影響は多大でした。ニュートン力学では、初期値さえ決まれば、その後の運動状態を絶対的に予言することができます。その意味で、ニュートン力学はこの宇宙は絶対的な神によって支配された世界であるという考え方を助長し、物事に対して運命が決定されているという決定論的世界観が支配的となりました。

　このように、物理学はその誕生当初から一般性を求めてきた学問です。そこには、神の力が感じられます。この宇宙すべてにみなぎる一般法則を導き出そうとするのです。ただし、一般法則を導き出すには、一見雑多なようでも、この自然界における現象を正確に記述することが必要となります。それが法則を導き出すよりどころとなるわけですから。ニュートンの場合、天文学者たちが観測した情報が、まさに、その役目を果たしてくれたわけです。

（5） 生物学のスタイル──出発点としての二名法

　上述のように、物理学は一般性を追及する学問という傾向をその誕生当初から背負っています。その誕生の背景には、天文学的なデータの収集が不可欠でした。では、生物学はどのような歴史をたどってきたのでしょうか。

　神の力のみなぎりを感じるのは、何も天体の運動に限ったことではありません。当時の人々は、生命現象にも大いなる神の力を感じていたことでしょう。ですから、この摩訶不思議な生命現象を詳細に記述しようという学者が現れても不思議ではありません。ただ、天体と生命現象には大きな隔たりがあります。現象の複雑性がまったく違います。生命現象は天体の動きよりも桁違いに複雑であることは言うまでもありません。対象とする生物そのものが、基本的に複雑なもの

であり、ブラックボックスとせざるを得ない場合も多くあります。物理学や化学にも、もちろん、複雑な現象の記述という傾向がないわけではありませんが、生物学ではかなりその傾向が強いわけです。事実、生物学者は生物の多様性に惹かれて生物学の研究を始めた人がほとんどではないでしょうか。私も、幼い頃はいわゆる「昆虫少年」で、昆虫をはじめとした生物世界の多様さに目を奪われ、幼少の頃から昆虫学者になることを夢見てきました。また、化学者や物理学者でも、最初は昆虫少年だった人も多いようです。ノーベル賞化学者である福井謙一氏もそうですし、歴史上最大の化学者であるライナス・ポーリングもそうだったようです。

　複雑な生命現象を記述しようという試みが生物学の出発点ですから、生物学はその誕生当初から生物の多様性を記述する学問であるという傾向があります。身の回りの生物たちを観察し、記載することに主眼を置く学問分野は、博物学 natural history と呼ばれます。最近は博物学という名称ではなく、自然史（あるいは自然誌）研究と呼ばれることが多くなりました。

　博物学の起源はアリストテレスにもさかのぼることができますが、それを体系化したのは 18 世紀に活躍したスウェーデン出身のカール・フォン・リンネです。リンネはスウェーデンとオランダで博物学の研究をしていました。この両国は現在でも博物学的な研究で素晴らしい成果をあげています。この時代には生物学といえば博物学そのものでしたから、この時代の生物学の目標は「記載すること」であったといえます。とにかく、多種多様なものを記録すること、つまり、大図鑑をつくり上げることが目標だったといってよいでしょう。その方法論として提示されたのが**二名法** binomial nomenclature です。

　二名法が確立される前には、それぞれの生物はそれぞれの土地固有の俗名で呼ばれていました。リンネは生物の活動単位を「種 species」として認め（ただし、種の定義はその時点では曖昧でしたが）、それぞれの種に学問上使用することができる「公式な名称」（学名 academic name）を付けようと提案しました。その公式な名称にはラテン語あるいはラテン語化された言語を用い、属名と種小名の二語の組み合わせで一つの種を表現するという方法が考案されました。二名法は、われわれが姓と名を持つのと似ていますね。おそらく、人の名前の付け方をヒントにしたのでしょう。

たとえば、ヒトの生物名（学名）はホモ・サピエンス *Homo sapiens* ですね。二名法においては、人の姓に当たるものは分類学上の単位では「属 genus」を意味します。つまり、ホモは属名です。そして、サピエンスは種小名です。属とは、家族のようなもので、近縁のものには同じ属名が与えられます。これは、私の家族がすべて大瀧姓であるのと似ていますね。

ところが、系統分類学も進歩します。当初は *Cynthia cardui* と命名されていたチョウは *Cynthia* 属ではなく、*Vanessa* 属に入れるべきだという見解を持つ学者が出てきたとします。すると、このチョウには新しく *Vanessa cardui* という名称が与えられます。この場合、属名、つまり、姓は変わりましたが、種小名は変わっていませんね。これも、ある人が結婚すると姓だけが変わる場合があるのと似ていますね。学名はラテン語あるいはラテン語化された言語であって、英語ではありませんので、文中では斜字体で表記されます。

ここにおいて、種の存在が明確に認識されることになりますが、その定義は曖昧なままでした。曖昧ではあっても、そのこと自体に何ら問題はないと考えられていたようです。種という生物の単位こそが、神が人間のために創造した「創造の単位」であって、種は完璧なものであると考えられていました。確かに、実際に生物の形態などを観察すると、同一種内でもかなりの個体変異があります。しかし、そのような個体変異は神が創造した「理想からのずれ」にすぎないとして真剣には取り上げられませんでした。逆に、個体変異がある中でも、完璧な個体が理想像として描き出されるはずであると考えられたのです。これはプラトンのイデアを髣髴とさせる考え方です。

ところで、現代の生物学は分子レベルが中心ですから、実際の研究において生きた生物を見ることは少なくなりました。それを反映してか、最近は、生物を知らずして生物科学科に進学してくる人も多いようです。大学4年生の卒業研究に、チョウの分子系統の研究をしてもらったことがありますが、その学生さんは種という概念そのものが最初はまったく理解できなかったようでした。生き物を見てきた経験が少ないためではないでしょうか。

いずれにしても、学研の図鑑などを穴の開くほど見つめてきた人は今ではかなり少ないようですね。誰かがそれを皮肉って、虫ではなく虫屋が絶滅の危機に瀕しているといっていました。確かに、日本鱗翅学会（蝶と蛾を興味の対象とする

人々の集まり）に行くと、年配の人が大多数ですね。ちょっと悲しいことです。

（6） 生物学の統一原理——ダーウィンとウォレスの登場

　話をもとに戻しましょう。リンネによって確立された博物学は、西洋列強国の植民地時代の波に乗って、大きく進歩しました。植民地において現地の住民を無償の労働力として使用することで、欧州列強国は莫大な利益を上げました。その結果、大富豪が誕生しました。彼らは余剰資金を東洋や新大陸からの珍品の収集に使いました。その中でも、昆虫や鳥に興味を持つ大富豪が多く現れました。彼らは探検家をいわゆる「未開地」に派遣し、珍しい生物の標本を収集して楽しんだのでした。また、国家の軍事政策としても探検を含む植民地化事業は継続して行われました。

　このように、西洋諸国には、当時の西洋人の常識を超える、想像を絶するような「不可解な」生物の標本が集められました。それらは、高い値段で取引されるようになりました。同時に、公共性のある博物館の需要も高まってきたことでしょう。ここにおいて、西洋の人々は、比較的貧弱な欧州の生物相とは比べものにならないほど多様な生物を目の当たりにすることになります。それに刺激されて、博物学的研究も大きく発展しました。

　このように、多様な生物世界の記述を目的とした自然史研究が発展していく中で、生物世界の統一原理を唱える人が現れました。チャールズ・ダーウィンとアルフレッド・ウォレスです。両者ともイギリス人であり、彼らは19世紀の博物学時代のたまものだと考えてよいでしょう。彼らはイギリスの大航海時代に東南アジアや南アメリカに航海し、多様な生物を記載した博物学者でした。ニュートンの物理学の誕生には天文学が不可欠であったように、ダーウィンとウォレスの進化論の誕生には博物学が不可欠でした。

　ダーウィンの経歴をのぞいてみましょう。ダーウィンはエディンバーグ大学医学部に入学しましたが、退学してケンブリッジ大学の神学部に学びました。そのうちに、神の力が体現されている（つまり、神の創造のたまものである）博物学的存在（動物・植物・鉱物）に興味を持つようになりました。ダーウィンは博物学者として1831年から6年間、海軍のビーグル号に乗船して南アメリカや南

太平洋の島々を歴訪します。特に、ガラパゴス諸島の調査は有名です。ガラパゴス諸島のフィンチ（鳥の一群）の形態と生態の観察は自然選択説の根拠の一つになりました。

　一方、ウォレスはダーウィンよりも年配の博物学者です。彼は昆虫学者ベーツと採集旅行をともにしています。ベーツは擬態 mimicry という現象を指摘した人として有名です。ウォレスはチョウを中心とした昆虫に特に興味を持っていました。ウォレスは東南アジアのチョウを例示して種という概念を打ち立て、**自然選択（自然淘汰）**natural selection の概念に達しました。彼はダーウィンとは独立に自然選択説に基づく進化論という概念に行き着いたのです。当時マレー諸島にいたウォレスはダーウィンに手紙を送り、自然選択説について説明しました。当時すでに自然選択説というアイディアを温存していたダーウィンは、これをきっかけに自然選択説をリンネ学会に発表することにしました。それは、1858年にウォレスとダーウィンの共著として発表されました。

　ダーウィン以前には、神は人間を創造し、人間が利用するために、つまり、人間のために様々な動植物を含む「適切な環境」を創造したと信じられてきました。そして、様々な生物は、それぞれ個別に神の意図に従って創造されたと信じられていたのです。ですから、様々な生物を記載してみても、それらの関係は必ずしも一般化できるものではないように思われたのではないでしょうか。もちろん、形態的に「昆虫」、「鳥」、「哺乳類」など、誰が見ても明らかな分類群がありますから、多少は関連性を持たせることはできるとしても、様々な生物を統一的に理解する一般原理が存在するとは誰もが予想していなかったに違いありません。一方、物理学の場合は、天体の運動にある種の規則性があることは、ある程度は誰もが感じていたことでしょう。月や太陽の動きには規則性があるからこそ、太陰暦や太陽暦ができるわけですから。つまり、ニュートンは、天空（そしてこの宇宙すべて）を司る一般原理の存在にそれほどの疑問を感じることなく研究に没頭できたと思われます。

　ダーウィンとウォレスが発表したのは、自然選択による進化という統一原理でした。一言でいえば、すべての生物は共通の祖先から自然選択の原理に基づいて進化したという一般原理です。これでは、聖書に基づく世界観とは大きく異なってしまいます。種は種として神が創造し、過去にも未来にも変化しないという確

固とした世界観から、種は過去に進化し、また未来では変化しているかもしれないという動的な世界観を提示することになるのです。人間もその例外ではなく、過去に進化によって誕生したと論じられました。これでは、人間だけがこの世界で特別に創造されたという世界観は破綻してしまいます。

このように、自然選択説という学説がキリスト教社会に現れたからこそ、インパクトが強かったわけですが、逆に言うと、キリスト教社会だったからこそ、そのような学説が生まれたと評価することができます。非キリスト教社会ではそのような学説が誕生する理由はありませんし、たとえ誕生したとしても、大きなインパクトは与えないに違いありません。人間がこの世界で特別な位置を占めているという世界観は多神教社会では決して見られないことですから。もう少し思想的な立場から言うと、自然選択説は生物学における一般性をはじめて見つけ出したために、そのインパクトは計り知れないものだったわけです。その意味で、ダーウィンとウォレスは高く評価されるべきでしょう。

（7） 自然選択説と用不用説

1859年に初版が出版されたダーウィンの名著『種の起源 Origin of Species』において、自然選択説が詳細に解説されましたが、実は、ダーウィンの自然選択説以前にも「進化 evolution」という概念は存在していました。その代表が、ラマルクの用不用説です。「獲得形質の遺伝 inheritance of aquired character」がその中心概念になります。キリンの首が長いのは、首の短い祖先が高いところの草を食べるように努力した結果、多少、首が長くなり、それが世代ごとに次々と遺伝して、ついには、キリンは首長になったと説明されます。この議論のポイントは、昔、キリンが努力して獲得した形質が次世代に伝わっていったということです。

しかし、このような獲得形質の遺伝は、一般的には不可能であることが分かっています。われわれがいくら努力して勉強しても、次の世代にはその内容は伝わりませんね。次の子はまたゼロから勉強しなければなりません。個体レベルで獲得したことは、決して次世代には伝わらないのです。

われわれは体細胞と生殖細胞という二種類の基本的に異なる細胞を持ってい

ます。次世代に遺伝する形質は生殖細胞のものだけです。たとえば、われわれが努力して勉強して脳細胞（つまり体細胞）にどのように変化を与えても、生殖細胞とは関わりはありませんから、勉強の成果が遺伝することは決してありません。

　これに対して、自然選択説では、集団レベルの多様性や変異に注目します。もともと集団内に様々な個性（形質）を持つ個体がいるわけですから、その中で、最も生存に有利な個体が多くの子孫を残していき、最後には集団全体がその子孫となってしまうわけです。このようにして、ある祖先の形質が増幅されることになります。進化においては、これが自然環境によって選択されますが、人為的に選択していけば、農芸作物や家畜やペットなどに見られるように、様々な品種の改良ができるわけです。

　用不用説には生物の努力や意図が感じられますが、自然選択説では生物には意図がなく、自然選択あるのみというわけです。つまり、摩訶不思議なもやもやした「生気」のようなものは、自然選択説では役割がありません。環境に適したものが結果として選ばれることによって進化が起こるわけです。ここに、現代生物学に続く「科学としての生物学」が誕生したことになります。

　ところで、自然選択説が社会的に大きなインパクトを与えた理由の一つは、自然選択では、われわれ人間が特別に創造されたのではないと主張されることがあげられます。人間も他の生物と同じように進化したにすぎないと主張されます。では、人間はどのようにして、この世に生まれてきたかという問題になります。ここで誤解が生じます。ヒトはサルから生まれたと。自然選択説は、決して、人間がサルから進化したと述べているのではありません。人間とサルには共通の祖先があると述べているだけです。もちろん、現生人類の祖先がより原始的であったことに変わりはありませんが、しかし、自然選択説はたびたび誤解され、サルと人間は違うのだから、そんな説はおかしいという非難を浴びてしまいます。

　また、逆に、ダーウィニズムは過剰なまでに擁護者を得、自然選択以外は進化のメカニズムとしては認めないという固い風潮をつくり出してしまいました。本当は、ダーウィンは、当初、自然選択だけが進化の原動力であるとは述べていません。20世紀後半になって、ようやくその風潮も解けはじめ、遺伝的浮動 genetic drift、中立進化 neutral evolution、遺伝的刷り込み genetic imprinting、遺伝

子の水平伝播 horizontal transmission など、自然選択以外のメカニズムも脚光を浴びてきました。さらには、ラマルク的な進化を髣髴とされる表現型可塑性 phenotypic plasticity と遺伝的同化 genetic assimilation という現象やエピジェネティクス epigenetics という分野も大きく宣伝されることになりました。とはいえ、自然選択が進化の大きな原動力であることには変わりはありません。

天文学と物理学の場合でもそうでしたが、多くの事実の記述から一般原理 general principle を導き出すという論理の流れが見て取れるでしょうか。このような論理展開が、いわゆる**帰納法** induction です。逆に、一般原理から具体的な事象を推測するという論理展開が**演繹法** deduction です。両者とも、科学的論理展開の基礎となる非常に重要な考え方です。

（8） 進化は集団レベルで起こる

いずれにしても、ここに、すべての生命体はその起源をたどれば一つであることが認識されてきます。それは、とりもなおさず、自然選択による進化の結果として、生命現象の根底にはある種の共通原理が存在するのではないかという想像力をかきたてるものです。

ところで、現在では、進化という言葉はかなり普通に使われますが、もともと生物学の学術用語です。生物学以外では進歩的な変化という意味で使われるようです。「進化した携帯電話」などというように使われるのを聞いたことがあるでしょう。ただし、生物学的な進化は単なる進歩的変化とはまったく異なります。

進化という概念を理解するうえで重要なことは、進化は集団レベルで起こるということです。ある個体が突然別個体でもあるかのように進化することはありません。チョウのように卵が幼虫になって蛹になって成虫になるというような変化は変態 metamorphosis と言いますが、進化ではありません。また、個体レベルで変化が起こっても、それは体細胞性の変化ですから、次世代に遺伝することはありません。進化は集団レベルで起こるのです。

最初に成体 100 個体（雄 50 個体と雌 50 個体）の遺伝的に均等な集団があったと仮定してみましょう。雄と雌は生涯を通して特定のペアを形成し、雌雄のペアあたり必ず 2 個体の子孫を残すとします。この集団は集団内で普通に交配して

いる限り、突然変異が起こらなければ、いつまでたっても進化しません。集団の数も成体が100個体で常に一定です。ここで、この集団内のある個体の性的特質に関連する遺伝子（片方の対立遺伝子のみ）に大きな変化が起こったとしましょう。これが突然変異 mutation です。変わり者の遺伝子を持つ1個体（突然変異体 mutant）が現れたわけです。その個体は突然変異のために生殖能力旺盛で、他の個体よりも多くの子孫、たとえば4個体を残すことができるとします。つまり、最初は1個体であった突然変異個体が他の個体とペアをつくると、正常個体同士のペアでは2個体の子孫が残されるのに対し、このペアでは次の世代に4個体を残します。突然変異遺伝子が次の世代に伝わる確率はメンデルの法則に従って$\frac{1}{2}$ですから（次項参照）、4個体のうち2個体は突然変異遺伝子を保持していることになります。この突然変異遺伝子を持つ個体は、さらに次の世代には4個体、さらに次の世代には8個体、さらに次の世代には16個体というように、2の累乗で集団内に増加していきます。そのうちに、集団中のほぼすべての個体がこの遺伝子を持つことになります。すると、集団全体として考えると、突然変異体が出現する前の「祖先集団」と比べてかなり違った集団になるわけです。このような変化が蓄積されれば、ついには**種分化** speciation と呼ばれる現象が起こるわけです。

つまり、進化の過程は機械の改良などとは根本的に異なっていることが分かるでしょう。環境からの選択圧を受けながら、特定の遺伝子が個体群の中で増幅していくことで、種分化が起こるのです。けれども、その詳細については、まだまだ分からないことばかりです。自然選択が具体的にどのように効いているのか、突然変異というのは具体的には何を意味するかなど、疑問は尽きません。ちなみに、進化は必ずしも長い時間をかけて起こるものではなく、種分化はわれわれの生きている間に十分に目撃することができることが分かってきました。そのような目撃例は、魚類や昆虫の種分化など、すでにいくつかあげられています。このような話題については、第13講に委ねます。

（9）　遺伝学を確立したメンデル

　ダーウィンとウォレスの進化論にも勝るとも劣らない、もう一つの大きな革

命、それがメンデルによる遺伝学の確立です。メンデルはウィーン大学で数学、動植物学、古生物学を学んだオーストリアの修道院の聖職者でした。自分の修道院の庭に植えたエンドウマメで遺伝の実験したのです。1866年、『植物雑種の研究』と題した論文を発表しましたが、当初は誰一人として彼の成果を理解できませんでした。メンデルの死後、1900年に業績が「再発見」され、今ではメンデルは遺伝学の祖として尊敬されています。

　生命現象の中でも特に摩訶不思議なものに、遺伝現象があります。当然のことですが、われわれ人間も他の生物と同様に生殖活動を営みますから、子どもをもうけ、自分の子が自分に似ていることや、兄弟姉妹同士が似ていることや、双生児は互いによく似ていることなど、当時でも経験的に知られていたはずです。けれども、遺伝現象の背後にそれを簡潔に説明できる法則があるとはほとんど誰も考えることすらしませんでした。遺伝現象はどろどろした摩訶不思議なものであり、そんなにも複雑なものに科学的なメスを入れられるとは誰も考えてもみなかったのです。遺伝という、つかみどころのない現象が物質に還元できるなどとは誰も想像すらしなかったことでしょう。ましてや、ダーウィンとウォレスの自然選択説すら、まだ知られていない時期だったわけです。そのような中で、メンデルは実験によって遺伝の法則を立証したのです。まさに天才的だと言わねばなりません。

　メンデルの著作では、355回の交雑実験によって、12980個の雑種がつくられ、それぞれの形質の遺伝の仕方が数学的に検証されました。その結果、「遺伝子 gene」（メンデルの言葉では「エレメント element」）という物質的基礎を想定すれば実験結果が矛盾なく説明できるとメンデルは論じました。交雑実験には大変な労力が必要ですが、記録にあげられていない失敗例も多数あるでしょうから、実際の実験はもっと大変だったことが想像されます。

　遺伝現象はどの生物にも見られますから、遺伝に関する実験はどの生物を用いても可能なはずです。そのような中でメンデルは実験材料としてエンドウマメを選びました。これは独創的な選択であったと思われます。対象とする豆の形質を特定でき、豆を一つずつ確実に数えることができます。実験の目的に従って人為的に交配（受粉）させることもできます。もちろん、農芸作物の改良のための実験だと主張すれば、実験を社会的に正当化することも可能です。

メンデルという人物は本当に摩訶不思議そのものですね。突如として現われ、それまでに誰も想像すらしていなかった法則性に目をつけ、自分で材料を選定して実験し、素晴らしい論文を発表しているのですから。ダーウィンやウォレスは、想像を絶するような多様な生物を目の当たりにしたことによって生物界全体を統一的に見るような法則性を打ち出したくなるような立場にあったはずですから、彼らが自然選択説の発表に至ったことはそれほど不思議ではないですが、一体全体、メンデルのパワーと独創性はどこからきたのでしょうか。私の想像では、彼もやはりニュートンと同様に、神の教えを知るための手段として遺伝という現象に注目し、全身全霊を投資して実験したのではないでしょうか。

　ダーウィンとウォレスはイギリス人、そして、メンデルはオーストリア人ですが、彼らは同じ時代に生きています。学問的交流があってもよいような気がしますが、それはまったくありませんでした。進化と遺伝は、一見すると矛盾する概念です。どちらも同じ生命現象を扱っているにもかかわらず、一方は変化していくことであり、もう一方は既存のものを確実に伝えていくことなのですから。この二つの分野は、その後も20世紀後半まで互いに矛盾なく位置づけられることはありませんでした。

(10)　メンデルの法則

　高校の生物学の基礎で学ぶことと思いますが、メンデルの法則 Mendel's law を復習してみましょう。現代に生きるわれわれは、物質として遺伝子が存在し、しかも、ほとんどの遺伝子は、一つの細胞において対（ペア）の相同染色体 homologous chromosomes の上にそれぞれ一つずつ、つまり、合計二つ存在することが分かっていますから、その知識があれば、メンデルの法則は特に取り立てて「法則」というほどのものではありません。しかし、そのような知見がまったくない世界でこの「法則」を打ち立てることは至難の業だったと想像されます。そもそも、対立形質の遺伝子が対（ペア）として存在していること自体を検証することからはじめなければならないのですから。

　実はメンデル以前にも交配実験は行われていたのですが、メンデルが優れていた点は「単位形質 unit character」に注目したことです。エンドウマメには多

くの形質がありますが、多数の遺伝子によって支配されている形質ではなく、一つの遺伝子によってのみ支配されている形質を選定したのです。たとえば、豆の大きさや重さは量的形質 quantitative character と呼ばれ、多数の遺伝子によって支配されていると考えられます。さらに、大きさや重さは環境要因によっても大きく左右されます。このようなものにいくら注目しても、遺伝の法則をつかむことはできません。

　一方、豆の色（緑や黄色）や形（すべすべやしわしわ）などは、それぞれ一つの遺伝子の存在によって決定されていることをメンデルは見抜きました。そればかりではなく、ある形質を支配する一対の対立遺伝子 allele は、配偶子 gamete が形成されるときにそれぞれの配偶子に分離されるのです。一対の相同染色体は融合したりすることなく、同一細胞に存在しても独立性を保ったままであるわけです。当たり前ですが、遺伝子はどちらかというと粒子のような存在であり、絵の具のような不定形な存在ではないことをメンデルは明確に見抜きました。生物という対象は何となく「どろどろとしたもの」という先入観が多くの人々にはありましたから、これは画期的な発見だったのです。現代の感覚からすると、あまりにも当たり前すぎる結果ですが、これを交配実験によって示すことは、かなりの観察眼が要求されます。これが、分離の法則 law of segregation です。一対の相同遺伝子がそれぞれ配偶子に分離される結果、その子には形質が分離されて表出されるわけです。

　次に、豆の色と形について考えてみましょう。この二つの遺伝子が同じ細胞に存在する場合、配偶子形成の時に互いに干渉することなく、独立に配偶子に入ることをメンデルは発見しました。これが独立の法則 law of independence です。ただし、これは二つの遺伝子が別々の染色体上にあるか、同じ染色体上でかなり隔たりがある場合に成り立ちます。互いに近接していて連鎖が起こる場合は成り立ちません。単純に、離れているものほど連鎖は起こりにくく、近いものほど連鎖の確率が高まります。ですから、この連鎖の割合、つまり、子に二つの形質が同時に出現する割合を調べることによって、二つの形質を支配している二つの遺伝子の間の染色体上の相対的位置が分かるわけです。このように、分離の法則に比べると、独立の法則は一般性の低いものであると言えます。

　対立遺伝子間の関係として、メンデルは優劣（優性）の法則 law of dominance

を提案しています。たとえば、緑色・黄色という色に関する形質を支配する遺伝子をRまたはrで表現するとします。すると、この二つが同時に細胞内にある場合はRのみが表現型に寄与するということです。簡単に言うと、親の形質のうち一方だけが、子の形質として現れるということです。緑色と黄色の親同士が交配しても、その中間色である黄緑になることはなく、子は緑か黄色になります。ただし、これは法則といえるほど一般性のあるものではありません。実は中間色の黄緑になるような場合も多々あります。このように、優劣の法則は、独立の法則よりもさらに一般性は低いものと考えられます。しかし、この優劣の法則も、その後の遺伝現象の理解には必須のものであったことは間違いありません。これが最もシンプルで分かりやすい遺伝子型と表現型の橋渡しの形なのですから。

　余談ですが、メンデルは独立の法則が成り立たないことがあるという事実を知っていたのではないかと思います。しかし、それは無視し、とりあえずは最も分りやすい物事を対象として議論を進めています。これはデータの偽造ではありません。議論が不透明になるような実験結果を発表するような科学者は誰もいません。明確に分かることだけを論理的整合性を持たせて発表するのが科学の方法論です。もちろん、現代の風潮では、メンデルは誤った結果を発表したとして、非難されるかもしれません。メンデルの論文は20世紀になるまでは誰にも注目されなかったのですから、実際にはメンデルは非難されることもありませんでしたが、いずれにしても、時には誤りを恐れずに現実を大胆に簡略化して論じることの重要性を物語っています。

　メンデルの業績の偉大なところは、**表現型** phenotype と**遺伝子型** genotype の橋渡しを行ったということです。これはメンデル以降、遺伝子発現 gene expression や形態形成 morphogenesis の問題として現代生物学にまで延々と続くパラダイムです。また、まったく見えない遺伝子を想定することで実験結果をエレガントに説明した点にも、偉大さを感じます。メンデルは遺伝子が存在するという物質的証拠を持っていませんでしたから、そのような仮想的（悪く言えば空想的）な論理は、現代の科学論文の基準ではほとんど認められない傾向にあります。現在のような考え方では、メンデルの論文は、ほとんどのジャーナルに出版拒否されることでしょう。実験事実を淡々と述べるのが一流の科学だと思い込んでいるわれわれ現代科学者は、この事実を、時々、真面目に考えてみる必要が

あると思います。

(11) メンデルの法則の実際

分離の法則、独立の法則、優劣の法則などということ言葉を並べて考えるよりも、実例に即して考えるほうが、メンデルの法則はずっと理解しやすいものです。特にエンドウマメにこだわることはありませんから、私にとって親しみのあるモンキチョウを例として説明してみましょう（図2-1）。

モンキチョウの場合、翅の色が黄色か白色という形質（表現型の一部）を持っています。このような色を支配する遺伝子には相同遺伝子 homologous gene があって、一方をY、もう一方をyという記号で表してみます。遺伝子はDNA配列として存在しますから、Yとyはほとんど類似のDNA配列を持った遺伝子で

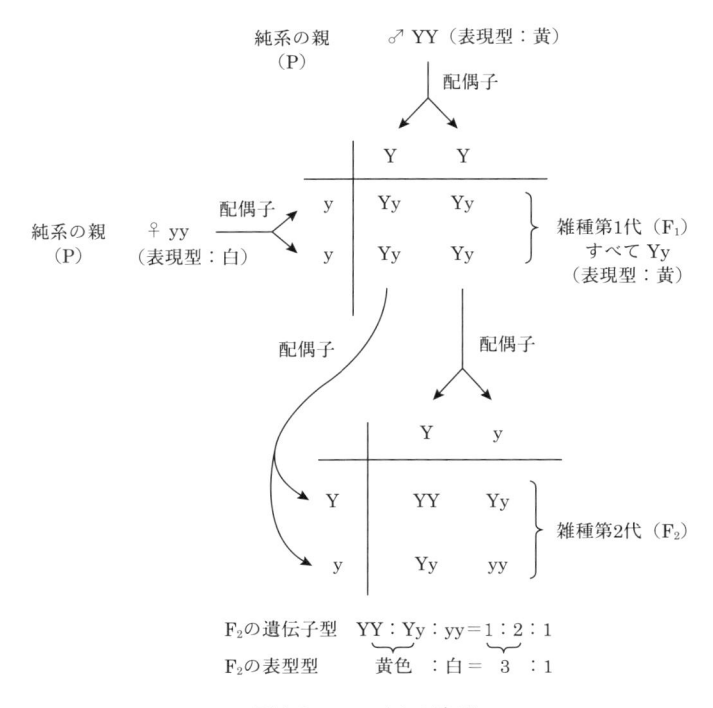

図2-1 メンデルの法則

すが、ほんの少し配列が異なるものであると理解してください。

　ある個体の細胞はこの「色遺伝子」に関する限り、Yを2個持っています。細胞は一対の相同染色体を持っていなければなりませんから。ですから、YYと表記されますね。このチョウが精子をつくるとき、減数分裂が起こって、片方のYともう片方のYは分離されてそれぞれ精子に入ります。しかし、どちらもYという同一の遺伝子ですから、配偶子はすべてYになります。一方、別の個体の「色遺伝子」は、yyで表されるとします。このチョウが卵子をつくるとすると、すべての卵子はyになります。

　これらの間に生まれる子どもは精子Yと卵子yからなるYyとなります。ここで、Yとyについて、もし、Yが優性遺伝子 dominant gene であれば、この個体Yyは黄色になります。yは表現型に寄与しませんので、これは劣性遺伝子 recessive gene と呼ばれます。ここで用いられる優性・劣性という言葉は、優れているとか劣っているとかいう意味はありません。単に表現型への寄与の大きさを示しているだけです。

　これらの個体はすべてYyですが、それらの子どもの個体間でさらに交配させてみましょう。配偶子はオスでもメスでもYかyですので、その子では、YY、Yy、Yy、yyの組み合わせができますね。YY：Yy：yy＝1：2：1ですね。表現型を考えれば、これは黄色：白色＝3：1となります。

　以上、普通の高校の授業で学習するメンデル遺伝の話をしましたが、これが完全に理解できていれば、法則の名前など忘れてしまっても構いません。ここで、前述の進化の議論と何となく似ていることに気がついたでしょうか。交配後の次の世代について論じているのですから、ある程度似ているのですね。でも、時間のとり方が進化の場合は長く、遺伝の場合は短いわけですね。また、進化の場合は、大きな集団レベルの話ですが、遺伝の場合は次の世代という小さな子どもの集団の話になります。もう一つ、進化の場合は、突然変異や種内の遺伝的多様性（個体変異）に注目しますが、遺伝学の場合は現存の遺伝子の維持機構が重要なのです。その違いを認識しておいてください。

(12) ダーウィンとメンデルから現代生物学へ

このように、19世紀末には、ダーウィンとウォレスの自然選択説による進化の概念およびメンデルの遺伝の法則が出揃いました。現代生物学はこの二つの概念を基礎として発展してきたと言っても決して過言ではありません。そして、20世紀に入り、細胞学 cytology、生化学 biochemistry、遺伝学 genetics、細菌学 bacteriology、結晶学 crystallography などの進歩とともに、生物現象の共通原理を探ろうという動きが起こってきました。それが分子生物学 molecular biology という学問分野を切り開くことになります。分子生物学については第6講以降に譲りますが、現代の生物学は、分子生物学の方法論的基礎のもとに成り立っているにもかかわらず、生命現象の単一性 unity のみならず、多様性 diversity にも分子レベルから目を向けていることを付記しておきます。最初は、分子生物学は単一性追究の学問として生まれましたが、生物界全体に認められる一般原理といえるものは、1960年代には出揃ってしまいました。近年は特に、多様性の分子的基盤を探求したり、生物全体をシステムとして統合的に理解する努力がなされてきています。物理学において宇宙論と素粒子論が統一化されるように、生物学においても、そのような統一的見解を求める傾向が出てきました。学問が成熟してきた証拠だと考えることもできます。

ただし、物理学が完成度が高いということは、学問の敷居が高いということであり、また、これから先の研究にはもう大きな新発見は残されていないということを意味します。生物学はその逆です。現在では数十年前に比べても格段に進歩してはいますが、それでも、実際の生物世界と比較して完成度は決して高くはなく、今後も面白い新発見が続く可能性を暗示しているのです。生物学は多様なので、それほど敷居も高くはなく、比較的容易に最先端の研究ができます。

第 2 部

細胞が利用する化学現象

第3講

化学的視点から生物を語る

（1） 生物学の特徴——生物学と化学の違い

　自然科学の中でも、とりわけ生物学に隣接している分野が化学 chemistry です。化学という分野は「あらゆる物質の性質とその変化を研究する学問である」と私が高校のときに使用した教科書に書いてありました。私もそのとおりだと思います。ここで、「あらゆる物質」が研究対象となっていることに注意してください。生体を構成している物質も例外ではありません。生体分子を対象とする化学分野は有機化学 organic chemistry や生化学 biochemistry（生物化学 biological chemistry や化学生物学 chemical biology という呼称もあります）として比較的古くから研究されています。

　生物学は、かなりの程度で「物質科学」であることは間違いありません。物質科学であるとは、生物という対象をモノとして捉え、生物の性質をモノに還元するという方法論（つまり、還元論 reductionism）に根ざしているということです。そして何より、生物学における還元論の究極は分子 molecule ですから、その分子の性質を支配する法則について考える必要があります。つまり、生物学においても化学的アプローチを行うことが重要になってくるわけです。生物は化学の法則に従って分子を構成し、化学反応を営んでいますから——というよりも、化学物質が秩序を持って寄り集まったのが生物体ですから——純粋に化学的な方法論だけでも、生物の多くの側面について知ることができます。

　ただし、生物学は単に化学に埋没してしまうことはありません。化学では、分子の化学的性質さえ詳細に分かればよいのですが、生物学では、分子の化学的性質はあまり詳細に分からなくとも、生体内での機能や進化的意義を理解すること

を重視します。生物分子は歴史的な進化のたまものであり、生体内で機能してはじめて意味を持ちます。化学では、その機能性や歴史性を無視して単なる物質の性質について研究しがちですが、「単なる物質の性質」は生物学者にとってあまり魅力的ではありません。実際、分子生物学や生化学のかなりの部分は、たとえ分子というモノを化学的方法で取り扱っていても、それは化学ではなく、生物学だと私は思います。なぜなら、生物分子の生体内での機能に注目しているからです。そのような視点がなければ、いくら生体物質の化学的性質が詳細に分かったとしても、生物学の進歩は望めません。

　生物学と化学の関係は、物理学と数学の関係に似ています。数学は物理学のための基礎となりますが、物理学は決して数学に埋没することはありません。また、数学は純粋に数に関する論理を取り扱い、必ずしもこの自然界の現象を記述する必要性はありません。頭の中だけで論理を展開していくこともできます。物理学は、実験と理論の整合性を尊び、この自然界に忠実に論を展開していきます。数学はその道具として活用されます。

　生物学と化学の関係も、そのような点ではまったく同様です。化学はある物質のみを取り出して、その物質のみを対象として性質を調べます。物質をかなり人工的な条件下において人工的に修飾することは化学の常道となっています。必ずしもその物質に関してありのままの自然界の現象を記述する必要はありません。この世に存在しない物質でも、産業目的でつくり出すわけです。生物学では、目的が違います。生物学は実験と理論（物理学の理論とは比較にならないほど幼稚な「理論」ですが）を尊び、生体内で何が起こっているのかを知ることが大目標です。これは、第2講で述べたとおりです。ただし、その際に化学的方法が道具として活用されます。

　化学と生物学の重要な違いとして、生物学は基本的に歴史科学的側面が大きいという点があります。その点では、生物学は物理学ともまったく異なります。ただし、物理学も宇宙物理学などになると、宇宙の創生から現代までという長い時間の流れから物事を考えますから、多少は歴史的側面がありますね。

　歴史的側面が大きいとはどういうことかというと、生物はその誕生以降進化してきましたが、もう一度最初から同じ条件で生物が発生したとしても、まったく同じような進化の道筋をたどることはないと考えられているということです。し

かし、まったく異なる道筋をたどるわけでもなく、そこには必ず起こらなければならない必然的な部分もあることでしょう。つまり、現在の生物は、そしてもちろん、それを構成している生体分子も、すべて偶然と必然の織り成す結果として存在していると考えられます。ですから、生物における一般法則はそれほど多くはありませんし、そこに多様性が生まれてくるわけです。物質としては化学の法則に従うわけですから、それに束縛されてはいますが、生物独自のものが進化を通して蓄積されているわけですね。

（2） 生体を構成する分子

　化学は生体分子をも対象とすると書きましたが、化学という学問分野が最初から生体分子を相手にしていたわけではありません。化学は18世紀まではより単純な気体や無機物質などを主として取り扱っていたわけです。化学の歴史は古く、18世紀末から19世紀初頭にかけてはドルトンの原子説 atomic hypothesis やアボガドロの法則 Avogadro's law などがすでに打ち出されていますが、その頃の有機化学的知識は乏しく、生体に比較的多量に存在する糖やアルコールなどが精製されていたくらいでした。そのうちに、生体から得られた物質は他の非生体物質と大きく異なっていることが認識されてきました。生体物質の構成元素の分析が行われましたが、それは当時は困難な仕事でした。18世紀の初頭においては、優れた化学者でさえ、生体物質は特別な「生気」あるいは「生命力」によってコントロールされているがために他の非生体物質とは本質的に異なるのであろうと信じていたのです。ましてや、無機化合物 inorganic compound から有機化合物 organic compound をつくることなど不可能だと考えられていました。

　ところが、ウェーラーが革命を起こしました。シアン酸アンモニウム ammonium cyanate という無機物質を加熱・濃縮することにより、尿素 urea という動物のみがつくることができるとされていた物質を人工的に合成することに成功したのです（図3-1）。これは分子内転移反応 intramolecular rearrangement なので化学反応式は極めて単純ですが、前者は無機化合物、後者は有機化合物のカテゴリーに入ります。そして、これを契機として、生命力などという概念は生体物質の理解には不要のものと考えられるようになりました。

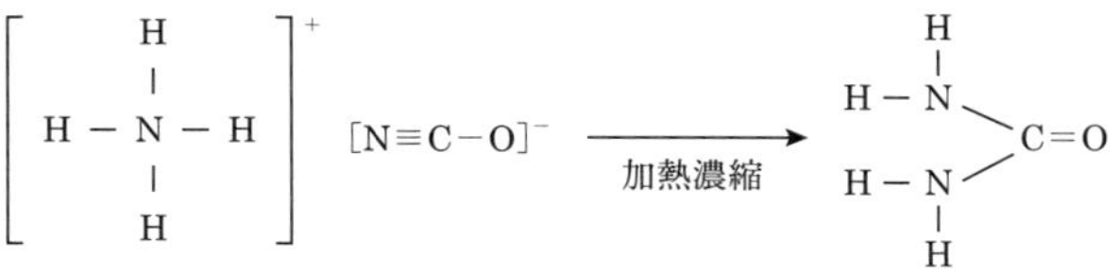

シアン酸アンモニウム
（無機化合物）

尿素
（有機化合物）

図 3-1　尿素の分子内転移反応

そのような考えのもとに有機化学が進歩することになります。

その後、19 世紀末から 20 世紀初頭にかけて、物質としての側面のみを強調する有機化学とは異なり、生体物質を中心とした生命現象を化学的手段で明らかにしようとする学問分野、生化学が発展していきます。生化学という言葉の定義は少し曖昧ですが、私の言葉遣いでは、むしろ、「化学生物学」と呼んだほうが適切です。まさに、化学的手法を用いた生物学だからです。20 世紀初頭には、生化学の発展により、蛋白質 protein や核酸 nucleic acid が生体内に存在することは分かってきましたが、生物分子は「どろどろとした」コロイド状の存在であり、決して画一的な形状を持つものではないと信じられていました。生物の機能という面からは、蛋白質（つまり、酵素 enzyme）こそが重要であると分かってはいましたが、蛋白質はあまりにも巨大な分子であり、一般的な化学的手段では手に負えない代物でした。そして、蛋白質こそが生命の摩訶不思議性の源泉として注目を集めることになったわけです。

このような中、X 線結晶学 X-ray crystallography の発展に伴い、1926 年、サムナーが比較的小さな蛋白質であるウレアーゼ urease の結晶化に成功しました。生体の機能を司る巨大分子としての蛋白質分子は、決して不定形の「どろどろとした」存在ではなく、一定の形（3 次元構造）を持っていることが分かったのです。しかも、その 3 次元構造がいかにも化学反応を触媒するのに適切であると思われる形をしていたのでした。さらに、蛋白質が決してランダムなアミノ酸のつながりではなく、秩序だった特定のアミノ酸配列を持っていることが、サンガーによるインスリン insulin の配列決定によって判明しました。特定の立体構造と特定のアミノ酸配列こそが特定の蛋白質のアイデンティティーであり、それが特定の機能に結びついていることが分かってきました。ここにおいて、蛋白質

の性質が浮き彫りにされてきたのです。

　蛋白質の配列が決定されるのと同じ時期に、ワトソンとクリックによって核酸の一種であるDNAの構造も明らかにされました。遺伝情報を保持するというDNA（デオキシリボ核酸 deoxyribonucleic acid）の機能も、このDNAの構造から明確に読み取ることができたのでした。このような発見が、その後の分子生物学の発展の直接の契機になりました。また、これがいわゆる「構造生物学 structural biology」につながります。分子の構造こそはその機能を語るという考え方です。つまり、摩訶不思議なのは構造そのものであると。結晶構造が的確に細胞内での構造を現しているのかという疑問は残りましたが、それは経験的に解決されました。同じ分子でも条件によって多少構造が異なってきますが、概して結晶構造は生体内に存在している状態と同じらしいということで現在のところ落ち着いています。

　このように、生体分子に関する学問分野には、有機化学、生化学、結晶学、分子生物学などという名前が、対象や方法論の違いによって命名されています。それぞれの分野の対象や方法論について認識し、それぞれの分野の関係を知っておくことは、生物科学全体を見渡すためには必須のこととなります。その一方で、それぞれの分野の設定は科学する際の便宜にすぎず、実際の自然界は一つであるということも認識しておいてください。

（3）　生体を構成する化学物質の種類

　これから続く第3講から第5講までは、細胞がどのようにして化学現象を利用しているかということを論じます。生命の単位は細胞ですが、細胞は化学物質でできていますから、細胞内の分子の性質を化学的に知ることが生命の神秘に迫る一つの手段になります。

　世の中にある物質の基本単位は原子ですが、原子 atom は限られた種類（109種類程度）しかありません。念のためにコメントしておくと、原子は粒子状のものですが、その種類については元素 element という言葉で呼ばれます。厳密に言えば、たとえば、「酸素」という原子はありません。それは「酸素」という元素の原子です。ですから、それは「酸素原子」と呼ばれます。少しややこしい話で

すが、これは単に言葉の問題ですので、あまりこだわる必要はありません。

　元素の種類は、その周期表から分かるように、109種類程度あります。ところが、生体を構成する元素は、炭素C、水素H、酸素O、窒素N、の4種類がほとんどで、それらだけで生体重量の99％近くになります。特に、生体物質は「有機物質」の定義から分かるように、炭素を骨格として分子を構成しています。炭素は4本の手（原子価 valence）を持っており、それらの結合の手自体も混成させることができますので、理論的に無限数の種類を形づくることが可能です。

　生物を構成している分子を原子にまで解体すると、その生物的性質は失われてしまいますので、生物学における還元論 reductionism の究極は分子 molecule の性質を調べることに帰着します。ただし、分子の化学的性質は原子 atom（あるいは電子 electron）の性質によって決まりますので、そのあたりまで還元論を推し進めることも時には必要となります。

　生体を構成する分子で圧倒的に多いのは水 water で、細胞の重量の70％近くになると言われています。われわれに馴染みの深い水ですが、水は非常に奇異な化学的性質を持っています。たとえば、酸素Oと同族の元素である硫黄S、セレンSe、テルルTeと水素Hの化合物について考えてみましょう。それぞれの元素の原子は水素原子とともに H_2O、H_2S、H_2Se、H_2Te という分子を構成します。H_2S の沸点 boiling point は $-60℃$ 付近、H_2Se の沸点は $-40℃$ 付近、H_2Te の沸点は $0℃$ 付近です（図3-2）。このように、分子量 molecular weight を横軸に、沸点を縦軸にとったグラフを考えてみると、分子量が大きければ、沸点は高くなり、分子量が小さければ沸点は低くなるのが普通です。これは当然のことで、分子量が大きいほど重くなりますから、液体から気体として飛んでいく際に必要なエネルギーは高くなります。これら三つの化合物の沸点から予想すると、

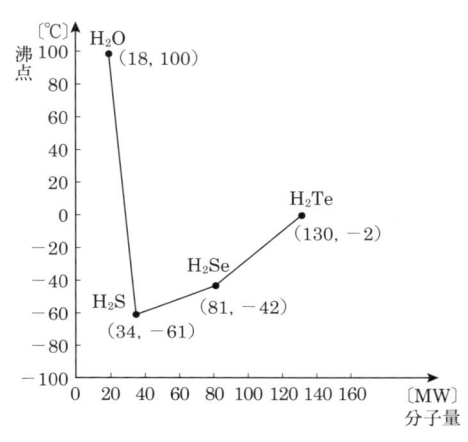

図3-2　6B族元素の水素化合物における分子量と沸点の関係

水の沸点は−70℃付近になるはずですが、実際には＋100℃です。これは、水には極性 polarity（分子内の電子の偏り）があり、水分子同士が**水素結合** hydrogen bond を形成し合っているからです。つまり、分子同士がくっついてねばねばしていて、なかなか離れないために、気化する際に（つまり分子が互いに離れるために）多くのエネルギーが必要となってくるのです。

　このような水の極性は、沸点だけではなく、様々な水の性質となって表れます。たとえば、水は他のイオンなど、極性のある分子の周囲を取り囲んで「水和 hydration」させることができます。つまり、物を溶かす性質があるということです。水和された分子は水の膜のようなもので覆われていると考えていいでしょう。ただし、この水の膜は決して静的なものではなく、動的なものです。この水分子は絶えず周囲の水分子と置き換わっているのですが、ある水分子が「膜」を離れるとすぐに周囲から別の水分子が入ってきますから、時間を長めにして眺めると「膜」のように見えるわけです。他方、極性のない分子に対しては、排除する力が働きますから、水に排除された非極性分子は大きな集合体を形成することになります。

　さらに重要なことは、水はある確率で解離し、水素イオン H^+（hydrogen ion, proton）と水酸化物イオン OH^-（hydroxide ion）をつくり出すということです。H^+ を放出する物質を**酸** acid、OH^- を放出する物質を**塩基** base と定義すると、水は酸でもあり、塩基でもあるわけです。水は本質的にイオン性の溶媒ですから、他の分子との H^+ と OH^- のやりとりがその溶液全体の性質あるいはそこに溶けている溶質分子の性質を決定することになります。酸・塩基については、後にもう一度論じます。

　細胞を構成する分子のうち、水以外に存在する生体分子は、大きく2種類に分けられます。一つは小さな有機化合物 small organic compound であり、一般に、100から1000くらいの分子量 molecular weight を持っています。炭素原子の数は30くらいまでです。もう一つは、ある種の有機化合物が重合してできあがった**巨大分子** macromolecule です。

　低分子量の有機化合物は、大きく分けて4種類しかありません。糖質 sugar（glucide）、脂質 lipid、アミノ酸 amino acid、ヌクレオチド nucleotide です。これら4種類について、大雑把に解説します。

第一の有機化合物は**糖質** sugar です。糖質は、炭水化物 carbohydrate とも呼ばれます。この名称は一般式 $C_n(H_2O)_m$ で表される化合物という意味です。この定義は厳密にはすべての糖質に当てはまるわけではありませんが、さしあたり、CとHとOで構成されている化合物であると理解しておけば十分です。

ご存知のとおり、糖質の代表はグルコース glucose です（図3-3）。細胞のエネルギー源 energy source として使われます。グルコースの**酸化** oxidation の過程が、いわゆる呼吸 respiration です。われわれはグルコースを酸化することで、エネルギー源として**ATP**（**アデノシン三燐酸** adenosine triphosphate）（図3-4）を生産し、かつ、還元力として**NADH**（**ニコチンアミドアデニンジヌクレオチド** nicotinamide adenine dinucleotide）（図3-5）を生産します。ATP や NADH については、次の第4講で説明しますが、これらはヌクレオチド nucleotide およ

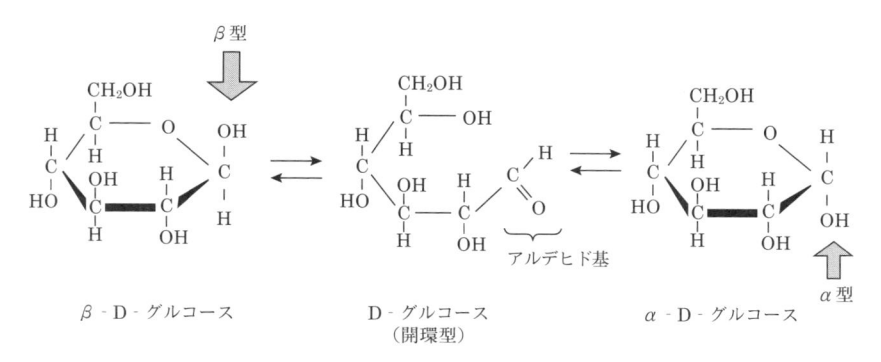

図3-3　グルコースの分子構造

図3-4　ATPの分子構造

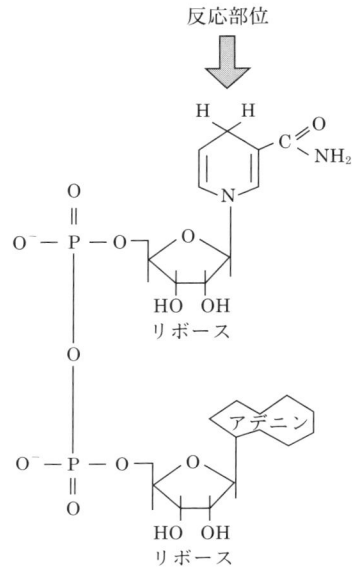

図3-5 NADHの構造

びその関連化合物です。

第二の低分子量有機化合物は、**脂質** lipid です。脂質とは、ほとんど水に溶けず、比較的大きな炭化水素鎖を持つ物質群です。脂質も糖質と同様に、エネルギー源として使用されます。脂質の代表例が脂肪酸 fatty acid です。脂肪酸は、たとえば動物の脂肪に含まれるパルミチン酸 palmitic acid $CH_3(CH_2)_{14}COOH$ に代表されるように、親水性 hydrophilic の部分（カルボキシル基 carboxyl group）と疎水性 hydrophobic の部分（炭化水素 hydrocarbon）とから成り立っています（図3-6）。

また、脂質の一種である**燐脂質** phospholipid には、細胞膜の構成成分であるという非常に重要な役割があります。燐脂質にも様々な種類がありますが、一般に親水性の燐酸部分と2本の疎水性の炭化水素部分を持ち、これらの分子は集合して、燐脂質二重層 phospholipid bilayer を構成します。燐脂質の代表例として、ホスファチジルコリン phosphatidyl choline（レシチン lecithin）があります（図3-7）。これは生体膜の主要な成分です。さらに、**ステロイド** steroid と呼ばれる一群の脂質はホルモン hormone としても機能します。

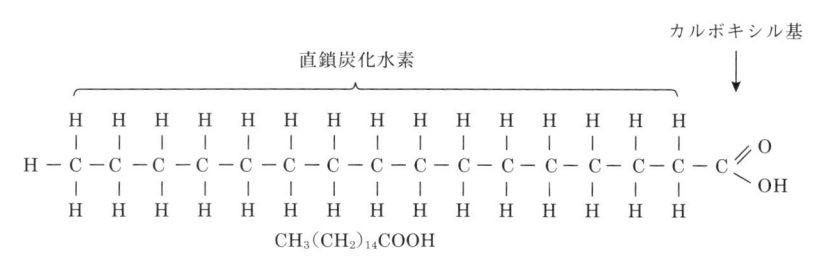

図3-6 パルミチン酸の分子構造

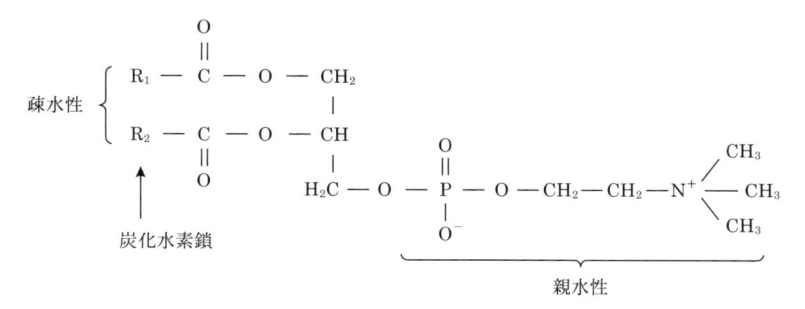

図3-7 ホスファチジルコリン（レシチン）の分子構造

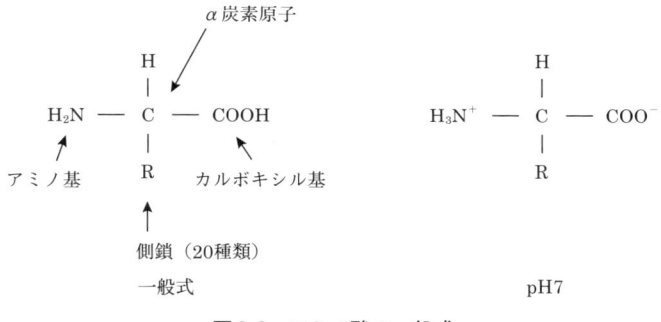

図3-8 アミノ酸の一般式

　第三の低分子有機化合物として**アミノ酸** amino acid があります（図3-8）。アミノ酸は、同一分子内に**カルボキシル基** carboxyl group と**アミノ基** amino group を同時に持つ化学種です。アミノ酸は蛋白質の構成単位となります。神経伝達物質 neurotransmitter として利用されている γ - アミノ酪酸（GABA; gamma-aminobutyric acid）やグルタミン酸 glutamic acid などがアミノ酸です。グルタミン酸ナトリウム sodium glutamate はいわゆる味の素として食品添加物 food additive に使われていますので馴染み深いと思います。
　第四の低分子化合物である**ヌクレオチド** nucleotide は、DNA（デオキシリボ核酸 deoxyribonucleic acid）および RNA（リボ核酸 ribonucleic acid）といった核酸の構成単位となります。ヌクレオチドおよびその類似体は、そのほかにも、**補酵素** coenzyme として機能するコエンザイム A（coenzyme A;

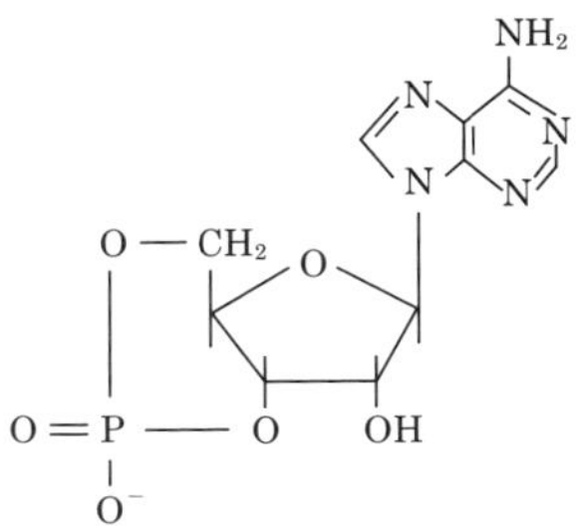

CoA)、還元力 reducing power の源泉となる NADH、エネルギーの通貨と言われる ATP、細胞内情報伝達経路の第二メッセンジャー second messenger として活躍する **cAMP**（アデノシン環状燐酸；環状 AMP; cyclic AMP）（図 3-9）、分子の活性調節に使われる GTP (guanosine triphosphate) などがあり、ヌクレオチドの機能は多彩です。

図 3-9　cAMPの分子構造

（4）　核酸の構造

生体には低分子の有機化合物ばかりでなく、**巨大分子** macromolecule が存在します。巨大分子は生体機能の担い手として非常に重要です。生体重量の 70% は水ですが、その他 30% のうちほとんどは巨大分子（特に蛋白質）から成り立っています。

巨大分子には、**蛋白質** protein、**核酸** nucleic acid、**多糖** polysaccharides があります。特に蛋白質と核酸は、生体機能および生体情報を担っており、分子生物学の中心的な研究対象となっています。これらの巨大分子は、いわゆる**ポリマー（重合体あるいは多量体** polymer）です。ポリマーとは、**モノマー（単量体** monomer）が多数重合したもののことです。蛋白質はアミノ酸のポリマー、核酸はヌクレオチドのポリマー、多糖は単糖のポリマーです。

では、核酸の構造から簡単に見ていきましょう。核酸には DNA と RNA がありますが、DNA の構造が分かりやすいですね。DNA はご存知のように遺伝物質として細胞の核の中に存在します。遺伝子とは、基本的には蛋白質に翻訳される DNA の配列のことを指します。

DNA はヌクレオチドが長くつながったひも状の巨大分子です。染色体 1 個は 1 本の長い DNA 分子に相当します。染色体 46 本から構成されているヒトの DNA をすべて伸ばしてつなげると 2m 近くになるそうですから、DNA は本当に巨大な分子です。

DNA はひも状の巨大分子ですが、それぞれのひもは実は 2 本の細いひもが互

いに巻きついたものです（図3-10）。その細いひもには方向性があり、片方の端を **5'末端** five-prime end、逆の端を **3'末端** three-prime end と呼びます。これはDNAのモノマーであるヌクレオチドの結合の方向性に起因しています。そして、互いにこの細いひもが逆向きに並行に巻きついています。この状態を**逆平行** anti-parallel と呼びます。この細いひもは水素結合 hydrogen bond を介した**塩基対形成** base-pair formation により、1本のひもとして存在しているわけです。このように、DNAは2本の鎖からなりますが、単に長いまっすぐな鎖ではなく、らせん構造を形成していますので、**二重らせん構造** double helical structure と呼ばれます。

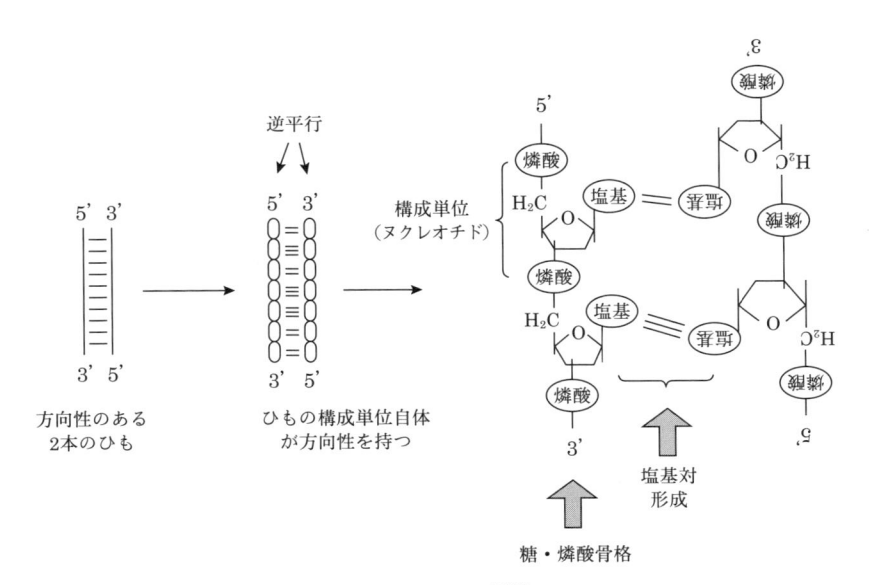

図3-10　DNAの構造

　この二重らせん構造の特徴の一つは、その鎖の骨格となる部分が、二重らせん構造の外側に位置していることです。これは**糖・燐酸骨格** sugar-phosphate backbone と呼ばれます。**デオキシリボース** deoxyribose という糖 sugar と**燐酸基** phosphate group が交互につながって、骨格を形成しているのです（図3-11）。燐酸基はその鎖の内側にデオキシリボースの3番目（3'の位置）の炭素原子と酸

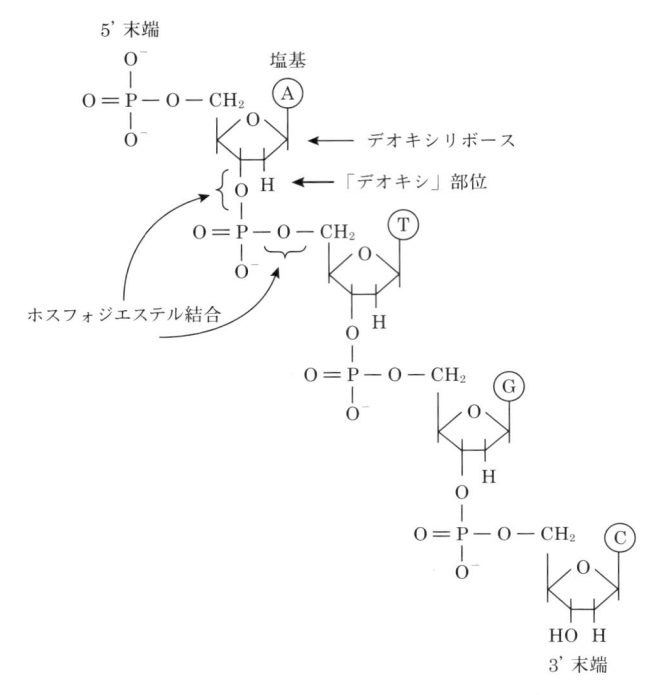

66　第2部　細胞が利用する化学現象

図3-11　DNAの糖・燐酸骨格

素を介したエステル結合 ester bond をしています。さらに、燐酸基は次のデオキシリボースの5番目（5'の位置）の炭素原子ともエステル結合を形成しています。ですから、これらをまとめて、**ホスフォジエステル結合 phosphodiester bond** と呼びます。

　繰り返しになりますが、デオキシリボースと燐酸基の配列が一定の方向性を持つことから、DNAの骨格には方向性が生じます。片方を5'末端、その反対側を3'末端と呼びます。DNAの二重らせん構造では、2本の1本鎖DNAが逆平行になっていることに注意してください。プライム prime（日本語ではダッシュ）が付いているのは、デオキシリボースの中の炭素の位置と次に述べる塩基の位置を区別するために付けられています。つまり、塩基中のそれぞれの炭素原子の番号にはプライムはなく、デオキシリボースの炭素原子にはプライムを付けた番号が割り当てられています。

さて、そのデオキシリボースの1番目（1'の位置）の炭素原子には、「**塩基 base**」が結合しています。塩基とは、DNAの場合、**アデニン** adenine（A）、**チミン** thymine（T）、**グアニン** guanine（G）、**シトシン** cytosine（C）の4種類です（図3-12）。一般に、塩基という言葉は、酸塩基反応 acid-base reaction という意味で使用されるのですが、核酸の構造について述べる場合、塩基性のプリン化合物またはピリミジン化合物を単に塩基と呼ぶ習慣があります。RNAの場合、チミン（T）がウラシル uracil（U）に置き換わっていますから、RNAの構成塩基はA、G、C、Uの4種類です。ウラシル（U）は、チミン（T）からメチル基が除かれたものですが、そのことは塩基対形成には特に問題を起こしません。AとT、GとCの間には水素結合が形成されるため、DNAは2本の鎖となっているのです（図3-13）。注意すべきことは、AとTの間には2本の水素結合が、GとCの間には3本の水素結合が形成されることです。

　DNAの二重らせん構造とは対照的に、RNAは基本的に1本鎖構造をしています。化学的にRNAは反応性に富みますが、DNAは安定です。この違いは骨格の糖としてRNAではリボース、DNAではデオキシリボースが使用されていることに起因しています。2'部位の炭素に酸素 oxygen（正確には**水酸基** hydroxyl group; OH）が結合しているのがリボース ribose、水素のみが結合しているのがデオキシリボース deoxyribose です。「デオキシ」というのは「オキシがない」、

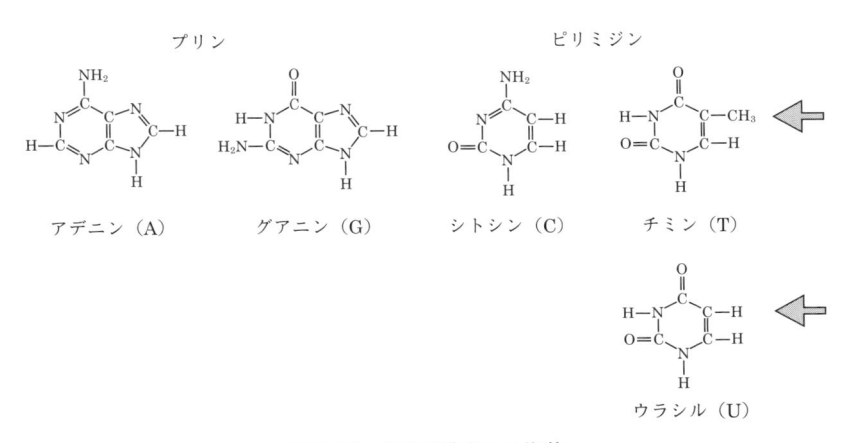

図3-12　核酸を構成する塩基

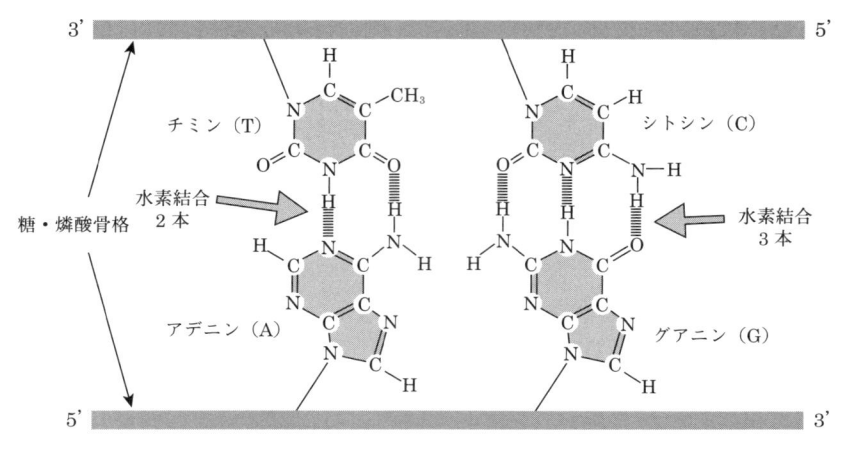

68　第2部　細胞が利用する化学現象

図3-13　DNA塩基の水素結合

つまり、「酸素がない」という意味です。このDNAとRNAの構造の違いに導かれる化学反応性の違いの量子力学的根拠については後で少し触れますが、リボースの水酸基は反応性に富むことを覚えておいてください。

（5）　蛋白質の構造

　蛋白質も一種の鎖ですが、ヌクレオチドの鎖ではなく、アミノ酸 amino acid の鎖です（図3-8）。アミノ酸の一般的な構造は、炭素原子に**アミノ基** NH_2-、**カルボキシル基** $-COOH$、水素原子$-H$、および側鎖R（20種類のうちの一つ；residue）が共有結合したものです。カルボキシル基にも炭素原子がありますから、それと区別するために、アミノ酸の中心となる炭素原子をα炭素原子 alpha carbon と呼びます。生体などpH7付近では、カルボキシル基の水素原子は解離し、また、アミノ基は水素原子を受け取りますから、実際には、$NH_3^+-CHR-COO^-$という構造をしています。陽イオンと陰イオンが並立していることから、両親媒性（両極性）amphipathic のイオンと呼ばれます。α炭素原子の4本の手には4種類の異なったグループが結合しているため、α炭素原子は不斉炭素原子 asymmetric carbon でもあります。つまり、アミノ酸は鏡像異性体 mirror image isomer, enantioner を持つことになります。ただし、生体には、L型のみ

が存在し、D型はほとんどありません。D型が問題になってくるのは有機合成の場合だけですので、本書では説明を割愛します。

このような構造をしたアミノ酸が2個つながって、**ペプチド結合** peptide bond を形成することができます（図3-14）。ペプチド結合では水が取れて（脱水縮合 dehydration condensation）－CO－NH－ができます。この結合は平面構造をしており、回転することはできません。一方、α炭素原子の4本の結合は正四面体構造 tetrahedral structure の結合ですから、自由に回転することができます。結合の回転の自由度による分子構造の制約があるのです。このような回転の自由度は、蛋白質の鎖の折り畳み方に関係してきます。

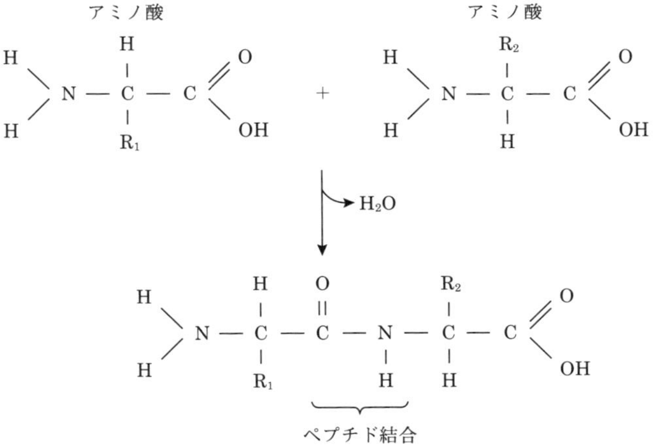

図3-14　ペプチド結合

さて、アミノ酸の側鎖Rは、理論的には何でもよいのですが、生物が使用しているのは少数の例外を除いて20種類に限られています（第8講参照）。これらの側鎖Rの種類でアミノ酸の性質が決まってくるわけです。DNAあるいはRNAを構成しているヌクレオチドはそれぞれ4種類ですが、蛋白質を構成しているアミノ酸は20種類あります。蛋白質はそれだけ複雑な配列をとることができるわけです。また、蛋白質はDNAのような単調な立体構造をしているのではなく、蛋白質の鎖の折り畳み方は非常に複雑で、その結果、蛋白質分子は様々な形をとる

ことができます。

　蛋白質の折り畳み方は、数個から数十個のアミノ酸レベルで考えると、**αヘリックス** alpha helix および **βストランド** beta strand という構造に分類できます。これらが２次構造 secondary structure と呼ばれます。それらが集合して全体として３次構造 tertary structure を形成します。さらに、様々な蛋白質の鎖（サブユニット subunit）が集合したものを４次構造 quaternary structure と呼びます。このような詳細については、第８講に譲ります。

　生体内である蛋白質をつくるには、そのアミノ酸配列の情報が必要です。その情報は DNA の塩基配列の情報として細胞は保持しています。DNA の遺伝情報を読み出し、蛋白質をつくるという一連の作業を細胞はこなさなければなりません。このことについては、第６講および第８講で説明します。

（６）　化学結合の本質としての電気陰性度——共有結合からイオン結合まで

　生体を構成する化学物質の種類についてはこれで大雑把に分かりましたが、分子は単独で存在しても何も意味しません。分子間で様々な駆け引きをするためにこそ、その分子が存在しているという見方もできます。つまり、分子同士の関わり合いこそが、分子の存在意義そのものなのです。

　分子同士の関わり合いとは、化学の言葉では、いわゆる化学的相互作用 chemical interaction あるいは広義の化学結合 chemical bond ということになります。化学の真髄は、実は、化学的相互作用の解明にあるといっても過言ではありません。それは、原子と原子、分子と分子の接触の仕方のことです。

　物質の化学的性質や化学的相互作用の源泉は電気の力です。つまり、**電子** electron の挙動がその原因です。当然ですが、電子はマイナスの電気を、陽子はプラスの電気を帯びています。なぜでしょうか。それは現代物理学でも答えられない問題です。神がこの宇宙をつくったときに電荷を帯びた素粒子をいくつかつくったことに起因していますが、なぜ神がそのような宇宙をつくったのか、それは分かりませんし、証明しようがありません。このような究極的な事実については、「なぜだか分からないけれども、そうなっている」ということで妥協して先に進む必要がありますね。それでも妥協できない方は、形而上学的な考察をするし

かありません。これについては第2講で説明したように、科学は実験によって観測できることだけを論じますから、それは科学を超えた話になります。

いずれにしても、電子は負に帯電しており、陽子は正に帯電しています。正と負は引き合い、正と正、負と負は反発し合います。電子は原子や分子の最も外側に位置していますから、外部から影響を受けたり、外部に影響を与えたりしやすい状態にあります。つまり、その原子や分子の化学的性質は電子の挙動によって決まるわけです。そして、ある特定の電子の挙動は、周りの電子の存在様式や原子核という陽性の電気を持つ物質の存在様式によって影響を受けます。

では、どのような種類の化学的相互作用があるのでしょうか。最初に分子内の原子同士をつなぎとめて分子を構成している力について話しましょう。この力を**共有結合** covalent bond といいます。この力は大変強く、容易には壊れません。これが壊れたら、分子のアイデンティティーそのものが変わることになります。そもそも、なぜ共有結合と呼ばれるのでしょうか。それは、二つの原子が電子を共有することによって生じる結合だからです。この「共有」という言葉の意味を探っていく必要があります。

高校では、それぞれの元素の原子には原子価 valence、つまり、結合の手の数が決まっていることを習ったと思います。炭素は4個、窒素は3個、酸素は2個、水素は1個の原子価を持つと習いました。これらの原子価を満足するような形で共有結合が形成されるというわけです。しかし、なぜそれぞれの原子によって原子価が決まっているのでしょうか。それを理解するためには、電子の性質や原子の構造についてもう少し詳しく検討する必要があります。共有結合をはじめとした化学結合とは何かという問いかけは化学の誕生以来の最重要課題でしたが、それに最終的な答が与えられたのは20世紀になってからです。それには量子力学の完成を待たねばなりませんでした。電子の性質と原子の構造の量子力学的説明については、後の項に譲り、ここではとりあえず、共有結合の大雑把な性質について述べておきます。

原子は、最も外側の原子軌道（原子殻）が電子で充足されたときに最も安定でハッピーな状態にあるということはご存知だと思います。これが基本です。もう少し一般的に言えば、物事はエネルギーが低い状態に向かって変化していき、ある低エネルギー状態で落ち着くという傾向にあります。電子の振舞いも例外では

ありません。たとえば、水素原子Hは電子を1個しか持っていません。しかし、この電子の軌道にはもう一つ電子が入るべく、空白があります。空席のある状態では、エネルギー的にも不安定です。ですから、もう一つの電子を取り入れ、ペアになれれば安定でハッピーなわけです。ただ、電子はむやみに環境中にふらついているようなものではないので、それをただでもらってくるわけにはいきません。電子は基本的には陽子（つまり原子核）とペアで存在しています。電気的に中性を保つためです。それが、そもそも原子というモノの存在理由となっています。そうすると、H原子が安定化するためには、たとえば、もう一つのH原子とペアになって電子を一つずつ出し合い、その電子を互いに共有し合うことによって、陽子との関係を満たし、かつ、電子ペア（最外殻の充足）の条件も満たそうというわけです。つまり、1ペア（2個）の電子は二つの原子核に共有され、H_2という水素分子ができ上がるのです。

共有結合では、電子が二つの原子によって共有されることによって結合が生成されますが、この二つの原子が同種であるときにのみ、電子は両原子に等しく共有されます。たとえば、水素分子H_2や酸素分子O_2では電子が両原子に等しく共有されているため、比較的安定であることになります。2個の水素原子はどちらも同程度に電子対を引きつける力（**電気陰性度** electronegativity）を持っているからです。裏返せば、似たような電気陰性度を持つ原子同士が互いに結合すれば、安定な共有結合をつくります。一方、異なった電気陰性度を持つ原子間での共有結合の電子対は、どちらかの原子により強く引きつけられていますから、分子内で電子の分布の偏りが生じます。これを**極性** polarity と呼びます。

ここで、電気陰性度とは、原子が電子対を引きつける能力を数値化したものです。原子が電子対を引きつける能力は、陽子数が大きくなれば大きくなることが認められますし、原子軌道の組成によっても異なってくるのですが、これは実験的に求められた数値です。

ところで、この宇宙の物事は、すべてエネルギー的に安定な方向、つまり、低エネルギー状態へと向かっています。これに逆らうには、外部からエネルギーを注入しなければなりません。化学においても例外ではなく、物質は常にできるだけ安定な方向へと変化していきます。ただし、その際に障害があれば、中間地点で一時的に安定化します。2個の水素原子の間に共有結合が形成されて水素分子

ができるのも、その方が2個の水素原子がふらついている状態よりもエネルギー的に安定であるからにほかなりません。エネルギーについては、もう少し第4講で説明します。

　生物分子は炭素化合物がほとんどです。炭素原子同士も安定な共有結合をつくります。また、炭素原子 carbon atom と水素原子 hydrogen atom の電気陰性度には大きな違いはありませんから、炭素と水素は安定な結合をつくり、炭化水素 hydrocarbon となります。炭素に酸素が結合した場合は電気陰性度が異なるため、その部分は比較的不安定な反応しやすい部分となり、この部分を「**官能基 functional group**」と呼びます。たとえば、DNAとRNAの違いは、構成塩基の違いを除けば、基本的にはHとOHの違いだけですが、DNAとRNAの化学的性質は大きく違います。RNAは大変反応性に富み、すぐに分解されてしまいますが、DNAは比較的安定です。これは、生物学的な機能を考えても大変合理的です。DNAの遺伝情報は安定でなければ遺伝物質として失格です。一方、mRNAはすぐに分解されなければ同一の蛋白質で細胞内が埋め尽くされてしまいます。

　電気陰性度が異なる原子同士の共有結合は極性分子を生み出すと述べましたが、電気陰性度が非常に大きく異なる原子の間では、イオン結合が生成されます。これは、片方の原子があまりにも強く電子を引っ張った結果、電子が「共有」されず、「単独所有」されてしまった状態です。つまり、原子間に電子の移動が起こり、その結果としてイオン化した原子・分子同士が引き合う状態になります。共有結合とのアナロジーで表現すれば、イオン結合は「分離結合」や「単独所有結合」ということになるでしょう。注意しなければならないのは、完全な共有結合と完全なイオン結合の間には、中間的な結合が多く存在するということです。その場合、その結合は極性を示し、その部分は官能基として化学反応を促すように働きます。つまり、分子内に電荷の偏りが生じるのです。さきほどの水分子の極性がその良い例です。

（7）　波動方程式と化学結合の概念

　それにしても、本当に電子を「共有する」ことができるのでしょうか。そのよ

うなことが可能なのでしょうか。電子は素粒子 elementary particle であり、それ以上分割することはできません。この宇宙において、ある意味で絶対的なものとして存在します。そのようなものを「共有する」とは、どのような意味なのでしょうか。実は、「共有」が可能であることを理解するためには、量子力学 quantum mechanics による電子の性質の解明と、それを基礎とした量子化学 quantum chemistry の勃興を待たねばなりませんでした。

　電気陰性度だけでは、原子価 valence の概念を説明することはできません。化学結合 chemical bond は電子の共有によって成り立っているのですから、原子の中に電子がどのような状態で存在しているのかについて調べれば、化学結合の本質が見えてくるのです。共有結合において共有されるものは電子ですから、電子の性質についての理解が必要でしょう。

　電子の挙動は、非常に奇妙な法則に従うことが実験的に分かっています。ハイゼンベルグが提唱した**不確定性原理** uncertainty principle です。これは、原子内での電子の位置 position と運動量 momentum（速度 speed）は同時には正確には測れないとする原理です。われわれの一般常識では、たとえば、今、特定の車が時速何 km でどの地点を通過したというように、運動している物体の位置と速度を同時に求めることには何の不都合も生じません。投げられた野球のボールでも同じことです。これに対して、電子はわれわれの日常生活で体験する車やボールのようなものとはまったく異なった挙動を示します。位置を測ろうとするとその運動量はぼやけてしまい、逆に、運動量を測ろうとすると、その位置はぼやけてしまうという、幽霊のような存在です。さらに奇妙なことに、電子は量子ですから、一種の粒子 particle のような存在のはずですが、同時に波動 wave のような存在でもあります。波動の場合は、水面の波のように何かの媒体の振動として存在すると考えられますが、電子の波動的性質には媒体は必要ありません。もちろん、電子の粒子的性質にも媒体は必要ありません。実際には、電子は実験者が波動だと思って観測すれば波動のような性質を示しますし、粒子だと思って観測すれば粒子のような性質を示します。物理学者たちは悩みましたが、「量子は粒子であり、同時に波動である」という解答こそが正しいことを見抜きました。

　では、電子の挙動は幽霊のようにまったく科学にならないかというとそうでは

ありません。電子の挙動は、かなり厳密に数式で表現されます。それが**波動方程式** wave equation です。波動方程式の「波動」とは、電子の波動的性質を指しています。電子が原子中で受ける原子核 atomic nucleus からの力と他の電子 electron から受ける力を総合し、最も安定な状態を確率として求めるのが波動方程式なのです。その解は確率として与えられますから、電子の位置はどこそこであるという解ではありません。電子がどこそこにある確率しか求めることはできません。確率的存在というのは量子に付随した基本的性質であることを認めなければなりません。このようなことを踏まえると、電子は原子核の周囲をぐるぐる回っている物体としてイメージするのではなく、電子は原子核の周囲を取り巻く存在確率の雲としてイメージするのがより真実に近いというわけです。ただし、実際に1個の電子がぼんやりと広がるのではなく、電子は粒子でもありますから、実験的に電子の位置を決めようとしたときの存在確率が広がっていると考えたほうがより正しいでしょう。

　ここでは、波動方程式が実際にどのようなものであるかは話しませんが、いずれにしても、波動方程式を解くことによって、電子の存在確率が明確な**原子軌道** atomic orbital として得られることが重要です。原子軌道とは、一定のエネルギー・レベルにある電子が、最も高い確率で存在する場所だと考えてください。その軌道の形は、存在確率の波として表現されます。

　これまでの思考を物理学の発展の歴史として時間を追ってまとめると分かりやすいかもしれません。電子は、最初は日常世界で見られるような単なる粒子であると考えられていましたが、古典力学的な粒子であれば確実に分かるはずの位置と速度が同時に確かめられないため、電子を古典力学的な粒子であると表明するわけにはいかなくなりました。そこで、この不確かさを単なる観測能力の欠如ではなく自然界の一般原理として認め、電子を確率的な存在として取り扱い、電子の挙動を数学的に表現することができるようにしたわけです。

　では、実際に実験していないときの電子の位置はどうなっているのでしょうか。電子は実験の有無にかかわらず、存在しているはずです。実験しているときは、位置についてある程度ぼんやりしていても、実験していないときはきちんとした位置にあるのではないかと考えたくなってしまいます。つまり、不確定性原理は人為的なのではないかと。しかし、そのような問いかけは物理学ではナンセ

ンスです。自然科学はあくまで実験至上主義であり、観測できることのみに系を限定して論理を進めなければなりません。それが純粋な哲学と大きく異なる点です。量子力学には量子力学の考え方があります。そして、このような見解のもとに量子力学は物理学として成功を収めるのです。

（8） 原子軌道という電子の部屋は量子数によって規定される

波動方程式をはじめとした量子力学の結実によって、電子が原子軌道上である一定レベルのエネルギーしか保有できない（保有可能なエネルギー・レベルがはじめから決まっている！）ことが分かりました。それぞれのエネルギー・レベルは**量子数** quantum number と呼ばれる変数によって規定されています。量子数といういかめしい名前が付いていますが、量子数は電子が入ることができる「軌道」という部屋の種類を決めるための名前にすぎません。軌道を規定する変数は全部で4種類あることが分かり、これらの4種類の変数はすべて「何々量子数」と呼ばれています。その4種類とは以下のとおりです。

① **主量子数** principal quantum number：主な電子のエネルギー・レベルを表します。主量子数は1から6までの整数です。つまり、エネルギー・レベルは最も低い1の状態から最も高い6の状態までのいずれかしかなく、その中間地点のエネルギー（たとえば1.3など）は存在しないことを意味しています。つまり、エネルギーはとびとびの値として原子の中であらかじめ「量子化」されているのです。なぜそうなっているのかは神のみが知っていることです。ただし、主量子数で決められているとびとびの値は、他の量子数によってさらに細分化されているので、その限りにおいては多少の中間地点のエネルギー・レベルも許されていることになります。主量子数が1の軌道はK殻、2の軌道はL殻、3の軌道はM殻、4の軌道はN殻と順次呼ばれています。

② **方位量子数** angular quantum number：軌道の形を表します。ただし、方位量子数はエネルギー・レベルの上下にも関わってきます。s、p、d、fで表すことになっています。主量子数1のエネルギー・レベルに対応する方位量子数は1sだけが許されています。主量子数2の場合は、2sと2pが許されます。3

の場合は3s、3p、3dが許されます。sには1種類、pにはxyz軸方向それぞれに3種類があり、それは次の磁気量子数で規定されます。

③ **磁気量子数** magnetic quantum number：軌道の軸を表します。p軌道はxyz軸に3種類ありますが、そのx、y、zが磁気量子数に当たります。s軌道には1種類しかありません。d軌道は5種類、f軌道には7種類ありますから、磁気量子数もそれに対応しなければなりません。ただし、生物分子は炭素中心の化合物ですから、われわれが考えるのはp軌道までで十分で、d軌道やf軌道まで話を広げる必要はありません。

④ **スピン量子数** spin quantum number：電子のスピンの種類で、$\frac{1}{2}$か$-\frac{1}{2}$の2種類しかありません。これまでに述べてきた3種類の量子数によって規定される同じエネルギー・レベルの「場所」には2個の電子まで収容されることが可能ですが、その際には互いのスピン量子数は異なっていなければなりません。

主量子数、方位量子数、磁気量子数という3種類の量子数によって規定されるものは、電子のために用意された「部屋」だと考えてください。量子数は部屋の種類を規定するものとして理解してください。たとえば、アパートのある部屋には3−201号室などと番号が振ってありますが、これと同じことです。3というのが3号館という意味ですが、これが主量子数に当たると考えてよいでしょう。201の2は2階を意味しますから、これは方位量子数でしょうか。01は2階の1番目の部屋ですから、磁気量子数に当たります。つまり、電子の部屋割り表記では、これは3p$_x$と書けます。もし、その部屋に男女2人しか収容できない場合、収容される人が男性か女性かというのがスピン量子数に当たります。つまり、第4の量子数であるスピン量子数は部屋に入る電子の性質のことです。その部屋には男性二人や女性二人が入ることは禁止されており、二人入るとしたら男女のペアしか入ることができません。言い換えると、スピンが$\frac{1}{2}$の電子とその反対の$-\frac{1}{2}$の電子がペアになって入らなければなりません。

（9） 電子配置の一般則

　電子は以上のように4種類の量子数によって規定される原子軌道に入ることを余儀なくされています。つまり、用意されているエネルギー・レベルは最初から決まっているわけです。エネルギーの部屋が原子にあらかじめ用意されているのです。つまり、電子のための部屋は原子核があらかじめ用意しているわけです。電子はそれ以外の中間的なエネルギー状態をとることはできません。もし、ある電子に過剰のエネルギーが光子として与えられたら、その電子は光子のエネルギーを吸収して文字どおり「急に」、さらに上のエネルギー・レベルの部屋に移動します。移動とはいっても、われわれが日常生活から想像するような移動とは異なり、電子の部屋移動は瞬時に行われ、その中間体は存在しません。ある部屋を飛び出すと同時に、もう別の部屋に存在しているのです。同様に、電子がエネルギーを光子として放出するときには、それより下のエネルギーの部屋に瞬時に移動するわけですね。まったく摩訶不思議ではありますが、これは物理学者が苦心惨憺して得た結果ですので、われわれは彼らに敬意を払い、このことを正しいと信じるしかありません。そうはいっても、このような奇妙な行動様式に慣れてしまうとそれが当然のように感じられるようになります。このような理解の仕方については第2講で論じたとおりです。

　電子の原子軌道の占有の仕方を**電子配置** electronic configuration と呼びます。この電子配置の問題、つまり、電子が軌道をどのように占有するかという問題について、以下のような一般則が知られています。

① 電子はエネルギー・レベルの最も低い状態の軌道（部屋）を占有しようとします。これはエネルギーに関する一般的な話と合致します。

② 主量子数および方位量子数で規定された同じエネルギー・レベルの軌道（部屋）に電子が入るときは、先にすべての軌道に1個ずつ分配され、その後に主量子数、方位量子数、磁気量子数で規定された同じ軌道に2個の電子が入ります。

③ 同じ軌道に2個の電子が入った場合、互いのスピン量子数は異なっていなければなりません。つまり、部屋は広いほうがよいので、できるだけ別々の部屋

に入ろうとしますが、もし空いていなければ仕方なくすでに1個入っている部屋に入るというわけです。

このようなルールを頭に入れて、エネルギー・レベルの部屋と電子配置の概念的な図を描いてみましょう（図3-15）。以下の図には記入してはいませんが、電子はスピン量子数によって2種類あるとされていますから、上向きの矢印↑と下向きの矢印↓によって電子を表すことができます。

そして、これらの軌道は存在確率の分布図としてイメージされます（図3-16）。

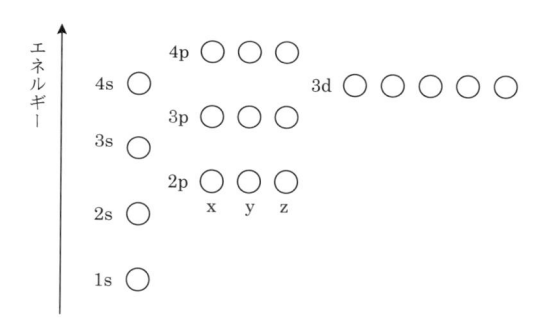

図3-15　原子軌道のエネルギー概念図

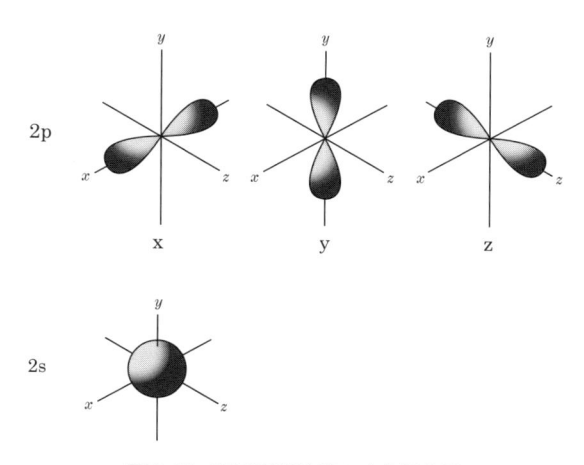

図3-16　電子密度確率の分布概念図

すなわち、s 軌道は原子核を中心とした球形です。p 軌道は方位量子数で3種類規定されますので3種類あります。これは細長い風船の真ん中を糸でしばったときにできるような形をしていますが、3種類それぞれ x、y、z 方向に伸びています。

(10) 共有結合の本質としての混成軌道

以上のようなことが分かれば、共有結合の本質を理解するのにはもう一息です。それぞれの元素の原子には特定のエネルギー・レベルの部屋が用意されており、そこに特定の数の電子が配置されています。水素原子は1個の電子と1個の陽子を持つ原子ですから、1s 軌道しか用意されておらず、1個の電子は 1s 軌道に入っているはずです。この軌道を持つ2個の水素原子が物理的に接近したとしましょう。すると、既存の軌道という部屋はリフォームを余儀なくされます。電子の存在確率、つまり、軌道の形が、他方の原子核および電子からの電気的影響を受けるために、既存のものとは違ってくるのです。単一原子の s 軌道は球形でしたが、2個の水素原子が互いに接近すると、s 軌道が重なって長丸状態になります。これを**結合性軌道** bonding orbital と呼びます。s 軌道同士の結合は、s というアルファベットに対応するギリシア文字を使って σ（シグマ）結合 sigma bond と呼びます。これが、共有結合の正体なのです。

炭素の場合は多少事情は複雑です。炭素原子の基底状態の電子配置は図のように表示されますが（図 3-17）、実は、炭素原子内で部屋の間の調整が起こり、2s 軌道と3個の 2p 軌道（$2p_x$、$2p_y$、$2p_z$）が合成されて混成軌道がつくられています。これを sp^3 **混成軌道** hybrid orbital と呼びます（図 3-18）。この sp^3 混成軌道こそが、炭素の原子価を4にし、正四面体構造を成り立たせているのです。その他、エチレンの二重結合に代表される sp^2 混成軌道、アセチレンの三重結合に代表される sp 混成軌道が炭素原子には存在します。このような混成軌道では「混成された部屋」が用意されますから、それが炭素原子の柔軟性として反映される

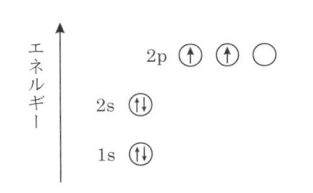

図 3-17　炭素原子の基底状態の電子配置

```
            ↑
          エ                ← 2pのエネルギー・レベル
          ネ      sp³ ↑ ↑ ↑ ↑
          ル
          ギ                ← 2sのエネルギー・レベル
          ー
               1s  ↑↓
```

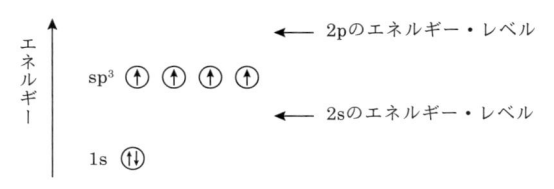

図3-18　炭素原子のsp³混成軌道

わけです。そして、これらの部屋の安定性の違いによって、その結合の安定性、つまり、反応のしやすさが異なってきます。

（11）　非共有結合

　ここまでで、共有結合の正体がおぼろげながらにでも理解できたでしょうか。共有結合は生体分子（特に炭素化合物）の骨格をつくる重要な化学結合です。化学的相互作用には、それだけではなく、他に**非共有結合** noncovalent bond もあります。共有結合と非共有結合を分けて考えている理由は、結合の持つエネルギーの大きさに違いがあるからです。伝統的に、化学では、共有結合の理解とその操作に重点が置かれてきました。ところが、生体分子では共有結合のほかに、もっと弱い相互作用が重要な役割を果たしていることが判明してきました。われわれは非常に限られた温度範囲でしか生活することはできませんから、考えてみれば当たり前のことですが、生物体は、非常にデリケートなのですね。

　このような結合の強さの違いが決定的に重要です。共有結合を生体内でつくったり切ったりするときにはほぼ必ず酵素が必要となります。一方、非共有結合の形成過程は自発的に（自然に）行われるのが普通です。また、生体では、生体分子の合成・分解（広義の代謝過程）には、共有結合の生成・消滅が関与しますが、一方、リアルタイムの情報伝達には、共有結合はあまり関与せず、非共有結合が巧みに使用されます。いずれにしても、すべての結合や相互作用は、電子の振舞いに起因していることは認識しておいてください。

　非共有結合には、**イオン結合** ionic bond、**水素結合** hydrogen bond、**疎水相互作用** hydrophobic interaction、**ファンデルワールス相互作用** van der Waals interaction があります。これらは、それぞれエネルギー・レベルが違います。

非共有結合は、共有結合に比べてあまり大きなエネルギーを持っていませんから、比較的簡単につくったり切ったりすることができます。一般に「化学反応 chemical reaction」という言葉は、共有結合の生成と分解を伴う変化について指しますから、非共有結合の生成や破壊はいわゆる「化学反応」ではありませんので注意してください。

イオン結合 ionic bond は電子を「放出したい」原子・分子と電子を「受け取りたい」原子・分子とがペアになっている状態です。共有結合とイオン結合の違いは、電子の共有度に違いがあるわけです。片方が完全に電子を放出し、もう片方が完全にそれを保有している状態、つまり、電子の共有度がゼロであれば、それはイオン結合と呼ばれます。つまり、イオン結合は、大雑把にいえば、共有結合の極端な例であると考えることができます。そのような代表例は NaCl などの塩に見ることができます。ナトリウム原子 Na（sodium atom）は電子を放出してプラスに、塩素原子 Cl（chloride atom）は電子を受け取ってマイナスに帯電しています。これは、最外殻の電子配置が、ナトリウム原子の場合は、電子を1個放出したほうが安定なエネルギー状態になれるからです。ナトリウム原子は陽子数が11ですから、全体として陽子数につりあうように11個の電子を保持しています。1s軌道に2個、2s軌道に2個、2p軌道に6個の電子が入り、最外殻3s軌道に1個だけ電子が入ります（図3-19）。この3s軌道の電子は非常に不安定なわけです。同様に、塩素原子は17個の陽子を持ちますから、17個の電子を保持しています。ところが、1s軌道に2個、2s軌道に2個、2p軌道に6個、3s軌道に2個、3p軌道に5個の電子が入っています（図3-20）。最外殻である3p軌道には、もう1個電子が入れるわけですね。そこで、電子を放出したいナトリウム原子と、電子を受け取りたい塩素原子が出会うと、電子はナトリウム原子から塩素原

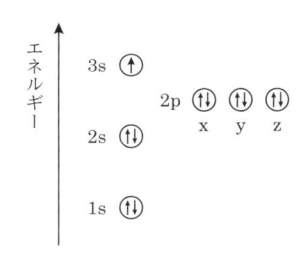

図3-19 ナトリウム原子の電子配置

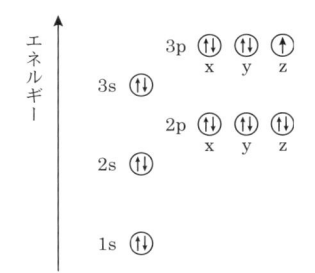

図3-20 塩素原子の電子配置

子へと完全に移動してしまいます。

　このような説明は、電気陰性度の違いが大きいがために電子の移動が起こりやすいという説明と同じことです。ナトリウム原子は電気陰性度が小さく、塩素原子は電気陰性度が大きく、その差があまりにも大きいため、電子対を共有することができません。つまり、電子の混成軌道を形成することができず、電子は単に移動してしまうわけです。そのような状態で水に溶けると、陽イオンおよび陰イオンとなってそれぞればらばらに浮遊することになりますが、溶液全体は常に電気的に中性に保たれています。自由に拡散できる状態では、たとえば、ナトリウム・イオンだけが塩化物イオンから離れてかたまりをつくり、その結果、溶液のどこかに電荷が偏ってしまうことは、特殊な細工をしない限りあり得ません。特殊な細工の一例としてイオン・チャネルと細胞膜の性質を利用することがあげられますが、それについては第5講で説明します。

　そして、いったん水中でばらばらになってしまうと、もはや電子を授受し合った特定のナトリウム・イオン粒子と塩化物イオン粒子は常に同じペアをつくっている必要はなくなります。ここが、共有結合とイオン結合の大きな違いです。たとえば、カルボキシル基 $-COO^-$ とアミノ基$-NH_3^+$ の間に形成されるイオン結合において、この特定の両者の間で電子の授受が過去に行われた必要はないわけです。カルボキシル基 $-COO^-$ と H^+ の間に実際の電子のやり取りがあったのですが、H^+ は常に同じものとはペアをつくらず、どこかへ行ってしまうため、今ではアミノ基$-NH_3^+$ とペアをつくり、より安定な状態になっているというわけです。

　生体分子におけるイオン結合 ionic bond と水素結合 hydrogen bond の重要性については、いくら強調しても強調しすぎることはありません。水が水素結合をつくる分子の代表ですが、水は同時に酸塩基反応 acid-base reaction の基盤をも与えます。多くの生体分子もカルボキシル基やアミノ基を持つため、イオン結合をつくります。また、多くの生体分子に見られる水酸基やカルボニル基は極性を持っているため、官能基同士の間や水との間に水素結合をつくります。水素結合は蛋白質の折り畳みや DNA の塩基対の形成などに貢献しています。

　疎水相互作用 hydrophobic interaction は、水の極性 polarity による極性分子の集合の裏返しの効果です。水に代表される極性分子同士はプラスとマイナスが分子内にありますから、それを打ち消し合うように配置しようとして寄り集まり

ます。一方、極性やイオン性のない分子は水と馴染めませんから、水から排除され、結果的にはある場所にかたまりをつくって寄り集まることになります。水面に落とした油が寄り集まって油滴をつくる現象と同じです。疎水結合は細胞における膜構造の生成に貢献しています。特に、真核生物では、疎水相互作用によって形成された燐脂質の膜構造が巧みに利用されています。

最後にファンデルワールス相互作用 van der Waals interaction です。これはありとあらゆる原子・分子が持っている弱い力です。ファンデルワールス力が意味を持つのは、原子・分子が非常に接近した場合だけです。これは、軌道内の電子のゆらぎが原因で生じる力です。電子が安定に配置されていても、他の原子・分子の接近に伴って、電子の存在確率にゆらぎが生じます。また、電子の存在そのものが確率過程ですから、常時ある程度のゆらぎがあると考えられます。そのゆらぎがファンデルワールス力の源泉です。これは原子・分子同士が接するほどの近距離だけで働く非常に弱い力です。

2個の分子間の非共有結合が真空内で起こった場合と水の中で起こった場合を比べると、水分子が存在する場合は、水分子が二つの分子の間に入って競合するため、分子間の結合力が弱くなります。水の中のイオン結合は 3kcal/mol 程度、水素結合は 1kcal/mol 程度、ファンデルワールス力は 0.1kcal/mol 程度しかありません。一方、常温では、分子にランダムな運動を与える熱エネルギーでさえ、1kcal/mol 近くあります。非共有結合はすぐにちょっとした熱運動でランダムに破壊されるわけです。しかしながら、生体の巨大分子には、このような非共有結合が無数に形成されるため、熱運動に抗することができる特定の立体構造や機能を持つことができるわけです。

ところで、静電相互作用 electrostatic interaction という言い方も時々耳にします。これは水素を介しない電荷の偏り（極性）による相互作用を指しますが、イオン結合と同等の意味で使うこともあります。また、非共有結合を総括的に静電相互作用と呼ぶこともあります。

(12) 水の性質と酸塩基の概念

生体物質は水の中で活躍します。当然のことですが、生体の中で最も多い化学

種は水ですから、水の性質が直接的に他の生体分子の状態に関わってくることになります。

水は酸素と水素という電気陰性度 electronegativity が大きく異なる 2 種類の原子から構成されているため、酸素のほうに電子が偏った分布をしています。つまり、水分子は極性 polarity を持っていることになります。そのような水分子はある確率で分解して**水素イオン** hydrogen ion と**水酸化物イオン** hydroxide ion を生じます。

$$H_2O \rightarrow H^+ + OH^-$$

実は、この反応はより正確には 2 分子の水の衝突で起こります。

$$H_2O + H_2O \rightarrow H_3O^+ + OH^-$$

つまり、片方の水分子に水素原子が引き抜かれてしまうわけですね。H_3O^+（ヒドロニウム・イオン hydronium ion またはオキソニウム・イオン oxonium ion またはヒドロキソニウム・イオン hydroxonium ion）をわれわれは一般に H^+（水素イオン）と簡略化して表記しているわけです。

余談ですが、ここで、水素イオンの性質について少し考えてみましょう。水素原子とは陽子 1 個電子 1 個から構成されている最も単純な原子です。その水素原子が電子を失ったものが水素イオンです。つまり、水素イオンとは陽子（プロトン）そのものでもあるわけです。ですから、最も小さい化学種ということになります。それ以上細かく議論すると、原子核物理学になってしまいます。生物体では、原子核反応は起こっていません。原子核は莫大なエネルギーを秘めていますが、そのエネルギーは生物は開放できません。不可能なほど大きな活性化エネルギーの壁が立ちはだかっているためです。

いずれにしても、水の分解反応においては、1 分子の水当たり 1 分子の水素イオンと 1 分子の水酸化物イオンが生じますから、両イオンの比は 1 対 1 になります。そして、それぞれの濃度は、25℃ 付近では 1.0×10^{-7} M ということが分かっています。

ここで、pH を以下のように定義します。

$$\mathrm{pH} = -\log[\mathrm{H}^+]$$

たとえば、1.0×10^{-7} M の水素イオン濃度の場合、pH は 7 になります。つまり、水素イオン濃度のべき数の絶対値が pH であるということですから、純粋な水の pH は 7 です。水の場合には、水素イオンと水酸化物イオンの濃度は常に等しいので、pOH を同じように定義するとそれも 7 ですね。pH という概念が重要なのは、水溶液という環境は大部分が水であり、その水自体が酸・塩基的な性質を持っているからにほかなりません。

水溶液において、H^+ が多い場合を酸性 acidic、OH^- が多い場合を塩基性 basic と呼びます。また、水に溶けて H^+ を放出する物質を**酸** acid、H^+ を受け取る物質（あるいは OH^- を放出する物質）を**塩基** base と呼びます。たとえば、イオン結合性分子 HA について、

$$\mathrm{HA} \rightarrow \mathrm{H}^+ + \mathrm{A}^-$$

の場合、HA は酸です。その逆反応、

$$\mathrm{H}^+ + \mathrm{A}^- \rightarrow \mathrm{HA}$$

では、A^- が塩基になります。つまり、酸と塩基は必ずペアとして存在するということです。また、そもそも、電子のやり取りは H 原子と A 原子の間で行われているのですが、それらは実際には水に溶けています。つまり、HA は水の攻撃によって H^+ と A^- に解離するのです。言い換えると、水素原子の電気陰性度の小ささとそのイオン結合の相手である A 原子の電気陰性度の大きさのために、イオン結合が形成されます。そのような物質が水に溶けると、水分子に攻撃されて（反応式には書かれませんが）H^+ が放出されますから、それは酸として働くわけです。ここで放出された H^+ は水分子から放出されている H^+ とまったく同じものですから、それらを区別することはできません。

一般に、イオン結合を持つ物質（イオン結合性分子）HA が水に溶けると、必然的に水という極性分子（および少数ながらも水素イオンと水酸化物イオン）にさらされるため、H と A が引き離され、H^+ と A^- の状態でそれぞれが水分子に取り囲まれます。この状態を水和 hydration と呼びます。つまり水に溶けている状態のことです。その引き離され方は AB という分子の種類にもより、すべての HA が解離して H^+ と A^- になるもの（強酸 strong acid）から、ごくわずかの HA だけが解離して一部だけが H^+ と A^- になるもの（弱酸 weak acid）まであります。

　さらに重要なことは、HA が H^+ と A^- に解離する割合は、それが溶かされる水溶液の状態にも依存しているということです。もし純粋な水ではなく、別の物質が先に溶解していて水素イオン濃度が高い状態、つまり、酸性の溶液である場合は、イオン化の状態が純粋な水の場合とは異なってきます。上のような HA $\rightleftarrows$ H^+ + A^- という反応式を示す HA を酸性の水溶液に溶かすと、すでに H^+ は多量に存在するため、平衡は HA に傾くわけです。同様に、溶かされる溶液が塩基性の場合でも、純粋な水とは異なってくることは明白ですね。その場合は H^+ は OH^- と中和して、水になりますから、HA の解離は pH7 の水よりも促進されます。もちろん、水以外のイオン性物質が多量に存在しても、HA の状態が変わってきますが、絶対的に多いのはやはり水ですので、水の状態、つまり、水素イオンと水酸化物イオンの割合こそが、溶液の一般的性質を決める最も重要な指標であると考えられます。つまり、生体では必然的に酸と塩基が重要だということになります。

　酸の代表例は塩酸 hydrochloric acid でしょう。塩酸はほぼすべてが解離し、

$$HCl \rightarrow H^+ + Cl^-$$

という反応の平衡は完全に右側に傾いています。pH7 の水の状態に溶かしてもすべての HCl 分子が解離しますので、HCl は強酸です。一方、生体内での反応に関連している酸として、酢酸 carboxylic acid があります。酢酸は弱酸と呼ばれ、その一部の分子だけが電離して H^+ イオンを放出しています。

$$CH_3COOH \rightarrow H^+ + CH_3COO^-$$

酢酸の COOH を**カルボキシル基** carboxyl group と呼び、生体反応に重要な官能基 functional group です。生体内では、カルボキシル基は$-COO^-$として存在します。

一方、塩基の代表は水酸化ナトリウム sodium hydroxide でしょうか。水酸化ナトリウムは水中ですべて解離していますので、強塩基 strong base です。

$$NaOH \rightarrow Na^+ + OH^-$$

一方、生体内での反応に関連している塩基としてアンモニア ammonia があります。アンモニアが水に溶けると水から水素イオンを引き抜き、水酸化物イオンが生成しますので、アンモニアは塩基です。しかし、その割合は限られているため、弱塩基 weak base です。

$$NH_3 + H_2O \rightarrow NH_4^+ + OH^-$$

窒素が炭素と結合し、$-C-NH_2$ となると、**アミノ基** amino group と呼ばれ、生体反応に重要な官能基です。アンモニアの水和から分かるように、アミノ基は生体内では$-NH_3^+$として存在します。これで、なぜアミノ酸が生体内で両親媒性イオンとして存在するのかが理解できます。

(13) 特異的相互作用を駆使する

これまでに、生体内の分子の種類とそれらの分子間の相互作用の種類について概説してきました。これらの役者たちを巧みに使って、生物は、化学者が高温高圧下でやっとの思いで引き起こす化学反応を、常温常圧下で高い効率で必要なときに必要な分だけやってのけます。神秘的ともいえる、そのような離れ業を実行している張本人は蛋白質です。そして、蛋白質を生み出すための設計図として核酸があります。

もう少し詳しく述べると、蛋白質や核酸を介した生体の化学的活動の根幹にあるのが、反応の**特異性** specificity です。たとえば、ある酵素はある特定の化学反応のみを触媒し、他の化学反応には見向きもしません。この特異性にこそ、生物の化学的神秘が隠されています。酵素は蛋白質ですから、アミノ酸の鎖が長くつながって折り畳まれたものです。たとえば、ある酵素を外部から見ると球状をしているとしましょう。しかし、その表面の一部に「穴」が開いており、その穴の形が厳密に決まっているのです。酵素の基質 substrate はこの穴の中に「特異的に」はまり込み、化学反応が進行しやすい状態に保持されます。この穴の形には、その酵素の基質ははまり込みますが、他の基質ははまり込みません。これにより、反応の特異性が得られます。酵素の場合、これを基質特異性 substrate specificity と呼びます。

　この穴の形状、つまり、蛋白質の折り畳まれ方や、基質と酵素の相互作用は、基本的に非共有結合で行われます。酵素が触媒する化学反応において基質の共有結合の破壊や生成を伴う場合は、ATP の高エネルギー燐酸結合 high energy phosphate bond という共有結合のエネルギーを開放し、それを拝借することによって反応が遂行されます。いずれにしても、生物の神秘の一側面は、非共有結合を駆使した特異的相互作用にあるといえます。

第4講

生物のエネルギー・マネジメント

（1） 生物におけるエネルギーの流れ

　生物分野でエネルギーといえば、ほとんどの生物学者にとってエネルギー代謝のことが連想されるのではないでしょうか。エネルギー代謝については、生化学の授業を受ければ、うんざりするほど勉強させられます。暗記事項が非常にたくさんあって、面白くありません。なぜ20世紀初頭にはあれほどまでにエネルギーに注目しているのか、そして、なぜ生物の持つ分子情報に注目するようになるのはずっと後なのか、学生の頃の私はしばしば理解に苦しみました。しかし、考えてみれば、生化学は化学的方法論のもとに成り立っています。化学という学問分野が熱力学的基礎をもとに構築されてきたという歴史を考えれば、これは納得のいくことです。ちなみに、熱力学 thermodynamics とは、それぞれの元素や結合の性質を扱うような分野ではなく、物質の一般的な物理的性質を扱う化学の分野で、物理化学 physical chemistry の基礎として位置づけられています。第2講では実験系の限定という話をしましたが、それはとりもなおさず、18世紀の古典的な物理化学者がエネルギー収支の研究において用いた方法でもあります。

　そのような熱力学的な視点からは、生物とはエネルギー的に非常に高く、かつ、非常に秩序ある状態にある不思議な存在です。普通、物事は秩序が崩壊して乱雑な方向へと進みます。このような乱雑さは物理化学的には**エントロピー** entropy という言葉で表現されます。この宇宙ではエントロピーは必ず増大しなければなりません。大変大雑把な例ですが、生活しているうちに部屋の中がだんだんと乱雑になっていきますね。これは時間とともにエントロピーが増大することに対応します。エントロピーの増大はこの宇宙では避けられないことです。ところが、

生物では、時間とともに、むしろ分子の秩序が生まれてきます。最初は単純な卵細胞であったのが、発生段階が進むにつれ、どんどん複雑な組織や器官をつくり上げていきます。

これは一見すると、エントロピーの減少を意味しますから、生物はまるで宇宙の大法則に反逆しているかのようです。しかし、そうではありません。そのトリックは、生物（この場合は動物などの従属栄養生物）は食べ物という形で外部から秩序あるエネルギーを取り入れていることにあります。部屋の中が散らかるのを防ぐには、それなりの労力をかけて整理整頓しなければなりません。つまり、生物体は開放系 open system であり、外部から取り入れた余りあるほどの「質の高いエネルギー」を消費して、自己の内部に適切な秩序 order を再構築します。そして、生命活動全体として考えると、宇宙のエントロピーは増大しているわけですね。20世紀初頭に量子力学を確立したシュレーディンガーは、「生物は負のエントロピーを食べて生きている」と書き残しています。ちなみに、シュレーディンガーは、第3講で紹介した波動方程式を打ち立てた張本人です。

では、生物が取り入れるエネルギーはどこから来るのでしょうか。それは、ほとんどすべて太陽エネルギー solar energy に端を発しています。例外は、深海海底の噴出口など、地球内部の化学エネルギーを使用している場合ですが、ここではさしあたり無視して考えましょう。太陽エネルギーを用いて化学物質を合成する、つまり、太陽の光エネルギーを化学物質の結合エネルギーとして保存する過程は、**光合成** photosynthesis と呼ばれます。光合成の過程は非常に複雑ですが、最初と最後の状態だけを考えると、以下のような式で表すことができます。

水（H_2O）＋ 二酸化炭素（CO_2）＋ 光エネルギー
→ 糖（$C_6H_{12}O_6$）＋ 酸素（O_2）

これは、物質だけを見ると、とても自発的に進む化学反応ではありません。水と二酸化炭素から食物をつくり出すのですから。この反応を進ませるためには、非常に大きなエネルギー（つまり、太陽の光エネルギー）を外部から取り入れる必要があります。そもそも、生物がこれほどまでに複雑な分子機械を構成し、その結果として地球上に繁栄しているのは、太陽のおかげであることを再認識せず

にはいられません。

そして、その結果合成されたものは食物として他の細胞に取り入れられ、細胞質やミトコンドリアにてエネルギーが解放されます。その過程は上記とまったく逆の化学反応で、**呼吸** respiration と呼ばれます。化学反応の種類としては、糖の酸化です。

$$糖（C_6H_{12}O_6） + 酸素（O_2）$$
$$\rightarrow 水（H_2O） + 二酸化炭素（CO_2） + エネルギー$$

この過程でエネルギーを解放しているわけですね。この式が示しているように、われわれは食物と酸素を取り入れて二酸化炭素を吐き出しているわけです。

学生の皆さんに、ミトコンドリアの機能は何ですかと尋ねると、エネルギーをつくることだという答えが返ってくることがしばしばあります。残念ながら、その答は正解ではありません。この宇宙ではエネルギーをつくり出すことはできません。エネルギーは、この宇宙が最初に誕生したときに神が創出したものです。ただし、エネルギーの状態を変えることはできます。ミトコンドリアは糖に化学結合（共有結合）として蓄えられた結合エネルギーを解放し、そのエネルギーを使ってADPと燐酸からATPを生産しているのです。私が使用した高校の教科書にはミトコンドリアの機能として「エネルギーの調達」という表現が使われていましたが、これなら支障のない答でしょう。

（2） エネルギーとは——熱力学の第一法則

すでにエネルギーという言葉を使いましたが、エネルギーとは何か、説明することは容易ではありません。確かに、**エネルギー** energy という言葉は、日常生活にも頻繁に使用されるようになりました。しかし、これは実は物理学の専門用語です。ただの専門用語ではなく、かなり根本的な、かつ、捉えることの難しい専門用語です。物理学では（化学や生物学でもある程度そうですが）、エネルギーという概念なしには、ほとんど何も論じることができません。それほど重要な概念なのに（というより、それほど重要な概念だからというべきでしょうか）、

私の学生時代には、誰もまともに説明してくれなかったことを記憶しています。

　エネルギーとは、ある閉鎖された実験系内において、どのようなことが起ころうとも保存される数量のことです。「閉鎖された系」はどのようなものでも構いません。この宇宙全体を対象として考えてもよいのです。これが**エネルギー保存則** law of conservation of energy です。というよりは、保存されるものがエネルギーですから、エネルギー保存則はエネルギーの定義です。エネルギー保存則は自然界の事象すべてに当てはまり、例外は一つもありません。

　エネルギー保存則は、その閉鎖系で実際に何が起こっているかには関与しません。原子核崩壊であれ、化学反応であれ、生命現象であれ、何でも構いません。「閉鎖系の中でいかなる複雑な自然現象が起こっても、いつもまったく同じとなる数量を見つけよ」という問題が出たら、皆さんはどうするでしょうか。科学者たちはそのような数値が一つだけ存在することを実験的に突き止め、エネルギーという名称をつけたわけです。初めの状態と終わりの状態でまったく同じものであるという言明のみが重要なのです。現象自体には関与しないというのですから、エネルギーという概念はかなり抽象的なものであることが分かるでしょう。例えば、エネルギーを粒のようなものだと想像することも不可能ではありませんが、それは正しくはありません。物理学では、「すべてを足し合わせると閉鎖系の中ではいつも同じ値になるもの」としか定義できません。それは実際には何なのか、なぜエネルギーが保存されるのか、科学ではそれ以上は何もいえないのです。

　エネルギーという概念は非常に便利です。物体の運動、重力、化学物質、熱、質量などの本質としてエネルギーという数量を考えると、様々な異なった物理的現象を統一的に考えることができ、話はシンプルになります。運動エネルギー、重力の位置エネルギー、化学エネルギー、熱エネルギー、質量エネルギーなど、エネルギーの形態は様々ですが、それぞれエネルギー形態が変換していく過程が自然現象であると考えることができるからです。そのような意味で、エネルギーという概念は科学に必須の概念であるといえるでしょう。エネルギー保存則を**熱力学の第一法則** first law of thermodynamics と呼ぶこともあります。

（3） 自由エネルギーの概念

　上述のエネルギー保存則こそが、エネルギーの定義そのものでもあります。これをもう少し熱力学の言葉で表現してみましょう。あるシステム（系）system に注目しているとします。システムとして概念的な「箱」を想像してみてください。ただし、箱の壁は完璧ではなく、熱エネルギーは外部へ移動できるとします。システム内の状態がある状態 a から別の状態 b へ変化したとしましょう。つまり、a の状態のときは比較的不安定な（質の高い）エネルギー状態（たとえば、ナトリウム単体 Na と塩素ガス Cl_2 の混合物という不安定な状態）にあり、それが、b の状態、つまり、それよりも安定な（質の低い）エネルギー状態（例えば、塩化ナトリウム NaCl というイオン結合性物質の状態）に変換されたとします。そのときの系のエネルギーの変化 ΔE_{system} は

$$\Delta E_{system} = E_b - E_a$$

と書くことができます。デルタ Δ delta はある状態とある別の状態の差を表示する記号です。ここでは a の状態と b の状態のエネルギーの差が ΔE_{system} と表されています。この表現では、ΔE_{system} が負になるときに系の変化が自発的に起こることが予想されます。エネルギーは常にできるだけ安定な状態に変化しようとするからです。ただし、これは系内の変化であって、エネルギーは系から逃げ出しているだけで、この世から消えてなくなることはありません。エネルギー保存則より、

$$\Delta E_{system} + \Delta E_{surroundings} = 0$$

は常に成り立ちます。ここで、$\Delta E_{surroundings}$ は系外部、つまり、周辺環境 surroundings ということです。ですから、これは、系内から系外へとエネルギーが逃げていく開放系 open system ですね。一般に、系外へは熱エネルギーとしてエネルギーは逃げていきます。最も質の低いエネルギーが熱エネルギーで

あると考えてよいですから、すべてのエネルギーは最終的に熱エネルギーに変化するまで系のエネルギーは変化していきます。つまり、ΔE_{system} は必ず負になる方向へと系のエネルギーは変化していくということです。

では、ここで問題になっている「エネルギーの質」とは何でしょうか。また、「物事は常にエネルギーの低い、できるだけ安定な状態に変化しようとする」とは何を意味するのでしょうか。

ここまでは、とりあえず、開放系を考え、ΔE が負になるような変化が自発的に起こることを述べてきましたが、完全なる閉鎖系 closed system を考えてみるとどうでしょうか。実際にはありえませんが、系を構成する箱の壁が完璧だとするのです。まるで別の宇宙をつくってしまったような感じですね。エネルギー保存則より、系内のエネルギー変化 ΔE が負になることは決してありません。出入りがなければ、系内のエネルギーは常に保存されますから。しかしながら、やはり系内では物質的な変化は起こり得ます。エネルギーが熱として外部に逃げないので効率は下がるでしょうが、ナトリウム単体 Na と塩素ガス Cl_2 はやはり塩化ナトリウム NaCl を形成するでしょう。同様に、系内の分子が最初は一箇所にかたまって存在していたとしましょう。たとえば、それが水の中にある食塩のかたまりであれば、それは時間がたつとともに、系内に拡散し、最終的には、満遍なく広がってしまいますね。このような思考実験から分かるように、系が開放系であれ、閉鎖系であれ、系内の物質的変化は決して ΔE だけを指標として起こると考えることはできません。つまり、エネルギーの変化 ΔE だけでは、系内の変化の自発性を記述することはできないのです。

そこで、系内の変化の方向を規定する要因として、物理化学者たちはエントロピー entropy という概念を提出しました。エントロピーとは、簡単に言えば「乱雑さ」のことです。系内の変化は、系内のエントロピーと系外のエントロピーの和が増大するときに自発的に起こることが分かっています。つまり、この宇宙は、常に乱雑さが増すような方向に物事は変化するのです。これを**熱力学の第二法則** second law of thermodynamics と呼びます。

しかし、われわれが知りたいのは、系内の変化であり、系外の変化は測定しようがありません。測定できないものは科学にはなりません。系内の変化だけに注目した場合に、系内のある変化が自発的に起こるかどうかという指標として何か

が必要となります。そこで考案されたのが、**自由エネルギー** free energy という概念です。系内の自由エネルギー変化は ΔG と表記され、

$$\Delta G = \Delta H - T\Delta S$$

という一般式で表されます。ここで、ΔS は系内のエントロピー entropy の変化、T は系内の温度 temperature、ΔH は系内のエンタルピー enthalpy の変化ですが、ここでは、エンタルピーについては詳しくは述べません。エンタルピーは熱関数 heat function とも呼ばれ、系の体積 volume の変化がなければ、ΔH は ΔE、つまり、系のエネルギー変化と等しくなります。ですから、体積変化を無視すると、ΔG はエネルギー変化 ΔE と $T\Delta S$ の差として以下のように表現されます。

$$\Delta G = \Delta E - T\Delta S$$

　自由エネルギーの意味などの熱力学の詳細については本書の守備範囲ではなく、物理化学の授業で習うと思います。ここで理解しておいてほしいことは、系内の変化が起こるかどうかという基準は、エネルギー変化 ΔE とともに、乱雑さ（エントロピー）の変化 ΔS によって与えられ、それら二つの関係から、物質の変化の自発性を予言するための自由エネルギー変化 ΔG を考案することができるということです。この式は、化学反応をはじめ、あらゆる変化が起こりうるかどうかは、系のエネルギーと系のエントロピーにかかっていることを表現しています。

　上記の式 $\Delta G = \Delta E - T\Delta S$ において、ΔG が負になるような変化（化学反応）は自発的に起こり得ます。ΔG がゼロということは、実質上の変化が系には起こらないということですから、逆に言えば、系は平衡状態にあり、それ以上の変化は自発的には起こり得ないということです。また、これまで、エネルギーの質や安定度などという言葉を曖昧に使い、物事はエネルギーの低い方向へ変化する傾向にあると表現してきましたが、正確にはこの自由エネルギー変化 ΔG が負になる方向への変化のことだったわけです。

上記の式$\Delta G=\Delta E-T\Delta S$を頭に置いて、生物一般についてこれまでとは別の視点から考えてみましょう。生物は基本的に非常に秩序だった存在です。しかし、放置しておくと、熱力学の第二法則に従って、どんどんエネルギーが失われ、どんどん秩序が失われ、生物は死んでしまいます。つまり、生物はそれに逆行するために外部から高いエネルギー状態のものを取り入れて分解し（ΔEが負）、どんどん秩序を導入・構築していかねばなりません（ΔSが負）。秩序の崩壊は死を意味しますから。

　系内に秩序をつくり出すには、系内のエントロピーを減少させることが必要ですから、変化後と変化前のエントロピーの差であるΔSは負の値に維持しておかねばなりません。$\Delta G=\Delta E-T\Delta S$ の式で$-T\Delta S$のΔSを負に維持しておくと、$-T\Delta S$は正になりますね。それに反するほどに自由エネルギー変化ΔG全体を負にするには、つまり、生体内の化学反応を速やかに進行させるには、エネルギー変化が大きく負の値でなければなりません。これはエネルギーを多量に消費することを意味します。つまり、系内に高エネルギー物質を多く取り込み、それを系内で大きく変化させる（つまり、仕事に有効なエネルギーを消費する）ことで、ΔEの項を大きく負にする必要があるわけです。それが、熱力学的視点から見た生物であるということになります。これが常時可能であるのは、生物という系が開放系であり、外部から常に高エネルギー物質（つまり、食物）を取り入れ、外部に熱や排泄物を放出することができるからです。

　さらに、別の見方としては、熱力学の第二法則は、宇宙全体のエントロピーを増大させれば満足させることができるわけですから、生体内という系の秩序を増加させる（エントロピーを減少させる）ためには、生体外という系外部のエントロピーを激しく増大させさえすれば可能です。系外のエントロピーを増大させるためには、系外から秩序だった分子（つまり、食物）を取り込み、それを分解することでΔEを稼ぐ一方、系外に熱エネルギーや分解物というエントロピー増大の源泉を放出すれば、生体という系は秩序を維持することができるわけです。つまり、エネルギーを多量に消費することが必要になります。そうすることで、結果として、系内の自由エネルギー変化ΔGは負になり、生体内の様々な化学反応や秩序の構築を速やかに進行させることができるようになるのです。逆に言えば、生物のような摩訶不思議なものは完璧な閉鎖系ではなく（そもそも完璧な閉

鎖系はつくりようがないですが）、開放系として外部から必要なものを取り入れ、不要なものを捨てることではじめて系の恒常性（ホメオスタシス）homeostasis を維持することができるというわけです。これはわれわれの一般常識とも合致していますね。

（4） 自由エネルギー変化と物質量

　上記の自由エネルギー変化ΔGはエネルギー変化ΔEとエントロピー変化ΔS（正確には$T\Delta S$）の差として表されています。この式は概念的な理解には便利ですが、実際の化学反応に適応する際には不便です。ΔEやΔSの測定は容易ではなく、われわれが一般的に使える数値ではないからです。そこで、もう少し実際の実験に使えるような形にした式があります。溶液の性質として実際に親しみのある数値といえばモル濃度（物質量）molarity ですね。自由エネルギー変化ΔGと直接関係する数値として、物質のモル濃度に注目するのです。

　A+B→C+D という化学反応について考えてみると、その自由エネルギー変化ΔGは以下のように表現されます。

$$\Delta G = \Delta G^0 + RT \ln \frac{[C][D]}{[A][B]}$$

　ここで、ΔG^0は標準自由エネルギー変化 standard free energy change と呼ばれ、標準状態における各反応ごとの固有の値、つまり、定数 constant となります。これは実験的に求められなければなりません。標準状態という状態は人為的なものですが、分かりやすく設定された実験条件でです。これは実験的に計測が容易可能な状態における自由エネルギー変化であり、この値はすでに先人たちが計測してくれていますから、定数です。Rは気体定数（1.98×10^{-3} kcal/mol・K）、Tは絶対温度（K＝273＋℃）です。細かいことは気にする必要はありませんが、いずれにしても、この式では、ΔG^0とRが定数となり、Tも実験温度ですから簡単に分かります。あとは、A、B、C、D の物質量（モル濃度）さえ分かれば、その化学反応が自発的に進むかどうかを検討することができます。ちなみに、数式の中の ln とは、自然対数 natural logarithm のことで、底

が e（$=2.718$……）のログのこと（$\ln X = \log_e X$）です。

たとえば、反応以前の初期状態において、AとBがそれぞれ 10^{-2} M、CとDがそれぞれ 10^{-3} M で、この化学反応の ΔG^0 は 2 kcal/mol であると仮定しましょう。その場合、25℃における ΔG は、以下のように計算できます。

$$\begin{aligned}
\Delta G &= 2 + (1.98 \times 10^{-3}) \times 298 \times \ln(10^{-3} 10^{-3} / 10^{-2} 10^{-2}) \\
&= 2 + (1.98 \times 10^{-3}) \times 298 \times \ln(10^{-2}) \\
&= 2 - 2.7 \\
&= -0.7
\end{aligned}$$

ΔG は負の値になりました。つまり、この化学反応は、上記のような初期条件のもとでは、自発的に起こりうることを意味しています。一方、その逆反応は、$\Delta G = 2 + 2.7 = 4.7$ となり、決して逆反応は自発的には起こり得ないことを意味しています。

ここで重要なことは、自由エネルギー変化 ΔG が正か負かということは、その物質のモル濃度に関わってくるということです。ですから、ある特定の反応の自由エネルギー変化 ΔG というのはその反応に付随する本質的な数値ではないのです。ある濃度条件では、反応は自発的に進行し、ある別の条件では、同じ反応でも決して起こらないことを意味しています。反応は濃度依存的であるということです。生体内での特定の分子のモル濃度は必ずしも明らかであるとはいえませんが、生体外での反応を研究することで、生体内における ΔG を予測することはある程度は可能です。

しかし、ΔG が負であっても、その反応の速度は非常に速いかもしれませんが、非常に遅い可能性もあります。ΔG は反応の妥当性についての評価は下せますが、実際に現状で反応が進むことを保証しているわけではありません。ΔG や平衡定数は、反応速度については何もコメントしていません。ですから、ΔG が負であっても、現実的には反応はほとんど進まないということは大いにあり得ることです。

そこで重要になってくるのが触媒 catalyst です。触媒は ΔG を変えることはできませんが、反応速度を大幅に変えることができるのです。生体内でそのよう

な役割を果たしているのが、酵素です。酵素なしではほとんど進まない反応が、酵素の存在下では円滑に進みます。

（5） 共役によって自由エネルギーを稼ぐ

では、ΔGが正になるような変化はどうしても起こせないのでしょうか。確かに、そのまま放置しておいてもどうしても起こせません。しかし、系を拡張してみることは可能です。つまり、既存の系内に別の反応を取り込み、その反応と同時に起こせば、新しい系全体としてΔGを負にすることが可能となります。

たとえば、光合成の際に起こる化学反応、つまり、水と二酸化炭素から糖と酸素をつくり出すという化学反応は、自由エネルギー変化ΔGが大きな正の値を取りますから、決して自発的に進行することはありません。ところが、その系に太陽の光エネルギーを注入してみましょう。すると、全体として自由エネルギー変化ΔGは負となり、反応を進行させることが、少なくとも理論上は可能になるのです。生物はこれを実行すべく、葉緑体 chloroplast という光合成の場を進化させました。

もっと単純に、化学反応を2種類組み合わせて同時進行させる方法も頻繁に使用されます。片方の化学反応だけではΔGが正であるために反応を進行させることができなくても、ΔGが大きく負である別の反応と同時に進行させることによって、一連の反応を進ませることが可能になります。

たとえば、A → B のΔGが＋3kcal/molだとしましょう。この状態では、AからBへの自発的な反応は起こりません。しかしながら、ここにまったく別の反応であるアデノシン三燐酸 adenosine triphosphate（ATP）（図3-4）の分解反応 ATP + H_2O → ADP + P_i + H^+ を同時進行させてみましょう。反応の詳細はさしあたり無視して結構です。2種類の反応を合成すると（つまり、同時に進行させると）以下のようになります。

$$A + ATP + H_2O \rightarrow B + ADP + P_i + H^+$$

ATPの分解反応はΔGが－7 kcal/molですから、反応全体ではΔGが（＋3）

＋（－7）＝－4 kcal/mol となり、全体としては化学反応が進行することになるのです。これを化学反応の**共役 coupling** と呼びます。

　ATP についてはすぐ後で解説しますが、この共役こそ、無理なはずの反応を進行させるためのマジックなのです。ATP は食物などの高エネルギー物質からつくられますから、それを系内に取り入れて大きくエネルギーを消費することで、$\Delta G = \Delta E - T\Delta S$ の式の ΔE の項が大きく負の値になるわけです。一方、分解反応によって乱雑さも増大しますから、エントロピー変化 ΔS は正の値になり、結果として ΔG は大きく負の値を示すことになります。このように、外部から食物などのエネルギー物質を取り入れて ΔG を稼ぐことで、生物は命をつないでいることになります。

　しかしながら、反応が進みやすくなるのは歓迎されますが、同時に ATP の分解は系内のエントロピーを増大させますから、秩序は全体として乱れてしまいます。これを上回るほどの効率のよいエネルギーの供給がなければ、生物は乱雑化し、それは死を意味します。そこで、エントロピーの源泉である熱を外部へ放出することによって、秩序を保つことができます。熱というのは乱雑な分子の動きを促進しますから、熱を系内に保持しておくと、秩序は乱れる一方となります。熱もエネルギーの一形態ですが、熱エネルギー自体は、いわゆる質の低いエネルギーであり、すぐに系内に一様に広がってしまいますから、別のエネルギー状態に変化できないため、反応に必要なエネルギー変化 ΔE を熱エネルギーから得ることはもはやできません。

（6）　活性化エネルギーを超える

　化学反応について考える際には、ΔG（あるいは平衡定数）および反応速度について考察する必要があると述べてきました。では、なぜ ΔG だけでは反応速度は規定されないのでしょうか。その理由は、活性化エネルギー activation energy の山があるからです。

　化学反応を進めるには、G_a の状態から G_b の状態へと自由エネルギーの山を転がり落ちればよいのですが、それだけなら、この世でエネルギーを持つものはすべて一瞬にして乱雑な熱エネルギーと化し、エントロピーは最大限になってしま

います。しかし、そのようなことは決して起こりません。その理由は、それぞれのエネルギー状態は、一時的にはそれなりに安定な状態であるからです。なぜなら、それぞれのエネルギー状態は盆地のように周囲を活性化エネルギーの山に囲まれており、簡単にはその山を越えることができないからです。山が高ければ高いほど、偶発的に山を越える集団は減り、全体として反応速度はゼロに近づきます。活性化エネルギーの山を飛び越えるほど大きなエネルギーを持ったとき、G_a 状態にある分子は山を飛び越えて G_b 状態に到達することができるわけです。

ここで、A ＋ B → AB という共有結合生成過程を考えてみましょう。A と B が大きなエネルギーで衝突し、それが共有結合を生成するほど（つまり、A と B の電子の分布に大きな変化、混成軌道形成を起こすことができるほど）強ければ、共有結合ができ、G_b の状態になります。つまり、反応速度は以下のように表されます。

反応速度　＝　（衝突頻度）×（その衝突が活性化エネルギーの壁以上のエネルギーを持って起こる確率）

ある物質が、現在、一時的にも安定な状態にあるということは、活性化エネルギーの壁に囲まれている状態であることを意味しているのです。一般に、化学反応の反応速度を高めるためには、濃度や温度や圧力を上げることが行われます。そのようにして、分子同士の衝突エネルギーや衝突回数を上げているわけです。それは活性化エネルギーを超えたエネルギーで衝突を起こす分子の数を増やすことによって反応速度を高めているのです。

生物では、ある反応の速度を上げるための工夫として、コンパートメントに閉じ込めることやある部分に集合させることも行われています。こうすることによって、活性化エネルギーを超える分子の数を増やすことができます。また、反応速度を高める方法として、活性化エネルギー自体を下げるという方法があります。酵素などの触媒によって反応速度が劇的に増大する現象は、酵素との結合により、反応の活性化エネルギーの山が低くなることで説明されます。活性化エネルギーの山が低くなるというのは、基質が酵素に捕らえられたとき、反応しやすいような電子配置に強制されていることを意味します。A がそのような状態に保

持されているときに、BもまたA応しやすい状態でAに近づくように酵素に保持されます。すると、AとBは速やかに反応を進めるのです。

繰り返しますが、このような酵素による触媒作用は、ΔG は負の値であっても決して現実的には起こらない（反応速度が非常に遅い）反応を速やかに進めることができます。これはまるでマジックのような活性ですね。生物の摩訶不思議性の一つはこの酵素の活性にあると考えられますから、酵素活性の研究が生化学者の一大関心事である時代が続きました。そのような精神は、蛋白質研究の進歩にも大いに反映されています。

（7） 解糖系とTCAサイクル

自由エネルギーの概念は、化学反応の自発性について研究する際には非常に便利であり、物理化学では必須の概念となっています。これはあらゆる系において成り立ちますから、上述のように、自由エネルギーの概念から生物系というものを捉えることができるわけです。

しかしながら、このようなアプローチには限界があります。熱力学的な話は一般則であり、生物における実際の中身の変化については何も述べることはできません。エネルギーやエンタルピーやエントロピーという概念は、そもそも系の変化の最初と最後のみを考えたときに得られるものであり、実際に系内で何が起こっているかには無関係です。しかし、われわれ生物学者は、生体内で実際に何が起こっているかが知りたいのです。それが生物学の大目標ですから。

熱力学の法則は生物系においても絶対的に真ですから、生物は熱力学の法則を満たすように振舞うことが、生きるための第一条件です。しかしながら、熱力学的変数には関わりのない中身こそがわれわれ生物学者の興味の対象として最も大きなものなのです。

では、生物において実際に行われている変化とは、どのような変化でしょうか。それは、実はこの本で述べられているあらゆる変化なのですが、ここでは、熱力学との接点の最も多いエネルギー代謝という側面から生物を眺めてみましょう。もう少し日常的な言葉を使えば、食べた食物が体内でどのような運命をたどるのかという話です。

われわれは多くの場合、食物として比較的大きな生体分子を口にします。澱粉などの多糖、肉などの蛋白質、さらに油として脂質を口にします。これらは、最初、胃 stomach や腸 intestine で小さな構成単位の分子に分解されます。この過程が消化 digestion と呼ばれます。多糖 polysaccharide はグルコース glucose などの単糖 monosaccharide に、蛋白質 protein はアミノ酸 amino acid に、脂質 lipid は脂肪酸 fatty acid とグリセロール glycerol に分解されます。

その後、分解された単量体分子は消化管 digestive tract から吸収され、血液循環 blood circulation に乗り、体中の細胞に配布されます。各細胞はそれらを取り込むトランスポーター transporter を細胞膜に保持しているため、それらの物質は細胞質 cytosol, cytoplasm に取り込まれます。その後、各細胞はそれらの物質からエネルギーを取り出す作業に入ります。グルコースなどの単糖は、細胞質に存在する一連の酵素群、**解糖系** glycolysis system の作用によって**ピルビン酸** pyruvic acid にまで変化させられます（図4-1）。アミノ酸や脂質の分解経路は解糖系とは異なりますが、原則として類似した部分も多く、この講義では触れません。

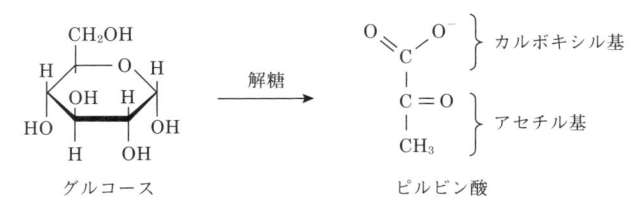

図4-1　解糖系によるピルビン酸の生成

解糖系は何段階もの反応から構成されていますが、その収支は、以下のようになります。

$$\text{グルコース}(C_6) + 2Pi + 2ADP + 2NAD^+$$
$$\rightarrow 2\text{ピルビン酸}(C_3) + 2ATP + 2NADH + 2H^+ + 2H_2O$$

6個の炭素原子を持つグルコースが3個の炭素原子を持つピルビン酸2分子に変えられる過程で2分子のATPと2分子のNADHが生成されます。このATPと

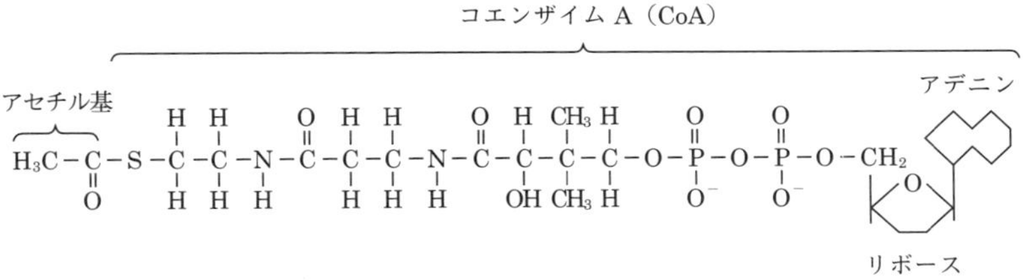

図4-2 アセチルCoAの分子構造

NADHは生体に必須の分子であり、これらをつくることが、食べ物を食べる「目的」だといっても過言ではありません。ATPについての詳細は後の項に譲ります。

　ピルビン酸は、酸素が豊富な状態ではミトコンドリア mitochondrion に取り込まれ、**アセチルコエンゼイムA**（アセチル CoA）acetyl coenzyme A (acetyl CoA)（図4-2）という反応性の高い物質の生成に用いられます。アセチルコエンゼイムAは**クエン酸サイクル** citric acid cycle（あるいは**トリカルボン酸サイクル、TCAサイクル**）と呼ばれる反応経路に入り、二酸化炭素 carbon dioxide と水 water にまで完全に分解されます。このTCAサイクルの全体の収支は以下のとおりです。

$$\text{アセチルコエンゼイム A} + 3NAD^+ + FAD + GDP + P_i + 2H_2O$$
$$\rightarrow 2CO_2 + 3NADH + FADH_2 + GTP + 2H^+ + CoA$$

　詳細は省略しますが、これを見て分かることは、TCAサイクルの最大の「目的」は、NADHを生産することにあるということです。そのほか、$FADH_2$とGTPも生産されます。NADHは生体内の**還元力** reducing power として大きな力を発揮します。

　一方、酸素が不足している場合は、ピルビン酸は乳酸 lactose に変えられます。酵母 yeast などの生物では、アルコール発酵 alchoholic fermentation の過程が進み、エタノール ethanol が産生されます。つまり、お酒ができるわけですね。

（8） エネルギーの通貨としてのATP

　われわれ動物をはじめとした多くの生物（従属栄養生物 heterotroph）は、植物（独立栄養生物 autotroph）が太陽エネルギーを用いて化学物質として固定した化学エネルギーを用いて細胞を駆動させなければなりません。化学エネルギーというのは、原子間の共有結合の安定なエネルギー状態ですので、容易に食物として取り入れることができます。つまり、エネルギーを一つのかたまりとして持ち運び可能な状態にしたものが食物としての化学物質だというわけです。

　簡単に言うと、呼吸は食物の酸化反応 oxidation ですから、食物に火をつけて燃焼させること（火を使って料理すること）と同じです。もう少し正確に言うと、反応の最初と最後だけを見れば、普通の燃焼と呼吸とはまったく同一になります。グルコースと酸素から水と二酸化炭素になり、その間に余剰のエネルギーを放出するのですから。

　しかし、そこには大きな違いがあります。「余剰のエネルギー」の放出の仕方が大きく違うのです。単なる燃焼では、それは熱エネルギーという形で一気に周囲へ放出されます。このままではこのエネルギーは利用できませんが、燃焼をうまくコントロールすれば、自動車のように、運動エネルギーに変換することもできますね。生物でも、一気に熱エネルギーにしてしまうのではなく、様々な酵素を使って、酸化反応を別の反応と同時に行う——共役 coupling させる——ことによって、ATP（図3-4）などを生成するのです。ATPの生産といっても、ゼロからつくるわけではなく、この場合はADPに無機燐酸 inorganic phosphate （P_i）を結合させてATPをつくることを意味します。

　もちろん、ATPは同時に他の化学反応に用いられることによってエネルギーを放出し、他の化学反応を推し進めるように働きます。これも、すでに述べたように、反応の共役 coupling です。グルコースの大きなエネルギーの一部をATPとして保存し、次に、ATPの自由エネルギーを使って別の化学反応を進行させるわけです。

　ここで、なぜATPが「エネルギー通貨」として使用されているのか、その理由を考えてみましょう。グルコースに代表される食物として得られるエネルギー

物質はそのままでは他の化学反応と共役させて使用することはできません。いわゆる食料として供給される物質は一律ではありません。それぞれの食べ物は、その分子に対応した消化酵素によって分解され、さらにATPに変換されます。ATPに変換することで、他の化学反応との共役を媒介する酵素がそれを利用できるようにしておくのです。酵素は化学反応を触媒するのですが、しばしば、それはATPとの共役を媒介することではじめて進行するのです。糖質でも蛋白質でも脂質でも、どのような食物の分子が来ても、効率よくATPに変換することで、代謝に関わっていない分子も含めてすべての生体分子を効率よく駆動することができるようになるのです。そうでなければ、食べ物の範囲が非常に限られてしまいますね。

　ATPによる化学反応の促進を、買い物にたとえてみましょう。それぞれの店を酵素にたとえてみましょう。店で使うことができるのは、流通している硬貨か紙幣に限られています。たとえ非常に価値があるとしても、金の延べ棒も使えませんし、ダイヤモンドも使えません。ましてや、その他の物品を使うことも不可能です。もし使いたい場合は、銀行に行って流通紙幣か硬貨に交換してもらわなければなりません。ATPもこれと同じことです。食物から直接得られた物質はそれぞれの酵素で使うことはできませんから、最初にATPという流通形態に交換する必要があるのです。これが、ATPがエネルギー通貨であると呼ばれる理由です。

　それに加えて、ATPが使用される重要な化学的な理由があります。ATPには3個の燐酸基 phosphate group があります。この最も先端および2番目の燐酸結合 phosphate bond は、非常に分解されやすい状態にあります。その理由は、第一に、燐原子に結合している酸素原子は負に帯電していることにあります。3個並んだ燐酸基には、負電荷が4個もあるわけです。この4個の負電荷がそれぞれ反発しあうため、ATPは常に燐原子を放出したがっているというわけです。つまり、燐原子の放出の際に越えなければならない活性化エネルギーの壁は比較的低いというわけです。このような理由で、ATPの共有結合を高エネルギー燐酸結合 high energy phosphate bond などと呼ぶことがあります。

（9） 酸素の存在と酸化

　グルコースの酸化 oxidation の過程が呼吸であると述べましたが、そもそもこの酸化とは何でしょうか。酸化とは、「酸素化されること」ですから、グルコースをはじめとしたある物質が酸素によって攻撃され、酸素化合物が生成される過程のことです。そして、有機化合物が完全に酸化された場合、グルコースの酸化でも分かるように、二酸化炭素 carbon dioxide と水 water が生じます。これはグルコースを燃焼させた場合と同じですね。燃焼させる場合はあまりにも酸素による攻撃が激しいために、熱エネルギーを一気に噴出します。これが炎となって出現します。呼吸の場合はそれほど一気にエネルギーを放出させることはなく、徐々に使用するため、炎を出すことはありません。

　地球の大気には酸素が存在します。この酸素は原始地球の大気の成分ではなく、生物がつくり出したものです。この酸素という物質は非常に反応性に富んでいます。モノをかたっぱしから酸化させる力があるのです。ですから、酸素分子と接触することは危険を伴います。われわれは呼吸の際に酸素をうまく制御しつつ、酸素なしでは生きられない状態にありますが、酸素過剰な状態では、DNAをはじめとした組織を構成する分子が損傷されてしまうことが知られています。

　では、なぜ酸素はモノをかたっぱしから酸化させる力を秘めているのでしょうか。つまり、酸素の反応性の高さの原因は何でしょうか。最も単純な酸化過程であるメタン methane の燃焼反応を見てみましょう。メタンの酸化により、二酸化炭素と水が生成します。

$$CH_4 + 2O_2 \rightarrow CO_2 + 2H_2O$$

　酸素原子は非常に電気陰性度が高いことを思い出してください。酸素原子2個から酸素分子1個を形成することで、この酸素原子はそれなりに落ち着いてはいますが、それだけで満足させられてはいません。それぞれの酸素原子は、もっと電子対を引きつけたいわけですが、まったく互角の力であるため、それ以上、引きつけることはできません。そのような状態で微妙なバランスが保たれているの

が酸素分子であるわけです。その活性化エネルギーの壁は低い状態にあります。もっと電気陰性度の低い原子と電子対を形成すれば、より強く電子対を引きつけることができるため、酸素原子はより安定な状態に落ちつくことができるようになるのです。つまり、酸素分子はいつでも他の反応を起こすことができる状態なのです。もし、より安定な共有結合を形成できるような状態に変化することができるのであれば、すぐにそうできるような状態にあるのです。

一方、メタンは、それなりの活性化エネルギーの山に囲まれているために、それなりに安定ではありますが、炭素と水素の結合エネルギー自体は比較的不安定（比較的高いエネルギー状態）になっています。炭素原子も水素原子も電気陰性度は比較的低く、共有結合の電子は炭素原子にも水素原子にもあまり強く引きつけられてはいません。多少ふらつきがあるのです。つまり、この結合は、酸素原子が電子を奪う格好の攻撃対象になるわけですね。酸素はこの結合を攻撃することによって、そのエネルギーを解放し、酸素自身はより低い（安定な）エネルギー・レベルに移ろうとします。二酸化炭素および水という形態では、酸素は自己に電子を強く引きつけることができ、非常にハッピーな状態に落ち着くことができるのです。

メタンと二酸化炭素の中間段階の「酸化度」を持つ化合物もあります。メタン、メタノール、ホルムアルデヒド、蟻酸、二酸化炭素の順で酸化度が大きくなります（図4-3）。この酸化系列を眺めると、メタンの水素原子が酸素原子に置き換えられていくのが分かります。

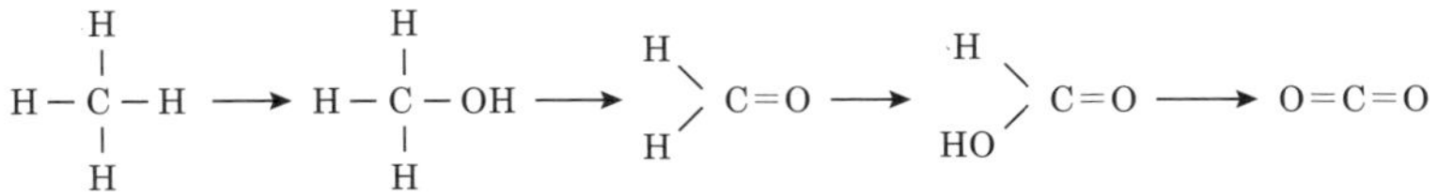

$$\underset{\text{メタン}}{H-\underset{\underset{H}{|}}{\overset{\overset{H}{|}}{C}}-H} \longrightarrow \underset{\text{メタノール}}{H-\underset{\underset{H}{|}}{\overset{\overset{H}{|}}{C}}-OH} \longrightarrow \underset{\text{ホルムアルデヒド}}{\overset{H}{\underset{H}{>}}C=O} \longrightarrow \underset{\text{蟻酸}}{\overset{H}{\underset{HO}{>}}C=O} \longrightarrow \underset{\text{二酸化炭素}}{O=C=O}$$

図4-3 メタンの酸化系列

一般に化学反応とは、電子の取り合いなのですね。ゆるく電子が保持されている場合、それはすぐに酸素などの電気陰性度の高いものに奪われてしまいます。呼吸では、この電子の取り合いの過程をうまく利用して、グルコースから徐々に

電子を引き抜くことによって、酸化過程を徐々に進行させます。そして、ATPの生産過程と共役させることで、ATPを生産するのです。

　一方、二酸化炭素や水の酸素原子は電子を強く引きつけているため、そこから電子を奪うことは非常に大変なことです。逆に、電子を付加（還元）していくことも容易ではありません。しかし、植物はまさにそのような還元反応を行っています。生物を構成する分子の多くは炭素と水素で成り立っているのです。つまり、生物は炭素原子がほしいのですから、何とかして二酸化炭素の炭素原子から酸素原子を引き離す必要があります。同じく、炭素原子に付随すべく水素原子もほしいわけですから、これも水から引き離さなければなりません。生物は、莫大なエネルギーである太陽の光エネルギーを用いて光合成という形でこれを行うことに成功しました。ここに、生態系の物質循環がはじまるのです。

　ところで、電子の取り合いは酸素による反応以外にも広く見られます。実際に酸素が関与しなくても、電子がある物質から引き抜かれた場合、これを**酸化** oxidation と呼びます。一方、電子がもとの状態に戻された場合、これを**還元** reduction と呼びます。酸化反応は還元反応と独立に起こることはできません。一方が電子を引き抜けば、それは還元され、引き抜かれたほうは酸化させるのですから。酸化反応と還元反応をまとめて**酸化還元反応** redox reaction と呼びます。

　余談ですが、酸化という言葉は、酸塩基反応 acid-base reaction の酸を連想させますが、英語ではまったく違う言葉ですので、混同しやすいのは、日本語への翻訳が悪かったためですね。ただ、酸化還元反応は電子の授受に関する反応一般を指しますから、酸塩基反応もその特殊な例であると考えることもできます。たとえば、$H_2 + Cl_2 \to 2HCl \to 2H^+ + 2Cl^-$ というイオン化の過程では、水素原子は電子を放出し、塩素原子は電子を受け取っています。つまり、水素原子は酸化され、塩素原子は還元されているわけです。ただし、この反応が一般の酸化還元反応と異なるのは、電子の授受によって独立の共有結合性物質が新しく生成されたわけではなく、イオン化したにすぎないという点です。生成物 H^+ と Cl^- の間には、イオン結合という関係が保たれています。また、酸塩基反応は水和物として起こることが基本ですが、酸化還元反応はその限りではありません。

(10) 酸化的燐酸化と化学浸透圧説

これまでに解糖系とTCAサイクルについて非常にシンプルに説明しました。解糖系とTCAサイクルだけでも、グルコースからATPやGTPを生産していますが、糖代謝経路はこれで最後ではありません。アセチルコエンザイムAは水と二酸化炭素に分解されてしまうとはいえ、その結果としてATPとGTP以外にもNADHが生産されます。実はグルコース代謝の最終段階である**酸化的燐酸化** oxidative phosphorylation の過程では、このNADHが使用され、解糖系とTCAサイクルよりも多くのATPがここで生産されます。

酸化的燐酸化は、ミトコンドリアの内膜に埋まっている「呼吸鎖」と呼ばれる一群の酵素群によって遂行されます。NADHとFADH$_2$を生産するTCAサイクルはミトコンドリアのマトリックスmatirxで行われますから、生産物はすぐに酸化的燐酸化経路に用いられることが可能です。NADHとFADH$_2$から電子が引き抜かれ、最終的には、その電子は酸素に受け渡されて水ができます。また、陽子（水素イオン H$^+$）がミトコンドリア内膜 inner membrane の外に押し出されます。つまり、電子と陽子が別々に取り扱われるわけです。その結果として膜内は負に帯電し、膜外は正に帯電しています。また、膜外は水素イオン濃度が高く、膜内は水素イオン濃度が低くなります。この膜は水素イオンをはじめとした電荷を持った粒子を通さないようにできています。そのような膜に特異的な穴（チャネル）がこしらえてあります。そのチャネルは蛋白質の複合体で、ATP合成酵素として働きます。このような一連の化学反応をまとめると、以下のようになります。ただし、化学反応式だけを見てもミトコンドリア膜の寄与が明確には分かりませんから、注意が必要です。

$$\mathrm{NADH} + \frac{1}{2}\mathrm{O_2} + \mathrm{H^+} \rightarrow \mathrm{H_2O} + \mathrm{NAD^+}$$

この酸化反応には、非常に大きな自由エネルギー変化（負のΔG）が伴います。このときのエネルギーがATPをつくるのに使われるわけです。つまり、ADPの燐酸化が起こるわけです。そのために、この反応系を酸化的燐酸化と呼

ぶのです。
　酸化的燐酸化におけるミトコンドリア膜のATP合成酵素は、ミトコンドリア内膜の外部に出された水素イオンが、ATP合成酵素のチャネルを通って内部に流れ込むエネルギーで駆動されます。まるで、水力発電において水流でタービンを回して電力を得ているのに似ています。実際に、膜のATP合成酵素は、プロペラのような構造を持っており、水素イオンの流入の際にプロペラが回転することが最近分かりました。水素イオンは濃度勾配と電気化学ポテンシャルの勾配（内部が負、外部が正に帯電しているため）によって、膜に穴があればすぐにでも内部へ引き込まれる状態にあるのです。つまり、この酸化的燐酸化において重要な役割を果たしているのがミトコンドリア内膜です。膜に傷がつくと、水素イオン（プロトン）を移動させるポテンシャル・エネルギーが無作為に開放されてしまい、燐酸化と共役できなくなります。このように、膜によってエネルギーが保持されているという学説は1961年にミッチェルによって唱えられたもので、**化学浸透圧説** chemiosmotic theory と呼ばれています。
　化学浸透圧説以前には、高エネルギー状態の保持には、一般的にATPやNADHや他の燐酸化化合物などのような比較的不安定な共有結合体が使われると考えられていましたから、そのような中間体の単離に多くの研究者が精力を注ぎましたが、すべて失敗に終わりました。ミトコンドリア内膜による酸化的燐酸化の場合には、そのような中間体は存在しなかったのです。エネルギーは膜による電気化学的勾配に蓄えられていたのです。膜の機能について考えたこともない当時の生化学者たちにとって、これは常識を根底から覆すものでした。化学浸透圧説の提唱当初は「そんなはずはない」という大きな反発が研究者の間にありましたが、それは徐々に実験的に支持されるようになりました。化学浸透圧説の提唱は生物学において歴史上、唯一の科学革命だといわれています。
　生物の機能（特に真核生物）を考える際に、膜の重要性はいくら強調しても強調しすぎることはありません。核の重要性が頻繁に唱えられる一方、少なくともそれと同程度に重要な膜については、生物学の教科書でもあまり強調されていません。膜の研究は比較的技術的に難しいため、生物にとっての重要性が学問の中にあまり正確には反映されていないのです。本書では、次章で解説します。
　このように、ミトコンドリア膜は水素イオンすら通さない膜です。ですから、

膜を通して無作為に物質移動は起こりませんが、合成したATPなどは外部へ放出される必要があります。もちろん、それ以外にもミトコンドリアの機能を維持するためには外部から多くのものを取り入れなければなりません。そのために、ミトコンドリア内膜には特定の分子に対応する特定の輸送体 transporter, carrier が存在し、物質の出入りの交通規制をしています。

(11) エネルギー代謝研究の歴史——生化学から生まれた生物の単一性

今ではエネルギー代謝の研究というと多少古臭い感じがします。本書ではTCAサイクルなどの各構成反応について論じることはしませんでした。それは生化学の授業で学ぶことになるでしょう。事実、現代生物学を語る場合、煩雑な代謝経路を教えるべきかどうかについては意見が分かれる時代になりました。

しかし、今でこそ古臭い感じがするエネルギー代謝の研究は、その歴史をさかのぼって考えてみると、それらが本当に素晴らしい成果であったことは議論の余地がありません。そのような研究には20世紀前半には多くのノーベル賞が与えられています。特に、解糖系の研究は生化学の王道であり、生化学という学問分野自体をつくってきたといえます。

事の起こりは、1897年のブフナーの発見にさかのぼります。スクロースに酵母液（酵母菌はすでに死んでしまっている液）を加えたところ、アルコールへと発酵反応が進行したのです。それまでは、発酵は生体内だけで起こることだと考えられていたのですから、酵母菌が生きていなくても同様の反応が起こることは大発見だったわけです。酵母が生きている必要はないという事実は、当時信じられていた「生気」や「生命力」は発酵の本質ではないことを示唆したのです。その後、酵母中の何がこのような反応を進行させるのかという問題が追究され、ついには解糖系の全体像が明らかにされるに至ります。すでに述べたように、酸素が不十分な場合は糖は最終的にエタノール ethanol に変換されます。これが、われわれに馴染みの深いアルコール発酵です。酵母のアルコール発酵の力を借りて、ビールやワインなどのアルコール飲料ができることは周知のとおりです。

以上は酵母の話ですが、生化学者は一方では、筋肉抽出物を使用して筋肉におけるエネルギー代謝の研究をしていました。筋肉では、酸素が不十分な場合は、

最終産物として乳酸lactic acidが生成されます。その研究結果として分かったことは、実は酵母で得られたアルコール発酵と非常に類似した代謝系が筋肉にも存在するという事実でした。エタノールと乳酸という、最終産物には違いはありますが、グルコースからピルビン酸に至る経路、つまり、解糖系は酵母と筋肉というまったく異なった生物体においてほとんど同じであることが分かったのです。ここに、生物の単一性が浮き彫りにされるわけです。生物が単一の祖先から進化したという分子レベルの証拠となったのです。

代謝の研究は、生物のハウスキーピング的な側面をあらわにしたといってよいでしょう。ある意味でこれは一般論でもあるわけです。現在では、むしろ、異なった種類の細胞に分化するときの「特異性」は何に起因しているのかといった各論的あるいは多様性的な側面に研究の関心が向いています。とはいえ、研究技術が進んだ結果、どこかでまた一般論的な側面が表れるのかもしれません。

(12) ヌクレオチドと核酸の多彩な機能

生物におけるエネルギー・マネジメントに関わる分子としてキーワードを一つあげるならば、「ATP」でしょう。ATPは化学種としてはヌクレオチドです。ヌクレオチドといえば核酸の構成単位ですね。実際にDNAおよびRNAにはアデニンが塩基の一つとして使われています。ATPは糖としてリボースを使用していますから、ATPはエネルギー代謝のみでなく、RNAの構成単位としても実際に使用されるわけです。

実は生物における重要な化学反応には、要所要所にヌクレオチドが登場します。RNAがDNAを鋳型としてヌクレオチドから合成される段階（転写と呼ばれます）がその代表でしょう。RNAの合成には3'の位置の水酸基に対して、フリーのリボヌクレオチド三燐酸が攻撃し、葉酸を放出して、結合が完成します。これは、ATPの使用などと基本的に同じ化学反応過程です。

その後、RNAから蛋白質を合成する翻訳段階でも、リボソームRNAが存在し、リボソームの機能にはGTPが必要となります。細胞内に情報を伝える第二メッセンジャーとしても、環状ヌクレオチドの一種であるcAMPが使われます。cAMPも細菌から真核生物まで、多くの生物によって情報伝達分子として使用さ

れています。さらに、特に情報伝達経路の蛋白質分子の活性調節にはATPによる燐酸化やGTPの分解が多用されています。

蛋白質生成の各段階でmRNA、rRNA、tRNAなど、RNAが機能分子として働きます。そればかりではなく、遺伝子発現の調節にもmiRNA（microRNA）やsiRNA（small interfering RNA）がmRNAの寿命の調整や合成の調整に関与していることが最近になって判明しました。この現象は**RNA干渉（RNAi）** RNA interferenceとして知られるようになりました。これは近年の分子生物学における一大発見であり、近いうちにノーベル賞が授与されると思われます。（実際、2006年のノーベル生理学医学賞を受賞しました。）

第5講
細胞内に秩序を構成する──特異的相互作用と膜の機能

（1） 生命現象の基本単位としての細胞

　これまでに、生物の化学的側面に注目して話を進めてきました。今回もその路線で話を進めていきますが、今回は生命の基本単位である細胞を意識して進めていきましょう。

　おそらく、中学や高校で生物を習うとき、細胞の図から最初に学ぶのではないかと思います。細胞は生命の最小単位です。生物現象を分子に還元するという方法論は、生化学・分子生物学の繁栄を見れば分かるとおり、大いに成功していますが、分子には生命はありません。それは、単なるモノにすぎません。ところが、細胞には生命があります。細胞は様々な分子が協調的に働く分子の巨大集合体ですが、直観的に、われわれは生命を見て取ることができます。細胞は生きていますが、分子は生きていません。この違いは何に起因しているのでしょうか。

　細胞では絶え間ない秩序だった生命活動が行われています。生命活動の単位である細胞では酵素をはじめとした非常に多くの巨大分子 macromolecule の秩序だった活動が行われています。そのほとんどは酵素 enzyme やイオン・チャネル ion channel などの蛋白質 protein の活動によるものです。ただし、酵素などの蛋白質分子は単なる分子つまりモノであり、それら自体が生命を持っているとは言えません。分子自体も重要ですが、これらの分子が織り成す秩序 order や組織化 organization の過程にこそ、生命が宿っていると言えましょう。つまり、生命とは動的なものであり、分子だけでその本質をつかむことはできません。分子相互の動的な秩序だった関係が重要なのです。

　第4講で論じた物理化学的視点からは、生物はエントロピーを減少させる（秩

序をつくり出す）ために大きなエネルギー投資を行っているということになります。高エネルギー物質として食物を系内に取り入れ、その酸化反応を徐々に進めることで、ADPをATPに変換し、さらにATPの分解反応を他の反応と共役させることで、目的の反応を進行させます。また、熱エネルギーを系外に放出することによって、エントロピーの増加を防いでいます。このようなことを総合して考えると、生物系は自由エネルギー変化ΔGを常に負の値に保つように働き、それに伴う生命活動によって宇宙全体のエントロピーはやはり増大していることになります。

この第5講では、細胞内秩序の物理的源泉としての分子間の特異的相互作用と膜の機能について論じ、細胞の生きたイメージを的確につかむことを目標とします。

（2） 拡散という「移動手段」

これまでに、分子同士の相互作用という話をすでにいくつかしてきました。その話では、あたかも二つの分子がお互いを見て、まるで友達同士が遠くから駆け寄ってくるように、互いに引きつけられて相互作用をするような錯覚を覚えたのではないでしょうか。しかし、分子や原子には目も心もありませんから、ある方向に意図して動くことはできません。分子はランダムに動き、その結果として偶然性に恵まれたいくつかの分子だけがある相互作用をする機会に恵まれるのです。そして、その移動のエネルギーは熱です。熱で分子が震えるわけですね。分子は熱運動をしているのです。熱運動による分子の動きを**拡散** diffusion と呼びます。拡散はランダムで、系を均一化するように働きます。言い換えると、拡散の進行は乱雑さ（エントロピー）が大きくなることも意味します。拡散という移動手段はランダムなものなので、基本的には拡散だけでは秩序は失われるばかりです。しかし、分子同士の相互作用は拡散を介します。ですから、拡散の結果、分子同士の相互作用が「特異的」であれば、それが生物において秩序を生み出す源泉になります。

このような拡散の結果、もし、互いに**親和性**（アフィニティー）affinity のある二つの分子が適切な方向性を持って偶然に衝突したら、そのときに相互作用が

起こります。ある単一分子に注目すると、その分子があるとき別の分子に衝突して相互作用するのは偶然ですが、分子の集団を考えると、必ずある割合の分子が相互作用をしていることになり、このレベルでは相互作用は必然となります。単一分子の偶然性は、その振舞いが本質的に確率過程であることに起因しているのです。

　この相互作用の確率を高めるためにはどうすればよいのでしょうか。有機化学の合成反応などでは反応させたいモノを高温高圧下に置く場合が多くあります。これは、分子同士を濃縮して運動エネルギーを増大させ、共有結合を形成するような衝突確率を高めているのです。しかし、生物体では常温常圧下で化学反応を進行させなければなりません。その一つの手段として、膜などの仕切りをつくることがあげられますが、もう一つの手段は触媒 catalyst を使うことです。それは酵素 enzyme という不思議な蛋白質のことです。酵素は特定の立体構造をしていて、二つの基質を化学反応が起こりやすいように配置し、それらの反応確率を高めているのですね。

　拡散では粒子は時間の平方根（$\sqrt{t}$）に比例した距離を移動します。水の中にある比較的小さな分子は、1ミリ秒くらいのうちに1μm程度の距離を移動できます。これは細菌の大きさに匹敵しますから、細菌の中では、分子の移動はほとんど拡散だけに任せておいても大きな問題は生じそうにありません。ところが、1cmの距離を移動するには、小さな分子でも10時間以上もかかります。つまり、遠くなればなるほど時間が非常に長くかかるのですから、拡散は近距離の分子移動には十分ですが、生物体が大きくなればなるほど、大きな細胞や生体内の長距離の移動手段として何か別の手段が必要となってくるわけです。神経細胞において軸索輸送系が発達していることや、脊椎動物において血液循環系が発達していることは決して理由のないことではありません。

　ところで、本書でもいかにも1分子を目で見ているように表現している部分が多々ありますが、実際の研究においては、決して1分子を追跡しているのではありません。ほとんどの場合、同じ種類の分子をたくさん集めてきて分子集団をつくり、その挙動から各分子の動きを推測しているにすぎません。それは平均化された分子の動きですから、本当の意味で1分子を追跡すれば、平均像とは異なる点が浮き彫りにされてくる可能性があります。実際に、それはイオン・チャネル

の活性について単分子で調べられた際に最初に明らかになりました。近年、様々な技術革新を背景として、イオン・チャネル以外の分子も1分子レベルで追跡できた例が現れるようになり、「1分子」生物学などという言葉も出てきました。

　ここで少しだけ、拡散研究の歴史をのぞいておきましょう。拡散に関する基本的な理解は、ブラウンの研究にはじまります。19世紀初頭、ブラウンは植物の受精の機構を研究するために、花粉粒子を水につけ、その動きを顕微鏡で観察してみました。すると、花粉粒子はまるで微生物が泳いでいるかのように、素早く動き回りました。最初はこれが花粉という命あるものの運動であるとブラウンは思っていましたが、とにかく小さな粒子状のものであれば、岩石からの粒子のような非生命体であっても、同様の運動が観察されたのでした。ブラウンは、この運動が生命現象ではないことを立証したわけです。当時は不可解なものは「生気」による現象であるとされていたことを考えると、ブラウンの発見は偉大でした。その功績により、このような粒子の運動は**ブラウン運動** Brownian motion と呼ばれています。後に、ブラウン粒子の動きは本質的に熱運動によるものであることが判明しました。その粒子の広がりは正規分布 normal distribution に従うことが分かっています。また、粒子の放出点（原点）からの移動距離は、時間 t の平方根（$\sqrt{t}$）に従うことも分かっています。

　余談ですが、この何でもないようなブラウン運動の物理学的根拠は、アインシュタインによって説明され、その結果、原子の存在が証明されるに至りました。余談ですが、アインシュタインは相対性理論ではなく、光電効果の研究でノーベル賞を受賞しています。

（3） 平衡移動の概念

　ここで、$A + B \rightleftarrows AB$ という可逆反応について考えてみましょう。AとBが共有結合で結ばれてABという分子ができる場合は、後戻り（逆反応）ができにくいのですが、ここではそうではなく、非共有結合による相互作用を考えましょう。つまり、完全に後戻りができる反応系です。この系は一定の温度や圧力のもとで十分に時間が経過していれば、**平衡状態** equilibrium state に達しているはずです。この可逆反応では基本的に共有結合は関与していません。弱い相互作用

が主役になります。だからこそ、容易に可逆性が保てるのです。逆に言えば、弱い結合だけを介する反応は、放って置くとすぐに平衡状態に達してしまいます。生物はその平衡状態を様々なことに利用しており、それゆえ、弱い相互作用が重要になります。必要な部分だけに仕切りをつくって分子を閉じ込めておくなどの工夫によって平衡移動を制御している場合もあります。そして、現存の平衡状態から別の状態に平衡移動させるためには、共有結合の破壊などを伴う不可逆段階を現在の平衡状態に持ち込むことによって、特定の方向へ平衡を移動させ、生体情報を遂行することもあります。

これまでも平衡という言葉を使ってきましたが、平衡とは何なのか、ここで改めて説明しておきます。

平衡状態とは、すべてが止まっているように見え、そのままにしておくとそれが永久に続く状態です。最も単純な反応式 A + B ⇌ AB の場合、溶液中に一定の割合の A、B、AB がそれぞれ存在し、それらの割合が変化することはありません。しかし、それらの分子は実際には止っているわけではありません。水溶液の中では熱運動によって分子は絶えず動いていますが、すべてランダムな動きであるため、マクロに見れば何も起こっていないように見えるだけです。平衡状態ではいくら時間をかけても自由エネルギー変化はなく、ΔG は常に 0 ($\Delta G = 0$) となります。

ここで、反応速度について考えてみます。反応速度は反応物の濃度に依存します。濃度が高いほど衝突確率が高くなり、活性化エネルギーを越える分子の割合が多くなりますから、反応速度は大きくなります。つまり、反応速度はモル濃度の関数ですから、正反応の反応速度は $k_{on}[A][B]$、逆反応の反応速度は $k_{off}[AB]$ と表記することができます。ここで、k_{on} と k_{off} はいずれも定数（反応速度定数）です。平衡とは、正反応と逆反応の反応速度が等しくなり、一見何も反応が起こっていないように見える状態のことですから、

$$k_{on}[A][B] = k_{off}[AB]$$

のときに平衡が成り立っているといえます。この式を変形すると、

$$\frac{k_{\text{on}}}{k_{\text{off}}} = \frac{[\text{AB}]}{[\text{A}][\text{B}]}$$

となります。この式ではAとBが相互作用してABになる過程を正反応としましたから、この反応が平衡状態のときの $\frac{[\text{AB}]}{[\text{A}][\text{B}]}$ を**平衡定数** K（equilibrium constant）と定義します。

平衡定数はモル濃度の比 $\frac{[\text{AB}]}{[\text{A}][\text{B}]}$ ですが、同時にそれは反応速度定数の比 $\frac{k_{\text{on}}}{k_{\text{off}}}$ でもあります。つまり、平衡状態においては、見かけ上の濃度がどこでも同じであり、分子の移動は一切止まっているように見えます。ですから、ある物質Aに注目すると、物質Aの分子が集団として系内に万遍なく完全に拡散して広がってしまっている状態のことです。もちろん、個々の分子に注目すると、分子は熱運動しており、常に動いていますから、これはあくまでも個々の分子レベルではなく、マクロに見たときの話です。

ただし、生物にとってすべての分子が平衡状態になることは秩序の乱れ（エントロピーの増大）を意味し、それは死を意味します。ですから、生物はいかにして分子がむやみに拡散してしまうことを避けるかという問題に直面します。もちろん、拡散によって分子を移動させることは重要ですが、むやみやたらに拡散してしまってはせっかくつくった蛋白質も水の泡になります。

（4） 濃度変化による平衡移動と分子の移動

生体内ではある物質が平衡状態に達することはそれほど多くないと考えられますが（つまり、非平衡状態 nonequilibrium state が基本だと考えられますが）、細胞内分子の濃度調節や活性調節には、平衡移動の原理がしばしば使用されていると考えられています。これは**ル・シャトリエの法則** Le Chatelier's law あるいは**平衡移動の法則** law of mobile equilibrium として知られているものです。この原理は、すでに平衡にあるときに、その平衡系の要因が変化した場合に平衡がどのように移動するかの指針を与えます。平衡状態に何かの変化が加えられると、その変化を緩和する方向に平衡が移動するという法則です。

DNA結合蛋白質であるλリプレッサー lambda repressor について考えてみましょう。これが実際に何をする蛋白質であるかは、第7講に譲るとして、その

蛋白質のDNA結合特性は平衡の概念を理解するために大変便利です。この蛋白質は二量体dimerとして特定のDNA配列に結合します。リプレッサー結合部位はDNA上に隣接して3箇所O_R1、O_R2、O_R3がこの順で並んで存在します（後述の図7-5を参照）。リプレッサー二量体はそれぞれのDNA結合部位にそれぞれ異なった特定の親和性を持っています。O_R1への親和性が最も高く、O_R2への親和性とO_R3への親和性はほぼ等しい状態です。

　ここで、リプレッサー分子がDNA結合部位に拡散によって接近するとします。すると、リプレッサー分子は最も親和性の高いO_R1部位に結合します。リプレッサーの細胞質濃度があまり高くはない場合、この状態で平衡状態になったとしましょう。その場合、特定のリプレッサー分子は熱運動などでO_R1部位から離れることがあったとしても、他のリプレッサー蛋白質が素早くO_R1部位に結合します。つまり、実際には何も起こっていないように見えますから、この状態で平衡であるというわけです。

　そこでもし、この分子をO_R1部位から離したい場合、どうすればよいでしょうか。まさかピンセットで摘み取るわけにはいきません。平衡を移動させればよいのです。細胞質のリプレッサーの濃度を下げると、リプレッサーは自然に離れます。なぜなら、熱運動で偶発的に離れてしまったときに、もはや代わりにO_R1部位に結合するリプレッサー分子は周りには存在しないからです。

　逆に、もし、O_R2部位にも結合させたい場合はどうすればよいのでしょうか。細胞質におけるリプレッサー分子の濃度を上げてやればよいのです。すると、O_R2部位には親和性が低いにもかかわらず、別のリプレッサー分子が結合し、その状態で平衡に達します。O_R3部位もO_R2部位と同じ親和性を持っていますから、同様にそこにもリプレッサー分子が結合することになります。このように、濃度を変化させることによって、リプレッサーのDNAへの結合を調節することができます。

　面白いことに、実際のλリプレッサー結合部位では、O_R3部位への結合よりも低い濃度でも、O_R1部位のすぐ隣であるO_R2部位への結合が起こります。これは、O_R1部位にすでに結合しているリプレッサー蛋白質がO_R2部位の親和性を高めるように働いているからです。つまり、横方向にリプレッサー蛋白質同士の相互作用ができるようになることで、O_R2部位への親和性が高まるからです。これ

は生物界で広く応用されている蛋白質相互作用の例でもあります。

（5） 平衡定数から相互作用の強さを知る

　上述のように、親和性と平衡状態は表裏一体の数値であることが分かったでしょうか。平衡定数を物理化学的に測定することで、生物分子の性質（親和性）を定量的に知ることができます。2分子間の相互作用は拡散によってもたらされますが、その強さは分子の種類によって一義的に決まっているものと考えられます。ここでもまた$A + B \rightleftarrows AB$について考えてみましょう。ABが共有結合であれば、後戻りが効きにくいのですが、この場合は非共有結合による相互作用を考えますから、完全に後戻りができる系です。

　この場合、平衡定数は$K = \dfrac{[AB]}{[A][B]}$と表されますね。正反応の反応速度は$k_{on}[A][B]$、逆反応の反応速度は$k_{off}[AB]$と表記されます。平衡とは、正反応と逆反応の反応速度が等しくなり、一見何も反応が起こっていないように見える状態のことですから、

$$k_{on}[A][B] = k_{off}[AB]$$

のときに平衡が成り立っているといえます。この式から、

$$\dfrac{k_{on}}{k_{off}} = \dfrac{[AB]}{[A][B]}$$

となります。つまり、これが平衡定数の定義ですね。この式では2分子AとBが相互作用してABになる過程を正反応としましたから、この平衡定数は

$$\dfrac{[AB]}{[A][B]} = K_a$$

と定義され、これを**会合定数** association constant または**結合定数** binding constant と呼びます。この会合定数（結合定数）が大きいほど、分子間の相互作用は強くなります。逆反応では

$$\frac{[A][B]}{[AB]} = K_d$$

となり、これを**解離定数** dissociation constant と言います。解離定数が大きいほど、分子間の相互作用は弱いと判断できます。これらの定数は、平衡状態における一定の数値、つまり定数ですから、それぞれの反応自体の性質を示しています。特に生物分子では2分子間の非共有結合を取り扱う場合が多いですから、この解離定数は便利な数値です。

第3講でも強調しましたが、これが、分子認識の定量的取り扱いです。この結合定数が比較的大きいものが、「特異的な相互作用」であると考えることができます。このような**特異的相互作用** specific interaction が、生体の摩訶不思議性の源泉の一つであることは繰り返し強調してきました。類似の機能を持つ一群の蛋白質分子などは細胞の中でもかたまりを形成していますが、それも分子間の相互作用の結果です。

（6） 膜によって仕切りをつくる

このように、拡散による熱運動、平衡移動と分子間の特異的相互作用（親和性）をうまく用いることによって分子による秩序を形成することができます。もう一つの方法として、細胞内に仕切りをつけるという手段が考えられます。膜構造 membranous structure を発達させるのです。コンパートメント compartment をつくると表現してもよいでしょう。膜構造と機能の多様化は特に真核生物の大きな特徴となっています。

すべての細胞に共通する非常に重要な膜構造を分子レベルで見てみましょう。膜の構成方法は大雑把に言えばすべての生物で同じです。もちろん、細胞によって構成成分に重要な違いはありますが。すべての細胞の膜は燐脂質の二重層 phospholipid bilayer を形成しています（図5-1）。燐脂質分子は細長い分子で、分子の一端が親水性 hydrophilic（水と相互作用をしやすい性質）で反対側が疎水性 hydrophobic（水を「はじく」性質）を持っています。つまり、水と油の性質を兼ね備えた分子なのです。そのため、水をはじく部分が互いによりそって膜をつくります。

細胞膜 cell membrane は単なる静的な膜ではありません。この膜には流動性 fluidity があります。その膜の中に膜タンパク質が埋まるように存在しています。多くの膜蛋白質は膜を貫通した形で保持されているため、膜の内外の環境に同時に接していることになります。このように、細胞膜は燐脂質 phospholipid と蛋白質 protein を混ぜたような構造をしているので、細胞膜のモザイク構造 mosaic structure of cell membrane とも呼ばれます。

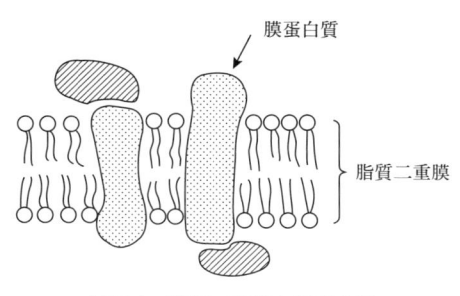

図 5-1 脂質二重膜と膜蛋白質

真核細胞は細胞内にも多様な膜構造を発達させました。核膜 nuclear membrane の存在のため、核内に存在する DNA などの巨大分子は核外へ流出することはありません。ミトコンドリア mitochondrion は二重膜に包まれており、膜を隔てて電子 electron と陽子 proton を別々に移動させることで ATP を生産しています。リソソーム lysosome は不要な蛋白質などの破壊の場所として低い pH に保たれています。ゴルジ体 Golgi apparatus と小胞体 endoplasmic reticulum（ER）は分泌に必要な分子群を取り揃えているのです。このように、膜構造によって必要な一群の分子を集合させておくことで、特定の反応を遂行することができるのです。

これらの膜には蛋白質が埋め込まれてありますが、もし蛋白質がなかったら、燐脂質の二重膜はイオン分子をほぼまったく透過させません。酸素分子や二酸化炭素分子、グリセロールなどの小さな分子は透過させますが、グルコースほどの大きさになるともう透過させません。イオンや巨大分子が透過できないというのが、燐脂質二重膜の重要な特徴です。生体はこの性質を利用して細胞内あるいは膜構造内に膜外とは異なった環境を構築しています。特に細胞膜の内外には大きなイオン分布の違いがあります。

そうはいっても、細胞内にイオンを取り入れたいこともあるでしょうし、グルコースなどは常に取り入れていなければ、細胞はエネルギー不足で死んでしまいます。そこで、細胞は選択的にそれらの分子を取り入れるために、大きく分けて

2種類の蛋白質を用意しました。その一つが膜に位置する**輸送体** transporter（carrier）で、これにはグルコース輸送体 glucose transporter や**イオン・ポンプ** ion pump が含まれます。イオン・ポンプはエネルギーを使って膜内外のイオンの分布調節に重要な役割を果たしています。イオン・ポンプとイオン・チャネルはしばしば対比して論じられます（図5-2）。ここで細胞の起源にさかのぼって考えてみると、細胞が誕生したとき、膜で包み込むようにして RNA などの自己複製分子を確保することは大きな利点でしたが、外界からの物質の取り入れや内部からの物質の排出のために何かの工夫が必要となったことでしょう。そのためにつくられた膜の特殊な穴や通路が輸送体であり、チャネルなのです。

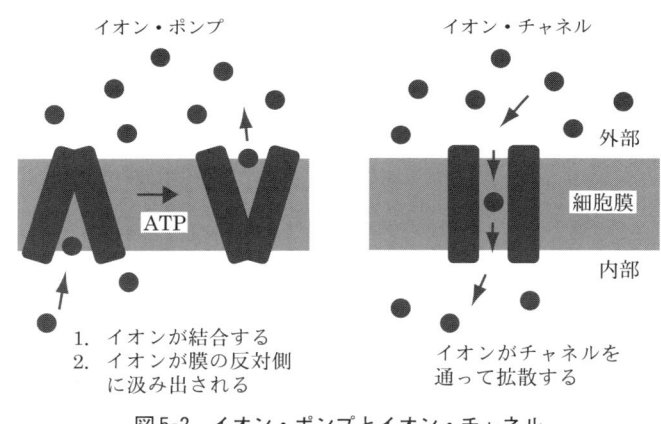

図5-2 イオン・ポンプとイオン・チャネル

（7） 細胞内外のイオン分布の制御——ナトリウム・ポンプ

イオン・ポンプのうち、特に**ナトリウム・ポンプ** sodium pump（Na$^+$ pump）は細胞の生存に必須であるだけでなく、神経の興奮に必須の役割を果たします。動物細胞は内部ではナトリウム・イオン sodium ion（Na$^+$）の濃度が低く、カリウム・イオン potassium ion（K$^+$）の濃度が高くなっています。逆に細胞外液ではナトリウム・イオンの濃度は高く、カリウム・イオンの濃度は低くなっています。このようなイオン濃度の違いが維持されているのはナトリウム・ポンプのおかげです。ナトリウム・ポンプは細胞膜に位置する蛋白質分子であり、ATP の化

学エネルギーを使ってナトリウム・イオン3個を細胞内部から汲み出すと同時に細胞外部からカリウム・イオン2個を汲み入れる働きをしています。細胞内部にはそもそもナトリウム・イオンは少ない状態ですから、少ないほうから多いほうへ運び出すのにはエネルギーが必要です。

　3個のナトリウム・イオンを出して2個のカリウム・イオンを入れるということは、正味1個の陽イオンを放出することになります。陽イオンが外部へ出て行くわけですから、膜を介して微小な電流（つまりイオンの動き）が生じますが、この電流は微小すぎでほとんど膜電位には貢献しません。その代わり、細胞の浸透圧の調節に重要な役割を果たしています。そもそも細胞とは様々な分子を細胞膜の中に囲い込みした状態であるため、細胞内には多くの分子が存在します。逆に言えば、水分子の濃度は細胞外部が高く細胞内部が低くなっています。そのため、外部から細胞内部へと水分子が流れ込んできます。その結果、放っておくと細胞は水分子で膨れ上がってしまうことになりますが、できるだけ多くのイオンを外部へ放出することによってそれを防止する機能をナトリウム・ポンプが果たしていることになります。

　さらに、すぐ後で説明するように、神経の興奮状態では一時的かつ部分的にナトリウム・イオンとカリウム・イオンの細胞内外の分布が逆転します。そのような状態が過剰に続くと細胞は死んでしまいます。ナトリウム・イオンとカリウム・イオンの状態を正常へと復帰させるためには、ポンプの力が必要となります。とはいえ、実際に神経の興奮に伴って細胞内に流れ込むイオンの量は非常に少なく、細胞内のイオンの濃度を変えるほどではありません。これはイオンを使った電気的なシグナルであるからこそできる芸当だといえましょう。

　細胞においてすべてのイオンはそれぞれ重要な役割を果たしています。真核生物においてすべてのイオンに対して特別なイオン・チャネルとポンプが存在します。特にカルシウム・イオン calcium ion（Ca^{2+} ion）はすべての真核細胞において細胞内シグナル intracellular signal として使用されています。その結果、すべてのイオンは細胞膜の内外で分布の差が見られます。

　生化学では、基本的に死んだ生体から物質を取り出し、取り出した後でも、生体内と同じ性質を維持していると仮定して論を進めます。しかし、それでは見落としがあるのです。膜電位の性質は、膜を壊してしまっては発見できません。神

経細胞の活動電位の発生機構は、電気生理学的な解析ではじめて明確になりました。同じように、古典的な生化学は、当初、呼吸代謝の最後の段階である酸化的燐酸化の過程にミトコンドリア膜が重要な機能を果たしていることを見抜くことはできず、それには化学浸透圧説の登場を待たねばなりませんでした。生物学の歴史は、核派と膜派に分かれて研究が進められてきたという見解も可能です。

極論ですが、生物にとって膜と核とどちらが重要でしょうか。子孫の維持には核が、個体の維持には膜が重要です。核がなくなってしまっては細胞分裂もできなくなりますし、生殖細胞をつくり出して遺伝情報を次世代に伝えることも不可能になります。しかし、細胞は核を除かれても急に死ぬことはありません。実際、赤血球などの特殊な細胞は、その機能遂行のために核は不必要であるため、無核です。一方、膜を破壊してしまったら、細胞はその場で死んでしまいます。短期的に見ると、生命維持には膜が核よりも重要であるといえます。もし細胞に「生命力」が宿る場所を特定するとしたら、それは核ではなく、膜ではないかと私は思います。いや、本当はそのような議論はナンセンスですが。

（8） 細胞の起源――細胞膜と自己複製分子の共生

このように、細胞の特徴、あるいは、生命の基本的ハードウェアとして、生体分子の特異的相互作用と膜による仕切りが重要であることが分かりました。もちろん、ほかにも重要なことはありますが、これらは生命に必須な秩序を形成する重要な因子になるわけです。では、どのようにしてこのような細胞がこの地球上に誕生したのか、一通りの理解が必要でしょう。ここで、生命の起源について少し考えてみましょう。生命が誕生するまでの進化の過程を**化学進化** chemical evolution と呼びます。生物進化 biological evolution と同じく、化学進化も**自然選択** natural selection によって起こったと考えられています。

生命は炭素原子 carbon atom を骨格とした有機化合物 organic compound から構成されていることを考えると、最初に非生物的にある程度の有機化合物が存在していなければならなかったでしょう。そのような合成反応は実際に可能です。メタン methane、アンモニア ammonia、水素 hydrogen、水 water の混合物に激しく放電させれば、様々な有機化合物が合成されます。酢酸 acetic acid、

グリシン glycine、乳酸 lactic acid、アラニン alanine、尿素 urea、アスパラギン酸 aspartic acid などが生成され、その中には、現在の生命体でも必須なアミノ酸が含まれています。そのほか、プリン purine やピリミジン pyrimidine のような核酸の構造となるような物質すら、生成されていたとされています。原始地球上は、このような大気組成であり、酸素はほとんどなく、宇宙放射線や落雷も激しかったことを考えると、自然放電による化学合成が可能であったのでしょう。そして、そのような低分子有機化合物が高濃度で存在する「原始スープ」が、生命の誕生に不可欠な役割を果たしたと考えられています。もちろん、このことを厳密に証明することはできませんが。

　そのような中で、原始的な酵素 enzyme のような化学反応の触媒機能を持つものが現れてきたことでしょう。さらに、その中でも、自分自身の合成を制御するような能力を持つ分子が現れたと思われます。つまり、自己複製能力を持つ分子（**自己複製分子** self-replicating molecule）の登場です。現在の生物においては、自己複製能力を持つ分子は見つかっていません。遺伝情報を担う DNA（デオキシリボ核酸 deoxyribonucleic acid）には自己複製能力はなく、DNA ポリメラーゼ DNA polymerase などの一群の酵素 enzyme の力を借りて受動的に複製 replication されます。一方、DNA ポリメラーゼは蛋白質であり、DNA を複製する能力はあっても、自己を複製する能力はありません。そのため、何か別の物質が生命の誕生初期には使用されていたのではないかと推測されます。

　原始の自己複製分子は、DNA のような「遺伝情報 genetic information」と DNA ポリメラーゼのような複製触媒機能を同時に持っていなければならなかったでしょう。その有力候補は RNA（リボ核酸 ribonucleic acid）です。それは、現在の RNA の機能に近いものであったと考えられています。RNA は基本的に DNA から蛋白質への情報の受け渡しに関与しますが、特殊な場合には触媒活性を持っています。RNA は DNA の親戚のような分子ですが、DNA よりも化学的に不安定です。後述するように、RNA は DNA から蛋白質をつくるための要所要所に必要とされます。触媒作用を持つ RNA、**リボザイム** ribozyme の発見は、これまで生体内で触媒作用を持つものは蛋白質だけであるという常識を根底から覆しました。この発見により、シドニー・アルトマンとトマス・チェックには 1989 年にノーベル化学者が授与されています。それと同時に、RNA が

DNA型生物よりも古い生物において遺伝物質として使用されていたのではないかという推測が触発されました。RNAは自己複製に適した分子であり、かつ、触媒活性も持っていれば、自己複製能力を持つRNAが過去に存在したと考えてもおかしくはないからです。そして、このような世界、**RNAワールド** RNA world の存在を想定すると、首尾よく説明できる生物現象が多々見つかっています。ただし、最初はRNAそのものではなく、RNAのような原始分子であったことでしょう。また、完全にRNAだけではなく、ポリペプチド polypeptide の補助も必要とされていたという説が一般的です。

ただし、このような自己複製能力を持つ高分子でも、その分子が生命を持つとはいえません。生命となるには細胞のような膜で仕切られた世界が必要です。自己増殖分子が誕生したとしても、膜構造が存在しなければ、細胞 cell とはいえませんし、生命 life ともいえません。このような化学進化の段階で自己増殖能の高い分子や触媒活性の高い分子が自然選択によって、ある集団の中に増えていくことになりますが、環境が閉じていなければ、いずれは希薄化され、化学的に分解されてしまい、それまでの歴史は文字どおり水の泡になってしまいます。生命の誕生には、自己増殖過程を円滑に遂行するための特殊環境、つまり、膜で囲まれた環境が必要なのです。燐脂質 phospholipid の膜は、実験的には比較的簡単に生成します。

自己増殖分子が膜に囲まれた場合、都合のよいことばかりではなく、不都合なことも生じます。外部から反応基質を取り入れる方法を見いださねばなりません。つまり、その膜は単なる不活性な膜ではなく、内部と外部を仕切りつつも外部から必要な化学物質を取り込んだり、それらに反応したり、内部から特定の物質を排出したりする能力を備えたものでなければなりません。また、自己増殖のためには、膜構造そのものを分裂させなければなりません。

一説では、自己複製能力を持つRNAのような遺伝物質が、膜構造の表面で膜とともに共進化した結果、最終的には遺伝物質は膜内部へ取り込まれ、現在のような細胞となったのではないかと推測されています。つまり、自己複製分子とそれを包含するための膜構造の共進化です。いずれにしても、このストーリーは複製能力を持つ遺伝物質と外界との適切な相互作用を行うことができる膜の重要性を物語っています。

RNAは、さらに、別途進化した蛋白質分子と共存するようになります。さらにRNAは化学物質としては比較的不安定であるため、より安定なDNAに遺伝情報を託すようになったと考えられます。それが、現在のDNAワールドDNA worldです。

（9） 原核細胞からの進化──細胞内共生説

　現存するすべての生物は、30億年ほど前に単一の原始の細胞から派生したと考えられています。その頃は、地球上の生物はすべて比較的単純な細菌bacteriaや**藍藻**blue-green algae（シアノバクテリアcyanobacteria）のような生物ばかりでした。それらの生物は核を持たないため、**原核生物**prokaryoteと呼ばれます。藍藻類は光合成photosynthesisをすることができ、地球の大気中に多く存在した二酸化炭素carbon dioxideと水waterを使って化学エネルギーを得、酸素oxygenを大気中に放出します。このようにして地球は酸素の多い大気を形成しました。さらに、上空にはオゾン層ozone layerが形成されるに至り、陸上を電離放射線から保護することで、生物の陸上進出のきっかけをつくることになります。この過程は決して一瞬で起こったわけではないでしょうが、地球生態系の進化の歴史上、まさに革命的な出来事です。
　原核生物は、光合成能力の有無があるとはいえ、基本的には大差のない一つのまとまりとして認識されていた時代がありました。ところが、温泉の噴出し口などに代表されるような極限状態に生存する細菌についての調査が進んでくると、それらの細菌は、それまでによく知られていた細菌と形態は似ているものの、分子レベルではむしろヒトを含めた真核生物に似ている点が多いことが分かってきました。そこで、原核生物は**真正細菌**eubacteriaと**古細菌**archaebacteriaに分類されました。
　では、われわれヒトを含む真核生物の細胞はどのようにして誕生したのでしょうか。**真核生物**eukaryoteは15億年ほど前に誕生したと言われています。われわれが普通に目にする動物animals、植物plants、菌（カビ）fungi、原生動物protozoansなどはすべて真核生物です。それらの細胞には核nucleusがあり、膜membraneで仕切られた明確な細胞内構造intracellular structureがありま

す。これに対して、原核生物には核がありませんし、細胞内には複雑な膜構造もありません。

　分子レベルで比較すると、原核生物のうち、真正細菌よりも古細菌のほうが真核生物と比較的多くの類似点を持つことが分かりました。おそらく真核生物の直接の先祖は古細菌のような生物だったと思われます。あるいは、古細菌と真正細菌の融合によって真核生物の先祖が生まれたという説もあります。そして、この真核生物の先祖となった原始的な細菌の一種に別の原核細胞が内部共生するようになり、今日の真核細胞が登場しました。これが、1970年にリン・マーギュリスが提唱した**細胞内共生説** endosymbiosis theory です。

　細胞内共生説とは、細菌同士が互いに共生し合って真核生物の**ミトコンドリア** mitochondrion および**葉緑体** chloroplast が発生したとする説です。葉緑体が藍藻の一種を起源としているというのは直観的に非常に分かりやすいものです。ミトコンドリアおよび葉緑体はそれぞれ独自の遺伝子 gene や蛋白質合成経路 protein systhesis pathway や代謝経路 metabolic pathway を持ちます。膜も二重となっており、ある細胞に別の細胞が侵入したような結果を思い起こさせます。ミトコンドリアや葉緑体は大きさも細菌くらいです。さらに、中心体にもそのような起源を求める人もいます。核の起源は明確ではありませんが、ウイルスとの類似点が指摘されています。

　ところで、この細胞内共生説を拡張して考えると、一般に**共生** symbiosis という概念は生物の進化において重要な役割を果たしていることが想像できます。さらに範囲を広げて考えると、生態系における生物の相互作用 coaction の一つとして共生を捉えることができます。同様に、競争 competition も相互作用の一つです。ダーウィンとウォレスの競争による自然選択 natural selection という進化のメカニズムは、進化の一側面のみを表していると考えるのが正当だと思います。

(10) 真核細胞の特徴としての膜構造

　真核生物の細胞には、様々な**細胞内小器官** organelle があります。ミトコンドリア mitochondrion と葉緑体 chloroplast については、それらの起源が内部共生

した原核生物だと考えられています。ミトコンドリアや葉緑体のほかにもゴルジ体 Golgi apparatus や小胞体 endoplasmic retuculum（ER）など様々な細胞小器官があります。これらすべての細胞内小器官に共通することは、ほとんどすべて膜構造を持っているということです。ミトコンドリアと葉緑体が二重の膜に包まれていることは、共生の過程を考えれば納得できますが、それだけではなく、ゴルジ体や小胞体なども膜の仕切り以外の何ものでもありません。さらに、細胞内への食い込みだけでなく、その逆の膜の突出、つまり、膜性の突起も非常に発達しています。たとえば、嗅神経細胞に見られる繊毛、樹状突起、軸索ももちろんこのような膜が突き出したものです。このように、真核生物の特徴を細胞膜の特殊化という概念でまとめてもよいかと私は考えています。内部共生に伴って、細胞内に細胞膜 cell membrane の折り込みおよび突出が発達し、様々な目的で使用されるようになったのです。多細胞生物では、それぞれの細胞がそれぞれの機能を果たすために、化学受容機能 chemoreceptive function を持つ細胞膜を発達させることが必要となってきます。細胞膜の進化はそのための前提条件だと考えても大きな間違いではないでしょう。

　真核生物の名称自体にもなっているもう一つの特徴は、核 nucleus の存在です。核も例外ではなく、核膜に包まれています。核は細胞における最高司令部のようなものです。この中にはDNAが詰まっており、必要に応じてその遺伝情報が読み出されます。すべての生物は、遺伝情報を書き込む媒体としてDNAを使用しています。ちなみに、遺伝子も酵素と同様、モノにすぎません。遺伝子には蛋白質の設計図が書かれているだけであり、それ自身は不活性なものです。そこには生命は宿ってはいません。生命現象はあくまで細胞レベルから生まれるのです。分子レベルと細胞レベルの間には大きな階層のギャップがあります。本当に「生命とは何か」という問いかけに答えるためには、分子レベルと細胞レベルのギャップの本質を探らなければなりません。

（11）　膜電位の発生機構

　細胞内外のイオンの分布の制御に関わるイオン・ポンプ以外のもう1つの重要な分子群がイオン・チャネルです（図5-2）。細胞内外のイオン分布の制御は必

須であるため、イオン・チャネルの遺伝子配列は、酵母菌から植物まで幅広い生物群において保存されています。特に動物の神経細胞は様々な電気的シグナルを発することができますが、これらはすべて様々なイオン・チャネルの働きによって起こるものです。ゾウリムシの動きがイオン・チャネルによって制御されていることは有名な話です。面白いことに、オジギソウやハエトリソウなどの「動く植物」も同様の機構で活動電位を発します。

　ミトコンドリアにおけるエネルギーは膜の電位差として蓄えられることはすでに話しました。これが化学浸透圧説です。実は、形質膜（細胞膜）の内外にも電位差があります。すべての細胞は**膜電位** membrane potentialを持ちます。膜電位とは実験的に定義されたものですが、要するに細胞膜の内外にイオン分布の偏りがあるということです。一般の電気製品では、金属中を流れる自由電子によって電気が運ばれますが、生体においては金属の導線はありません。その代わり、生物はイオンに囲まれた環境にあります。イオンは電気的に陽性か陰性ですので、イオンがランダムにではなく一定方向に動けば電気を運ぶことができるわけです。細胞の膜電位はイオンを一定の方向に導く膜上の穴であるイオン・チャネルの性質によって決定されます。特にその中でも**カリウム・リーク・チャネル** potassium leak channelが神経細胞の**静止膜電位** resting membrane potential（**静止電位** resting potential）に貢献しています。

　塩化カリウムの溶液について考えてみましょう（図5-3）。塩化カリウムの結晶を水に溶かすと、カリウム・イオン potassium ion（K^+）と塩化物イオン chloride ion（Cl^-）が解離して溶液中でランダムに熱運動します。カリウム・イオンと塩化物イオンはそれぞれ反対の電荷を持っているため、ある溶液中にそれぞれが同じ数だけあれば、電気的に中性となります。特定のイオンが特定の方向に動くこともありません。したがって、当然ですが、このままでは何も電流は発生しません。

　そこで、このカリウム・イオンと塩化物イオンが同数存在する溶液の中に、膜で囲まれた「仮想の細胞」をつくってみましょう。実験的にもこれは難しいことではありません。仮想の細胞は特定の脂質を超音波処理すれば難なくつくることができます。この膜はカリウム・イオンも塩化物イオンも透過させないため、膜の外と中とはまったく二つの系に物理的に分けられたことになります。そこで、

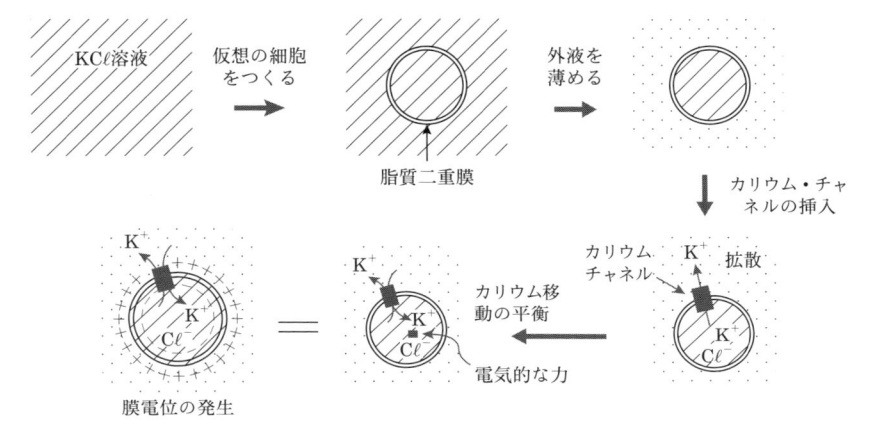

図5-3　膜電位の発生機構

　この膜の外液の塩化カリウムの濃度を10分の1にまで減らしてみましょう。この仮想の細胞の膜はカリウム・イオンも塩化物イオンも透過させないため、膜の内外の濃度差は10倍となります。それでも、浸透圧の問題を無視すれば、さして何が起こるというわけではありません。

　この状態で、この仮想的な細胞に蛋白質分子であるカリウム・チャネルを挿入してみましょう。このチャネルはカリウム・イオンを透過させますが、塩化物イオンは通り抜けることができません。カリウム・イオンおよび塩化物イオンの濃度（つまり分子の数）は外液の方が内液よりも薄いため、両方のイオンに内部から外部へ流れ出そうという力が働きます。つまり、非平衡状態 nonequilibrium state であるので拡散 diffusion によって平衡状態 equilibrium state になろうとするのです。しかし、カリウム・イオンしかこの穴を通ることはできません。逆に言えば、カリウム・イオンは通過できるため、通過して外部に拡散していきます。

　ここで問題が起こります。塩化物イオンは細胞内に残されたままです。カリウム・イオンがどんどん外部へ出て行ってしまうと、内部は塩化物イオンだけになってしまいます。そのようなことはありうるでしょうか。いや、実際にはあり得ません。なぜなら、カリウム・イオンは陽イオン cation であり、塩化物イオンは陰イオン anion であり、必ずペアとして溶液中に存在しなければエネルギー

的に不安定な状態になるからです。塩化物イオンは穴を通り抜けることができないため、内部に残されますが、陰イオンのみが内部に蓄積するには限界があります。カリウム・イオンは塩化物イオンとペアにならなければならないため、内部へ引き戻そうとする電気的な力が働くのです。

　拡散の化学的な力 chemical force とイオン・ペアを組むための電気的な力 electrical force がつりあったところで平衡状態に達します。この状態が細胞の静止電位 resting potential だと考えても大きな間違いではありません。重要なことは、膜内外の電位差はイオン・チャネルの性質のために起こるということです。これがカリウム・イオンも塩化物イオンも同時に通過できる穴であれば、単に両方とも拡散し、ついには外液と平衡状態に達してしまいます。それは細胞にとって死を意味します。細胞が生きているということは、イオン・チャネルを持つ細胞膜が正常に機能しているということと密接に関連しているのです。このような働きをしているのが、開きっぱなしのカリウム・リーク・チャネル potassium leak channel だというわけです。このチャネルはほとんどすべての動物細胞の細胞膜に存在します。

　ただし、その他のイオン・チャネルは開きっぱなしではなく、特定の刺激で開いて特定のイオンだけを通すゲート（門）となっています。膜電位変化で開くチャネル、外部からの化学物質の結合で開くチャネル、内部からの化学物質の結合で開くチャネル、張力によって開くチャネルなど多彩なチャネル分子が存在します。

(12)　拡散から秩序をつくり出す——反応拡散系

　細胞内の秩序は、このように膜による拡散の阻止という形で形成されることが多いわけです。それぞれのコンパートメントに特異的相互作用を持つ分子群をまとめることで、協調的な生命活動が行われます。細胞内の秩序は仕切りとその仕切りの中の特異的相互作用で成り立っていると考えることができます。

　一方、生物は細胞よりも大きな、もっとマクロな構造も持っています。個体、組織、器官などのレベルの秩序はもちろん、異なった細胞の配置なども秩序正しく行われなければなりません。このような秩序形成の基盤は何でしょうか。実

は、そのような秩序が拡散を基盤として成り立っている可能性をアラン・チューリングが1952年に「形態形成の化学的基盤 Chemical basis of morphogenesis」という論文において提案しました。拡散を基本として生物の形や模様などの秩序の形成が可能であると言うのです。拡散とは、一般に乱雑な分子運動ですから、拡散から秩序が形成されるというのは明らかに不思議な現象です。チューリングの提唱したモデル系は、反応拡散系 reaction-diffusion system と呼ばれています。

　細胞が形態形成に関する2種類の物質を外部に放出しているとします。2種類のうち、A分子は、ゆっくりと外部へ拡散していきます。そして、Aを受容した細胞はAをさらに生産するようになります。一方、Bはもっと素早く拡散し、それを受容した細胞にAの生産を阻害するように働きます。このような拡散と反応の繰り返しが続くと、特定の場所ではA濃度が高くなり、また別の特定の場所ではB濃度が高くなるというように、場所特異的な濃度分布が起こります。その濃度分布に従って、細胞は分化すると考えるのです。

　チューリングが提唱したこのようなモデルを用いると、熱帯魚の表面の縞模様の変化を数学的に説明できることが分かっています。しかし、実はここで話した分子（AおよびB）の正体は未だに明らかではなく、チューリングが想定した反応拡散系が生体の形態形成や細胞分化の問題に直接当てはまるのかどうか、物質的な証明は存在しません。

　一方、反応拡散系として遺伝子発現や代謝経路の制御の問題を数学的にモデル化することができます。その意味では、生物が反応拡散系を一般原理として使用していると言っても過言ではないでしょう。数学的なシミュレーションが得意な人や物理数学の生物への応用を目指す人には面白い分野でしょう。

　このような数学モデルをつくることは、生物系では容易なことではありません。それは生物に関する知識が不足していることが第一の原因ですが、生物の実験科学的事項を理解し、かつ数学的知識と能力のある研究者が少ないこともその原因の一つでしょう。実験生物学は、生物自体はある程度ブラックボックスと考え、入力を標準化したときの出力を検討するという方法論に基づいています。「生体内で実際に何が起こっているのか」を探求するのが生物学ですが、生体内はあまりにも複雑すぎるため、ある特定の分子に注目した還元論がしばしば展開

されます。還元論は、他の因子は無視して考えるわけですから、その部分はどうしてもブラックボックスにしなければなりません。そこにブラックボックスがあるからこそ、「実験」という形で、特定の入力に対する出力結果を生物に「尋ねてみる」わけです。

　生物学において数学モデルを考えることは、還元論におけるブラックボックスの中身を想像してみることに相当します。そしてもし、その数学モデルによってブラックボックスの仕組みがよりよく理解できるのなら、価値のあるモデルということになります。ただし、その数式モデルが本当に生体内で起こっていることなのかは、やはり実験によって証明する必要があります。数学モデルで生物現象を説明できたとしても、それは単なるシミュレーションにすぎず、偶然の一致にすぎないという批判を避けて通ることはできません。

　このように、反応拡散系は多くの生命現象の説明に使用されるようになりましたが、考えてみれば、反応拡散系を生物が利用しているのは当然のことのように思えてきます。生物系内で分子を移動させる力は基本的に拡散によるものであり、その拡散現象をうまく利用することによって系内の平衡や化学反応を巧みに制御することで秩序を構築しているのですから。しかしながら、われわれ生物学者が知りたいのは、もっと具体的に何がどのように振舞っているのかということですから、分子の動きが目に見えるような形で提出される分子生物学や生化学の成果は歓迎されるものです。そして、分子の動きが目に見えるほど単純ではなく、複雑なネットワークを構成している場合、コンピュータの力を借りる必要が出てくるわけです。

第 3 部

情報分子の働き

第6講

DNA → RNA → 蛋白質──分子情報の流れ

（1） 分子生物学と生化学の違い

　第6講から第11講までの内容は、基本的には分子生物学 molecular biology というカテゴリーに入ります。分子生物学を拡大解釈すると、本書の後半の生物の高次機能に関する内容も分子生物学であるといえなくもありません。ところで、分子生物学 molecular biology と生化学 biochemistry の違いは何でしょうか。一般的な生化学の教科書にも、分子生物学的な説明の章もありますし、逆に、分子生物学の教科書にも、生化学の解説があります。けれども、両者は同一ではありません。その違いは何でしょうか。

　一見した大きな違いは、分子生物学では遺伝子が中心ですが、生化学では必ずしも遺伝子が中心ではないという点です。ただし、生化学でも遺伝子を取り扱いますから、遺伝子だけが大きな違いというわけではありませんね。もっと大きな違いは、情報の流れに注目するかどうかという点にあります。分子生物学では、DNAは単なる一定の塩基配列を持った巨大分子 macromolecule という側面だけでなく、その中に秘められた**遺伝情報** genetic information に注目します。DNAの化学的性質の分析だけからは、遺伝情報は読み取れません。それは生物の歴史の中で獲得されてきたものですね。決して化学的性質だけでは説明できません。そして、RNAも蛋白質もDNAの遺伝情報との関連で論じられます。それらも生物の情報を担う情報分子であるという視点が重要になります。

　実際の実験手法としても、生化学と分子生物学は大きく異なっています。生化学はモノをたくさん集めてきてその性質を化学的に検討する学問です。モノをたくさん集めなければ化学分析にかけられないからです。モノをたくさん集める

ためには、生体試料をたくさん集めなければなりません。筋肉など、生体に比較的豊富に存在する研究対象であれば、この方法で構いませんが、たとえば、細胞内に低レベルでしか存在しない情報伝達分子や、少量のみが分泌されるホルモンやフェロモンの分離・精製・濃縮には、莫大な量の生物試料が必要となります。過去には、食肉解体場から多数の生物試料を集めるのが生化学者の常套手段でしたが、分子生物学的手法が確立された今日、そのような方法は、現在ではほとんど行われなくなりました。

　分子生物学においては、モノが蛋白質の場合は、遺伝子に細工を凝らして細菌などに多量に生産させることができます。その場合、多数の生物試料は必要ありません。つまり、**遺伝子操作** genetic manipulation に基づいた実験こそが、分子生物学の方法論的アプローチとなっています。遺伝子操作は**組換え DNA 技術** recombinant DNA technology とも呼ばれ、分子生物学には欠くことのできない方法です。いや、今日では、この方法自体が分子生物学を定義するようにさえなっていると言ってもよいでしょう。実際の組換え DNA 技術については、第 14 講で論じます。

（2）　DNA の構造

　生物が生物であるためには、自己複製分子と細胞膜が必要です。生命が誕生したときに何が起こったのか考えてみると、おそらく、自己複製分子と膜構造が協調することによって原始細胞という生命体が生じたのでしょう。現在の生物には自己複製分子は見つかっていませんが、過去に存在したと思われる自己複製 RNA 分子が、現在では DNA とその複製酵素（蛋白質）として役割を分担したと考えることができます。DNA は遺伝情報のデータバンクとして機能し、蛋白質の力を借りて複製されます。

　すべての真核生物の細胞は、核 nucleus を持っています。例外的に核を持たない赤血球も存在しますし、筋肉細胞など多核のものもありますが、基本的には一つの細胞は一つの核を持ち、その中に遺伝物質である DNA が保管されています。細胞生物学では、核内には染色体 chromosome があり、染色体の上に遺伝子が乗っているという表現をします。染色体とは、細胞分裂 cell division のとき

にDNAを娘細胞に均等に分配するために、顕微鏡で観察できるほど大きな構造体となっているDNAのことです。もちろん、染色体は他の蛋白質からも構成されていますが、さしあたり、その本体はDNAであると考えて大きな誤りではありません。そして、1個の染色体は連続した長い1本のDNAから成り立っています。性染色体を除く常染色体では、一つの細胞内に類似のものが2本ずつ見られます。これらは**相同染色体** homologous chromosomes と呼ばれます。

現在までに調べられている生物の中で、遺伝物質にDNA以外を使用しているものはありません。一部のウイルス virus は遺伝物質にRNAを使用していますが、ウイルスは細胞ではなく、一般的な生物とはいえません（ウイルスはウイルスです）。

第3講でも説明しましたが、復習も兼ねて、ここでもう一度、DNAの構造について話したいと思います。DNAはデオキシリボ核酸の略称です。なぜこのような名前が付いているのかについて理解するには、その構造を理解しなければなりません。DNAはひも状の長い分子です（図3-10）。このDNAの1本のひもは、2本の細いひもが互いに平行に巻きついてできています。DNAは二重らせん構造 double helix structure をして互いに巻きついています。けれども、これらの2本の細いひもは、それぞれ方向性を持っています。つまり、ひもの片方の端はもう片方の端とは性質が違うのです。片方の端を**5'末端** five-prime end、逆の端を**3'末端** three-prime end と呼びます。そして、2本の細いひもの間には特定の関係があります。一方のひもでは上が5'末端で下が3'末端なら、もう一つの細いひもでは、必ず上が3'末端で下が5'末端になっています。つまり、ひもの向きが逆になっているのです。これを逆平行 anti-parallel と呼びます。

それぞれの細いひもに方向性があるということは、いくらひもを小さく切っても切っても、やはりその方向性が失われることはないということです。つまり、ひもの構成単位自体に方向性があるということですね。実際、ひもは同じユニットの繰り返し構造で構成されていますから、図に描くとすると、単なる滑らかなひもではなく、ビーズをつなげたように描くのがより正確です。このひものバックボーン（背骨）backbone の構成単位（つまり、ビーズの1粒）は糖 sugar と燐酸 phosphate です。この糖は**デオキシリボース** deoxyribose と呼ばれます。「デ」とは「ない」や「取り除く」という意味の接頭語です。「オキシ」とは、「酸

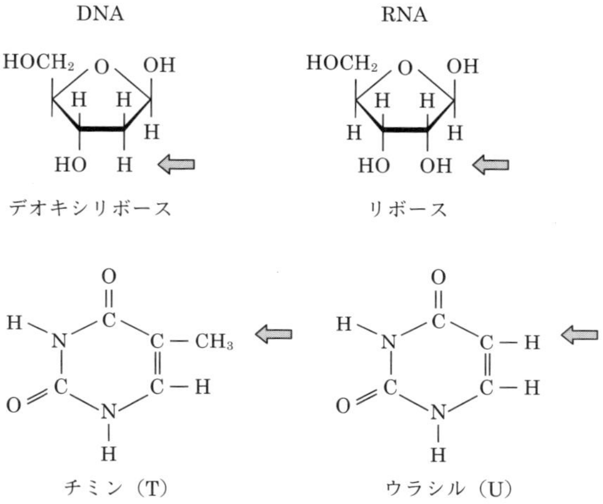

第 6 講　DNA → RNA → 蛋白質──分子情報の流れ　*143*

```
        DNA                          RNA
   HOCH₂  O  OH                 HOCH₂  O  OH
      H  H  H  H  ⇐                H  H  H  H  ⇐
         HO  H                        HO  OH
      デオキシリボース                      リボース
```

```
      O                            O
      ‖                            ‖
   H  C                         H  C
    ＼N／ ＼C─CH₃  ⇐              ＼N／ ＼C─H  ⇐
      |    ‖                       |    ‖
   O＝C    C─H                  O＝C    C─H
      ＼N／                         ＼N／
         |                            |
         H                            H
      チミン（T）                    ウラシル（U）
```

図 6-1　DNA と RNA の化学構造の違い

素 oxygen」という意味です。ですから、「デオキシ」で「酸素がない」という意味です。何から酸素がないのかというと、**リボース** ribose という糖から酸素がなくなっているということになります。リボースの 2' 部位の酸素がないのがデオキシリボースです（図 6-1）。ちなみに、RNA はリボースから成り立っていますから、この化学的違いは、RNA と DNA の化学的性質の違いとして表出されます。

　さて、デオキシリボースの 1' 部位の炭素原子には塩基 base が結合しています。DNA を構成する塩基には 4 種類あります。**アデニン** adenine（A）、**チミン** thymine（T）、**グアニン** guanine（G）、**シトシン** cytosine（C）です（図 3-12）。これらの塩基については、**塩基対** base pair を形成する相手が決まっています。アデニンは必ずチミンと結合します。グアニンは必ずシトシンと結合します。つまり、一方の塩基配列 sequence が決まれば、もう一方の塩基配列が必然的に決まります（図 3-13）。これが、DNA が自己の塩基配列を保存しつつ複製される根本原理となっています。DNA ポリメラーゼ DNA polymerase の力を借りれば、親の分子とまったく同じ配列を持った子の分子を忠実につくることができるのです。このため、子孫へ同じ遺伝情報を継承させることができます。

　塩基部分も含めて考えると、DNA を構成している単位は**デオキシリボヌクレ**

オチド deoxyribonucleotide ということになります。つまり、DNA はデオキシリボヌクレオチド単位とする重合体（ポリマー）polymer です。塩基対は DNA の**糖・燐酸骨格** sugar-phosphate backbone の内側に向くように形成されます。塩基を互いに結合させる力は**水素結合** hydrogen bond です。水素結合は共有結合 covalent bond に比べてかなり弱い結合ですが、生物が生存する 30℃ から 40℃ 程度の熱運動では影響を受けないくらいには十分に安定な結合です。また、ある塩基と次の塩基は階段状になっていて互いに平行しており、これが二重らせん全体の安定化に寄与しています。

　DNA の塩基配列は、DNA の細いひもをほどかなくても、外部から読み取ることができます。それを行っているのが DNA の特異的な配列に結合する蛋白質です。原核生物のリプレッサーや真核生物の各種の転写因子は DNA をほどくことなく、外部から内部の塩基と接触し、特定の DNA 配列を見つけ出します。

　ちなみに、DNA には、複製した分子を次世代に伝えること以外にも、もう一つ重要な役割があります。それは細胞を機能させる蛋白質分子をつくることです。環境の変化や細胞の性質に応じて必要な遺伝子をオンにし、それ以外の遺伝子をオフにする必要があります。つまり、遺伝子発現の調節です。多細胞生物では生殖と生存という二つの目的のために生殖細胞と体細胞に役割を分担しています。

（3）　蛋白質の構造と機能

　すべての生物は遺伝物質として DNA を使っていますが、同時にすべての生物は生命活動の第一線で活躍する分子（化学反応を触媒する分子）として蛋白質 protein を使っています。イオン・チャネル ion channel や受容体 receptor も例外なく蛋白質です。DNA の遺伝情報とは、これらの蛋白質をつくるための情報なのです。もし DNA に蛋白質をつくるための情報が書かれていなかったら、それは遺伝子 gene ではありません。DNA は物質名ですが、遺伝子とは同義語ではないので注意してください。いずれにしても、DNA から蛋白質への変換について論じる前に、蛋白質の構造について、その概略を知る必要があります。

　DNA がデオキシリボヌクレオチド単位からなるポリマーであるように、蛋白質は**アミノ酸** amino acid の単位から成るポリマーです。DNA には 4 種類のデオ

キシリボヌクレオチドしかありませんが、蛋白質を構成するアミノ酸は20種類あります。それぞれのアミノ酸にはそれぞれ独自の性質がありますから、これらのアミノ酸がどのような順序でつなぎ合わせられるかによって蛋白質の性質が決まります。

蛋白質の長さはまちまちですが、たとえばアミノ酸が100個近く鎖としてつながっている場合を考えてみましょう。一つの場所に配置することができるアミノ酸は20種類です。その次の場所にも20種類、さらにその次の場所にも20種類のアミノ酸が配置することが可能です。つまり、理論的に可能な蛋白質の種類は $20 \times 20 \times 20 \times \cdots\cdots = 20^{100}$ という天文学的な数字になってしまいます。このことから考えても、蛋白質の種類は理論的には無限に存在できることが分かります。そして、その機能についても無限の可能性が考えられます。

蛋白質はアミノ酸が直線状に鎖のようにつながったものですが、それぞれの蛋白質は特有な立体構造をとります。立体構造のとり方は一見するとルールがなさそうに見えますが、少なくとも部分的には特徴的な構造が知られています。蛋白質のアミノ酸配列 amino acid sequence 自体のことを**1次構造** primary structure と呼びますが、部分的な立体構造のことを**2次構造** secondary structure と呼びます。2次構造には**アルファ・ヘリックス** α helix と**ベータ・シート** β sheet があります（後述の図8-4を参照）。さらに、これらの2次構造の組み合わせとして1本の鎖の立体構造ができ上がります。これが**3次構造** tertiary structure です。さらに、3次構造を持つ蛋白質の鎖がいくつか集合して**4次構造** quaternary structure となります。

これらの3次構造あるいは4次構造も持った蛋白質が酵素 enzyme や受容体 receptor やイオン・チャネル ion channel として働きます。酵素の場合、触媒作用の対象は共有結合 covalent bond の形成や破壊です。一方、蛋白質同士の相互作用も非常に重要であり、それらは静電的相互作用 electrostatic interaction（イオン結合）や水素結合 hydrogen bond あるいは疎水相互作用 hydrophobic interaction やファンデルワールス力 van der Waals force など、共有結合に比べて弱い相互作用（非共有結合 noncovalent bond）を介して行われます。そのような蛋白質分子同士の相互作用の解明が現在の分子生物学の一大テーマとなっています。

いずれにしても、1次構造さえ決まれば、その他の構造は、様々な要因が必要であるとはいえ、ほぼ自動的に決まることが知られています。つまり、DNAが規定しなければならない蛋白質の情報とは、基本的にはそのアミノ酸配列、つまり、1次構造だけであることになります。

（4） 遺伝情報は DNA → RNA →蛋白質として発現される

　蛋白質分子をつくるための遺伝情報はDNAの長い鎖の中の塩基の配列として書かれています。遺伝子は「始まり」と「終わり」の暗号を含め、3塩基ずつ読まれます。そして、それぞれ3塩基の組tripletが何というアミノ酸に対応するのかが決まっています。これを**遺伝暗号**genetic codeと呼びます。たとえば、遺伝子の配列がATGGTTCTACGCの場合はATGはメチオニン methionine、GTTはバリン valine、CTAはロイシン leucine、CGCはアルギニン arginineと決まっており、メチオニン・バリン・ロイシン・アルギニンという蛋白質の鎖がつくられます。英語は26文字のアルファベットの組み合わせで文章が書かれていますが、遺伝子はA、T、G、Cの4文字の組み合わせで書かれる文章だと考えると分かりやすいでしょう。英語では単語の長さは任意ですが、遺伝子の場合は3塩基の文字の組み合わせ（トリプレット triplet）が1個の「単語」を形成するわけです。そして、それぞれの単語（トリプレット）はあるアミノ酸に対応しています（図6-2）。英語では単語と単語の間にスペースを開けますが、遺伝子の言語にはスペースはありません。

　ただし、DNAから直接蛋白質ができるわけではありません。その間にはRNA（リボ核酸 ribonucleic acid）の仲介が必要です。DNAの情報はまずRNAとして読み取られます（図6-3）。この過程を**転写** transcriptionといい、産生されたRNAをmRNA（messenger RNA）と呼びます。mRNAの生産に関わる酵素が**RNAポリメラーゼ** RNA polymeraseです。この酵素は解かれた二重らせん構造のうちの片方のDNAの鎖の情報を鋳型として、RNAをつくり上げていきます。まるで長いひものスキャナーのように、DNA上を動いていくと同時にmRNAをつくっていくのです。

第6講　DNA → RNA → 蛋白質——分子情報の流れ　*147*

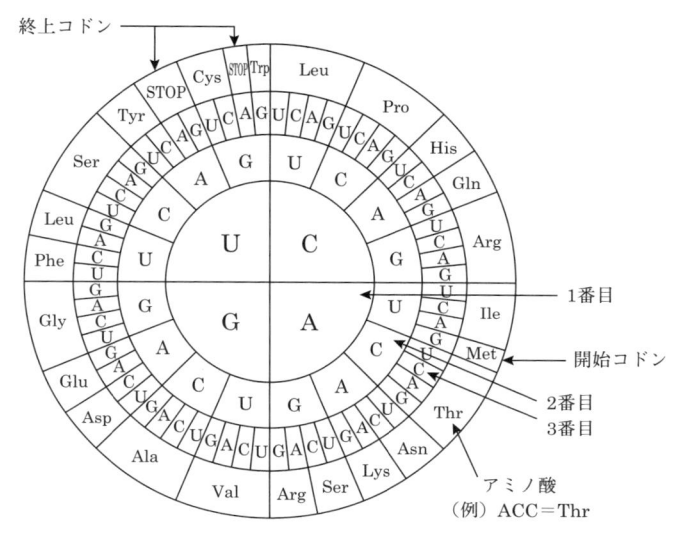

図6-2　遺伝暗号表（ダーツ型）

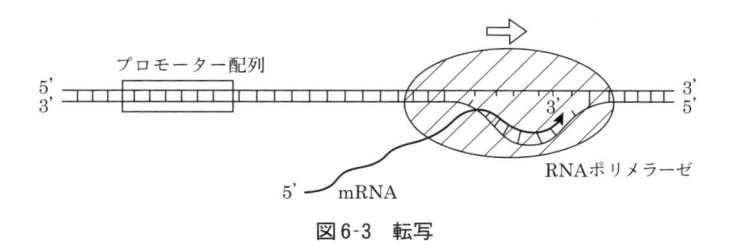

図6-3　転写

　このmRNAは真核生物の場合、核を出て、リボソーム上に移動します。**リボソーム** ribosome は蛋白質と **rRNA**（ribosomal RNA）の巨大な複合体です。mRNAがリボソーム上に配置されると、mRNAのコドン codon（3塩基の組）の情報を元に **tRNA**（transfer RNA）がアミノ酸を運んできます（図6-4）。この過程は**翻訳** translation と呼ばれます。tRNAは小型のRNAで、その端

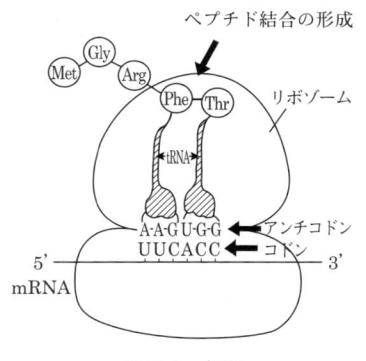

図6-4　翻訳

にアミノ酸を1個くっつけているのです。また、tRNAの別の部分にはmRNAのコドンを読み取るための**アンチコドン** anticodonがあります。このtRNAのアンチコドンがmRNAのコドンとリボソーム上で水素結合を形成します。そのとき、その隣に配置されているtRNAの持つアミノ酸同士が共有結合を形成できるようになります。ここで、ペプチド結合が形成されるのです。その後、tRNAはリボソームから分離していきます。このような過程が次々と繰り返されることによって、アミノ酸の鎖が形成されていくのです。

　このような一連の遺伝子発現過程では、要所要所に様々なRNAが登場します。mRNAとtRNAばかりでなく、rRNAも存在します。このように多様なRNAが、生物の基本的な遺伝子発現過程に必要とされているという事実は、生命の起源がRNA分子を基本とした世界、**RNAワールド** RNA worldに依存したものであったことを示す状況証拠として考えられています。

　これまでRNAについてあまり説明してきませんでしたので、ここでRNAについて少し説明しておきます。RNAはDNAの親戚のようなもので、同じ核酸 nucleic acidとして分類されます。RNAの構成単位は**リボヌクレオチド** ribonucleotideです。リボヌクレオチドとデオキシリボヌクレオチドには微妙な違いしかありませんが、この違いが化学的安定性の大きな違いとなります。リボヌクレオチドが鎖のように長くつながったものがRNA（リボ核酸 ribonucleic acid）と呼ばれるわけです。RNAを構成する塩基も4種類ですが、DNAとは異なり、チミン thymineが**ウラシル** uracilに置き換わっています。DNAと類似の化学物質ですので、RNAポリメラーゼ RNA polymeraseという酵素の力を借りれば、DNAの塩基配列を忠実に写し取ったRNAをつくることができます。

　このように、遺伝情報はDNA→RNA→蛋白質として発現されます。これが分子生物学の**セントラル・ドグマ** central dogmaです（図6-5）。このセントラル・ドグマは、遺伝情報は逆には流れないことを意味します。この図を眺める限り、すべてはDNAから発せられています。しかし、セントラル・ドグマが生物のすべてではありません。遺伝子決定論 genetic determinismに陥らないために、階層性、偶然性、自己組織化過程の

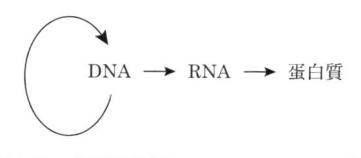

図6-5　分子生物学のセントラル・ドグマ

自由度なども考慮した生物観が必要でしょう。そして、進化のような長い時空間を対象とした場合、結果として集団が環境に適応していくわけですから、セントラル・ドグマは矛盾して見えます。方向性のある進化は可能なのかという議論は現在でも激しく論争されているようです。

ところで、DNAと遺伝子は同義語ではありません。蛋白質をつくる情報が書かれている部分のみが遺伝子と呼ばれます。実は、われわれヒトなどのゲノムにおいては、ほとんどのDNAには意味のある文字は書かれておらず、それらは機能が不明なため、がらくたDNA junk DNAとしばしば呼ばれています。また、単一の核には相同染色体がありますから、基本的には、まったく同じ種類の遺伝子が1個の細胞に2個ずつ存在することになります。これらを**対立遺伝子** alleleと呼びます。

（5）　ミーシャーによる核酸の発見

ここから、分子生物学について歴史的視点から解説します。歴史的な視点は本質的な理解のために欠かすことはできません。

生化学は化学の伝統を受け継いだ学問分野らしく、細胞のエネルギー代謝が興味の対象でした。19世紀後半、生体物質は、脂質 lipid（脂肪 fat）、糖質 sugar、蛋白質 proteinに大きく分けられることがすでに分かっていました。そのような時代背景において、ドイツのフレデリック・ミーシャーは、細胞の核内物質に興味を持っていました。核 nucleusを細胞質 cytoplasmから分離することは容易ではありませんから、大きな核を持ち、細胞質はほとんどない白血球 leukocyteに着目し、死んだ白血球のかたまりである膿 pusを近くの病院から集めてきて核内の物質を単離します。ちょっと気分が悪くなりそうな実験対象ですが、これはうまくいき、細胞の核に酸性 acidicで燐原子 phosphorus atomの多い非常に大きな分子から成る化学物質 chemical compoundが存在することを発見します。1869年のことです。ミーシャーはこれをヌクレイン nucleinと命名します。これが後に核酸 nucleic acidと命名されることになります。メンデルの遺伝子の実体がミーシャーの核酸であったとは、当時誰も気がついていませんでした。

いずれにしても、ミーシャーが発見した核酸の性質は、その後、生化学的には

速やかに解明されました。核酸はすべての細胞に存在することが分かりました。20世紀のはじまりまでには、核酸が糖 sugar、燐酸 phosphate、そして塩基 base から形成されることも分かっていました。核酸の構成塩基の種類についても当時すでに分かっていたというのは驚きです。

しかし、その機能については不明のままでした。現在の感覚では、そこまで分かっていたのになぜ核酸が遺伝物質であることがすぐに判明しなかったのか不思議ですらあります。けれども考えてみると、遺伝という現象が遺伝物質に帰着されるというメンデルの発見ですら、すぐには認められなかったわけですから、その遺伝物質の正体を突き止める研究など、誰も真剣に取り組まなかったのも確かに納得できることではあります。遺伝という現象は何となく摩訶不思議な現象であり、遺伝子が物質として存在するとは誰も考えなかったのでしょう。

1920年代までには核酸には2種類あることが分かりました。つまり、デオキシリボ核酸 deoxyribonucleic acid（DNA）とリボ核酸 ribonucleic acid（RNA）です。また、核内の染色体 chromosome はほとんどDNAからできていることも分かりました。DNAはアデニン adenine（A）、チミン thymine（T）、グアニン guanine（G）、シトシン cytosine（C）という4種類の塩基から構成されており、これら4種類の単純な反復配列を持った重合体（ポリマー）polymerであるという「テトラヌクレオチド仮説 tetranucleotide hypothesis」が当時発表されていました。テトラとは4を意味し、ヌクレオチド nucleotide とは核酸の単位構成成分のことです。この仮説はもちろん大きな誤りであることがその後判明しました。この誤った仮説は、DNAは建築物を建てる際の職人さんたちの足場のような構造体にすぎないという感覚を当時の人々に与えることになります。遺伝物質は蛋白質であり、DNAはその足場を与えるだけであろうと証拠もなく空想していたのです。

生体反応の触媒 catalyst は蛋白質ですから、生化学者の興味の対象は何といっても蛋白質であり、蛋白質こそ生物の機能にとって最も重要であると誰もが信じていたのです。逆に言えば、1940年代後半、DNAの生化学的性質はかなり判明してきたものの、DNAの分子構造の生物学的重要性はほとんど認識されていませんでした。また、DNAの性質に関するデータを総括的に理解できる人はほとんどいませんでした。その意味で、後にワトソンとクリックによって成し遂

げられた DNA の分子構造の提唱は偉大な発見であったと判断してもよいでしょう。

（6） アベリーの先駆的研究

　遺伝物質は蛋白質ではなく DNA であるという実験的証拠は、細菌学者オスワルド・アベリー（エイブリーまたはエーブリー）らが 1944 年に『実験医学誌 Journal of Experimental Medicine』に発表しました。この論文はその真価がすぐには理解されなかったという注釈付きで紹介されることが多いのですが、その価値は分かる人にはすぐに分かったようです。

　アベリーが行ったのは肺炎双球菌 pneumococcus を用いた実験です。細菌学 bacteriology は、19 世紀にコッホやベーリングなどが確立した学問分野です。北里柴三郎や野口英世などの日本の細菌学者もこの伝統を受け継いでいます。

　細菌学の基本的な方法論は、細菌 bacteria の単離です。栄養分を含む寒天 agar をペトリ皿 petri dish（透明なプラスチックでできた円形の皿）の中に入れてかためます。その寒天の表面に細菌の入った液体を塗りつけると、液体は寒天に染み込んでいきます。ただし、細菌自体は寒天の表面に付着し、寒天内部へは侵入できません。この寒天を一晩温めておくと、寒天表面で細菌が分裂してどんどん増殖していきます。このとき、分裂した細胞は流れていくことなくその場にとどまりますから、だんだんと大きな細菌の塊をつくっていきます。ついには目ではっきり見えるくらいの大きさにまで成長します。これがコロニー colony です。コロニーは 1 個の細菌から生まれた遺伝的に同一の細胞、つまり**クローン** clone から形成されています。

　肺炎双球菌には、コロニーの形が異なる 2 種類の株があることが知られていました。円形のコロニーを示す Smooth Type（S 型）とコロニーの境界がギザギザしている Rough Type（R 型）です。イギリスのグリフィスが行った実験によると、マウスに注射すると、S 型菌は毒性を示し、マウスは死に至ります。一方、R 型菌にはそのような毒性はありません。また、S 型菌を熱変性させて死菌化してしまえば、マウスに注射しても毒性は示しません。ところが、S 型菌を熱変性させたものを R 型菌に混ぜてマウスに注射すると毒性を示すことが知られていま

した。

　この現象に注目したのがアベリーです。肺炎 pneumonia は当時死因の第一位を占めていたという理由だけでなく、純粋に学問的観点からもアベリーは肺炎菌の研究に一生を費やした人です。アベリーは細菌学 bacteriology から分子生物学 molecular biology への大きな橋を架けた人物だといえましょう。アベリーは、上記の実験にはマウスは必要ないことを見抜きました。熱処理したS型の死菌とR型の生菌を混ぜると、低い確率でR型菌にS型菌のようなコロニーの性質を持たせることができることに気づきました。この現象を現在では**形質転換**あるいは**トランスフォーメーション** transformation と呼んでいます。形質転換後、その性質は基本的に永続的に維持されます。この形質転換によってR型菌がS型菌の性質（コロニーの形状と毒性）を遺伝的に獲得したわけですから、R型菌はS型菌の遺伝物質を獲得したはずです。

　では、その遺伝物質とは何でしょうか。アベリーはS型菌を生化学的に核酸、蛋白質、糖質に分け、それぞれをR型菌と混ぜてみました。その結果、核酸抽出物にのみ、形質転換を起こさせる性質があることが示されたのです。核酸こそ、メンデルが想定した遺伝物質の本体ではないかという実験的証拠が示されたわけです。生化学、細菌学、酵素学、免疫学などを駆使したアベリーの研究を評価して、ある研究者は、アベリーにはノーベル賞を2回授与してもよいくらいだと賞賛しています。この1944年のアベリーの研究を分子生物学元年と位置づけても誤りではないでしょう。

（7）　ハーシーとチェイスの実験

　その後、遺伝物質がDNAであるという証拠は、**大腸菌** colon bacterium と**バクテリオファージ** bacteriophage（あるいは単にファージ phage）においても示され、決定的なものとなりました。この実験はハーシー・チェイスの実験 Hershey-Chase experiment と呼ばれ、その実験自体が有名なものとなりました。

　大腸菌にファージを感染させると、ファージはまるで月面に着陸する宇宙船のように大腸菌の表面に取りつきます。その後、ファージは自分のDNAを大腸菌

の中に注入するのです。そして、大腸菌の中でファージは複製し、大腸菌を破壊して子孫のファージが外部へと広がります。

　ファージには外被蛋白質 coat protein（あるいはキャプシド capsid）とその中の DNA 以外には何もありません。ファージの複製および遺伝に何が重要なのか、それが問題でした。DNA だけなのか、蛋白質だけなのか、あるいはその両方なのか。

　ハーシーとチェイスは大腸菌に取り付いたファージを大腸菌からはずす方法はないかと頭を悩ませていたところ、ある方法を思いつきました。ファージが大腸菌に DNA を注入した後、大腸菌の表面に残っているファージの外被の蛋白質をブレンダー blender（つまり、台所用のジューサー）で攪拌することで分離する方法です。ファージの外被が分離された大腸菌からも正常にファージが複製されました。DNA の複製自体や子孫の形質には、ブレンダーで剥がされた蛋白質は何の影響も与えませんでした。一方、DNA は確実に大腸菌内に取り込まれていることが分かりました。そして、外被蛋白質を一切持っていないはずの（DNAを注入された）大腸菌からは、外被蛋白質と DNA を備えた完全なファージが生まれてくるのです。つまり、DNA のみが遺伝物質であることが証明されたわけです。

　現在では遺伝物質が DNA であることについて疑いの余地はありませんが、当時はそれを証明するためにも多大な努力と工夫が必要だったことが分かります。この実験は、俗にブレンダー実験 blender experiment とも呼ばれています。台所用のジューサーなどという身近なものが歴史的な実験に使用されたことは意外でもあり、微笑ましいことでもありますが、そのようなちょっとした工夫が実験の成功と失敗を分けることは、現在の分子生物学においても見られることです。非常に教訓的な実験だと思います。

　余談ですが、このような研究の余波として、大腸菌は分子生物学に広く使用されるようになり、**モデル生物** model organism としての地位を確立しました。何十年間も集中的に研究された結果、大腸菌は現在のところ「最も分かっている生物」となっています。

（8）　シャルガフ則からワトソンとクリックの二重らせん構造まで

　もしアベリーの実験が真実なら、DNAはいかにして遺伝情報を伝達するのか、それが生物学者の次なる課題となることは明らかです。アベリーの論文の真意を読み取ったアーウィン・シャルガフは、当時30歳代後半ですでに確立した地位を持つ生化学者でしたが、それまでの研究をすべて止めて全面的に核酸の生化学に乗り出しました。生化学的に核酸の遺伝物質としての基礎を探したのです。その中から生まれたのがシャルガフ則 Chargaff's rule です。シャルガフは核酸塩基のペーパー・クロマトグラフィー法 paper chromatography を用いて多くの生物種のDNA組成を調べました。当時、DNAには4種類の塩基が含まれていることはすでに分かっていました。4種類の塩基とは、アデニン adenine（A）、チミン thymine（T）、グアニン guanine（G）、シトシン cytosine（C）です。どの生物種においても、DNAに含まれるAとTの割合およびGとCの割合は常に等しいことをシャルガフは発見しました。しかし、それが何を意味しているのかは不明のままでした。シャルガフの研究は生化学の限界を示しています。分子の構造が見えてこないからです。ただし、シャルガフの研究がDNAの構造を決める決定打の一つとなったことは確かです。

　そこにタイムリーに登場したのがジェームズ・ワトソンでした。DNAの二重らせん構造の発見者であるワトソンは、鳥の研究に勤しんでいる青年でしたが、量子物理学者シュレーディンガーの著書『生命とは何か *What Is Life?* 』を読んで生命の本質を探る研究へと進むことを決意したといいます。ちなみに、ワトソンの共同研究者であったフランシス・クリックもその本を読んでいたといいますから、シュレーディンガーが生物学に与えた歴史的インパクトは大きかったといえます。ワトソンはファージ・グループのサルバドール・ルリアのもとで学びました。その後、分子構造解析のメッカであるケンブリッジ大学のジョン・ケンドリューのもとへと留学し、マックス・ペルツの大学院生であったクリックと出会うことになります。

　当時無名のワトソンとクリックは十分な実験もせず、理論的な話に終始していたようで、ペルツやケンドリューから煙たがられていたそうです。一方、X線回

折法 X-ray diffraction で実験的に DNA の立体構造を解き明かそうとした人物がいました。ロンドンのキングス・カレッジにいたモーリス・ウィルキンズです。彼は、もともとは優秀な物理学者で、原子爆弾開発のためのマンハッタン・プロジェクト Manhattan Project に参加したという経歴も持っていました。ウィルキンズは有能なロザリンド・フランクリンを研究員として雇いました。しかし、フランクリンとウィルキンズは険悪な関係に陥ってしまい、ウィルキンズはフランクリンが撮影した DNA の X 線写真を無断でワトソンに見せてしまいます。

　ちょうどその頃、すでに大御所であったポーリングもウィルキンズへ手紙を出してデータを見せてほしいと頼んでいます。ウィルキンズは断りましたが、ポーリングはヨーロッパの学会へ出席する予定でしたので、その学会に出席すれば、フランクリンの X 線写真を見る機会ができたはずです。しかし、ポーリングは核拡散に関する平和活動も行っていたため、米国政府から危険人物であるというレッテルを貼られていました。そのために、ポーリングはアメリカ出国を拒否され、フランクリンのデータを見る機会を逸することになります。

　一方、ウィルキンズが当人に無断で持ち出したフランクリンのデータを見たワトソンは、その写真が二重らせん構造を示していることを見抜き、シャルガフ則を考慮しつつ、DNA の二重らせん構造の 3 次元モデルを組み立てました。今見ると子どものおもちゃのような板や棒をつなげて巨大分子のモデルをつくるのですが、この方法はポーリングがはじめて行った画期的なものでした。一方、ポーリング自身は実験データなしで理論的にモデルを組み立てましたが、それは単に誤りであり、生物学的な意義が不明のモデルとなってしまいました。

　1953 年、ワトソンとクリックはその結果を DNA の二重らせん構造モデル double helix model としてまとめ、『ネーチャー *Nature*』に短い論文として発表しました。この DNA の構造の生物学的な意味は誰にでも明らかでした。二本のひもが互いに巻きついたような状態になっている二重らせん構造ですから、情報を維持したまま複製されるのに最適です。塩基 base はこのひもの内側に規則正しく並び、A と T、G と C が互いに水素結合 hydrogen bond をつくることで 2 本のひもが結合しています。この塩基対形成 base-pair formation によってシャルガフ則が説明できます。そして、この塩基がひもに沿ってどのような順序で並んでいるかが遺伝情報を構成するのではないかと誰もが理解しました。ただ、そ

の情報はどのように書き込まれているのか、複製はどのように行われているのか、情報はどのようにして読み出されるのかなど、多くの解くべき問題を提出し、ここに分子生物学が開花することとなります。

　分子生物学は様々な学問分野の融合として生まれたものであるため、分子生物学の誕生の瞬間を歴史的に特定することは難しいことです。分子生物学は遺伝情報という概念を中心に据える学問分野であることを考えると、前述のように、1944年のアベリーの研究を分子生物学元年と設定してもよいでしょう。あるいは、このワトソンとクリックのDNAの分子構造モデルの提唱を分子生物学元年としても大きな誤りではないでしょう。

（9）　DNAの分子構造モデルをめぐる人間模様

　こうして、当時無名のワトソンとクリックは大御所ポーリングを出し抜いて、生物学史上最も重要な発見の一つを成し遂げることとなりました。面白いことに、それを補うかのように、DNAの分子構造が発表された翌年の1954年、ポーリングは化学結合の解明という業績で単独でノーベル化学賞を受賞しました。ワトソンとクリックはウィルキンズとともに、1962年にノーベル生理学医学賞を受賞することになります。さらに、それを補うかのように、同年の1962年にポーリングは単独でノーベル平和賞を受賞することになります。

　一方、この発見にほとんど直接的に貢献したシャルガフは、もう一歩のところでノーベル賞に及びませんでした。また、実際に決定的なデータを得たフランクリンは若くして癌のために亡くなりました。ノーベル賞は故人には与えられないというルールがあります。また、共同受賞は3人までというルールも設定されました。このため、フランクリンは受賞できませんでしたが、もし彼女が生きていたなら、ウィルキンズは受賞の対象とはならなかった可能性も指摘されています。今でも男尊女卑の科学の世界で当時若いユダヤ人女性として働くことは尋常ではなかったことが想像されます。彼女はこの人間ドラマの悲劇の主人公を演じてしまいました。

　そして、誰よりも受賞しなければならなかったのはアベリーでした。この見解には誰も異論の余地はないでしょう。アベリーは核酸が遺伝物質であるという肺

炎双球菌の実験を発表した当時、すでに 67 歳という老齢でした。そして、1955 年に 78 歳で亡くなっています。せめてあと数年生きていたならノーベル賞は確実だったことでしょう。

　DNA の分子構造モデルに至る人間ドラマは、ワトソンが『二重らせん *The Double Helix*』という自叙伝において大々的に公表したためもあって、また、この発見自体が生物学的に非常に重要であったこともあって、多くの人々に知られるようになりました。この人間ドラマは、科学という行為が神聖なものではなく、われわれ人間の泥臭い文化活動であることを如実に示しました。そして、当然ながら、科学者にも様々なタイプの人々が混在しており、様々なスタンスで研究をし、その中でドラマが繰り広げられることを認識させられます。もちろん、科学が好きなことは大前提ですが、科学者として大成した人にもいろいろな考え方を持ったいろいろな性格の人がいるわけです。

　クリックは 1953 年に DNA の分子構造モデルを発表した当時、37 歳でしたが、まだ大学院生で、博士号を持っていませんでした。その後も分子生物学の新しいトレンドをつくることに勢力を注ぎました。最近、亡くなりましたが、晩年は神経科学に力を注ぎました。ワトソンは 1953 年に DNA の分子構造モデルを発表した当時、弱冠 25 歳でした。その後、ワトソンは、研究所の整備やゲノム・プロジェクトなど、生物学の政治的な面に力を注いでいます。ウィルキンズは科学の第一線から退き、科学教育に力を注ぐようになりました。ポーリングは、その後も分子進化 molecular evolution という概念を確立し、新しい分野を開拓しました。また、晩年は分子矯正医学 orthomolecular medicine という概念も提唱し、アスコルビン酸 ascorbic acid（ビタミン C Vitamine C）の研究に力を注ぎました。

（10）　セントラル・ドグマの提唱

　このような研究で、遺伝子の本体が DNA であることが分かりました。そして、DNA の中に遺伝情報が書き込まれており、その情報が読み出されて蛋白質がつくられるのではないかと誰もが考えました。DNA の構造が提唱されて以来、DNA の暗号はどのように書かれているのか、そして、その暗号はどのよう

に読み出されて蛋白質がつくられるのかという問題をめぐって激しい競争が繰り広げられ、瞬く間にその謎は解かれてしまいました。

　このような歴史的背景の中、クリックは、遺伝情報の読み取られ方に関して一つの仮説を提出しました。それが分子生物学の**セントラル・ドグマ**（中心教義）central dogma です。「DNA → RNA →蛋白質という情報の流れ以外には生物において分子情報の流れはない」という言明です。クリック自身が認めているように、これは当初証拠があったわけではなく、クリックが単に「考え方のまとめ」として提案したものにすぎません。また、すぐ後に紹介するオペロン説などを考慮すると、このドグマは誤解を招きやすいことが分かります。しかし、結果的には、このセントラル・ドグマは分子生物学の中心的概念とされることになります。

　このセントラル・ドグマは、当時は現在以上にしばしば過剰解釈され、遺伝子決定論の正当化のために利用されてしまいます。つまり、情報が一方向にしか読み取られないため、生物は生れ落ちた時点で遺伝子により運命がすべて決定されているのではないかという誤解です。生物は自分の遺伝子によってその運命の制約は受けますが、遺伝子が唯一の限定要因でないことは、オペロン説をはじめ、発生生物学や神経生物学の結果を少し考えてみれば明らかです。

　しかし、分子生物学者自身も、この時代にはそのような遺伝子決定論的な思想に陥っていたのではないかと私には感じられます。大腸菌を用いて生物の単一性ばかりを研究していると、そのような危険思想に発展する可能性も否定できません。そして、現在でも、遺伝子さえ分かればすべてが分かると思い込んでいる研究者が多いのではないかと思います。それは非常に古典的な考えであると言わねばなりません。

第7講

遺伝子発現制御──現代生物学のパラダイム

（1） 細胞の独自性と遺伝子発現調節

　われわれの体は様々な種類の細胞 cell から構成されています。神経細胞 neuron のように長い軸索 axon を持つ細胞もあれば、リンパ球 lymphocyte のように細胞質が小さく、単に丸いだけに見える細胞もあります。細胞の機能 function も様々です。これらの細胞は形も機能もまったく違う細胞ですが、もともと一つの受精卵 fertilized egg から発生したものです。そして、少数の例外を除いて、体中の細胞はまったく同じ遺伝子セット（**ゲノム** genome）を持っています。第10講でもう少し詳しく述べますが、動物クローニング技術 animal cloning technology によって、このことは議論の余地なく示されています。また、「少数の例外」は免疫細胞 immune cell に見られますが、それについては第11講に委ねます。

　では、いかにしてこのような違いが生まれてきたのでしょうか。それは、還元論的に言えば、その細胞がどの遺伝子の情報を読み出しているかによります。つまり、持っている情報源は同じでも、どの部分をどの程度読み出すかによってそれぞれの細胞はユニークなものになるのです。これは、**遺伝子発現制御** gene expression regulation の問題として知られています。

　遺伝子から遺伝情報が読まれるしくみはセントラル・ドグマ central dogma としてまとめられましたが、遺伝子そのものだけではなく、その調節こそが生理的には重要であることは明らかです。つまり、いつどのような条件においてどの遺伝子が読み出されるかという問題です。これまで見てきた分子生物学的見解は、このような細胞の独自性については何も答えてくれません。

ヒトをはじめとした多細胞生物は、多くの**分化** differentiation した細胞から成り立っています。それらの細胞は外見や機能はまったく異なっていても、同一個体の体細胞ならば、少数の例外を除いてまったく同一の遺伝子セットを持っています。細胞の外見や機能の違いは「発現されている遺伝子の種類の違い」にあると考えられます。どのセットの遺伝子を発現させるかによって、その細胞の種類——つまりアイデンティティー——が決まるのです。このような発生過程の分化運命決定機構は、現在、精力的に研究されている分野ですが、これも、遺伝子発現調節のパラダイムのもとに行われているわけです。

このような遺伝子発現調節の問題は、ジャコブとモノーの**オペロン説** operon theory 以来生物学者を魅了してきました。それは生物の根源的な営みであると考えられるからです。オペロン説の枠組みは大腸菌 colon bacterium でつくられましたが、現在ではヒトをはじめとした真核細胞にも拡張され、様々な細胞における様々な遺伝子の発現調節機構が明らかとなっています。

彼らが提唱したオペロン説は、その後の分子生物学研究のパラダイムをつくり上げました。それは構造生物学的視点ではなく、遺伝子の機能を重視した考え方だと言えます。環境の変化に対応して遺伝子を調節するという分子レベルの「生物らしさ」は、遺伝子発現調節というパラダイムとして提出され、それは現在でも健在です。

実際、分子生物学者の中にはこのジャコブとモノーの考え方を研究の出発点とする人々が多くいます。1987年にノーベル生理学医学賞を受賞した利根川進もその一人です。そして、2004年度のノーベル生理学医学賞を受賞したバックとアクセルによる匂い受容体 odorant receptor の発見もその延長線上に位置づけられると考えてよいでしょう。

ちなみに、モノーは遺伝子発現調節の哲学的意味を解説した『偶然と必然 *Chance and Necessity*』を著し、ベストセラーになりました。生物は、必然的にこうなるべきであるという要因と偶発的な要因の織り成す進化の結果として存在することが、モノーの哲学とともに述べられています。現在の生物学者の基本的な考え方も、知らず知らずのうちに、この本に大きく影響されています。

分子生物学の基本的な問題が大腸菌において解き明かされたとき、分子生物学は終わったと言われました。確かに、生命に普遍的な現象を探求する分子生物学

はそこで終わったと言ってもよいかもしれません。しかし、生物学者は真核生物 eukaryote、多細胞生物 multicellular organism へと駒を進めることになります。それは古典的な分子生物学の終わりであり、新しい分子生物学のスタートとなりました。

（2） オペロン説——遺伝子発現調節のパラダイム

多少でも分子生物学的方法を用いている研究室において日常的に使用されている生物、それが大腸菌です。大腸菌は、われわれの腸の中に住んでいる細菌です。稀に食中毒の原因となることもありますが、実験に使われる大腸菌には毒性はありません。オペロン説は、大腸菌の遺伝学的実験をもとに打ち立てられました。その内容の細部には多くの修正が必要でしたが、基本的な枠組みは現在でも正しいばかりか、すべての細胞において成り立つと言っても過言ではありません。

大腸菌がグルコース glucose の多い環境に置かれた場合、大腸菌はたとえほかにエネルギー源となる物質があったとしても、グルコースを最大限に利用するように遺伝子発現を調節します。たとえば、大腸菌をグルコースとラクトース lactose を混ぜた培地で培養すると、大腸菌はラクトースにはまったく目を向けず、グルコースばかりを消費します。ところが、ラクトースのみが存在する環境下においては、まったく別の遺伝子群を発現します。これは、エネルギーを得る効率がグルコースの方が高いため、グルコースが優先的に使用されるためです。環境の変化に応じて必要なときに必要な遺伝子を発現させ、別の遺伝子の発現を抑制するのです。これが**遺伝子スイッチ** genetic switch の概念です。

ジャコブとモノーは、大腸菌においては、ある特定の代謝経路に必要な関連蛋白質の遺伝子群は、ゲノム上で近接した位置にまとまって**オペロン** operon として存在しているという説を立てました。これが**オペロン説** operon theory です。オペロン説が提案された当時は、オペロンの DNA 配列が知られていたわけではなく、「モノ」としてオペロンが同定されていたわけでもありませんから、これは「説」となっているわけですが、現在ではその正当性はゆるぎないものになっています。

オペロン説の要点は、DNA には蛋白質をコードする「**構造遺伝子** structural

gene」ばかりでなく、構造遺伝子のスイッチとして働く部位およびそのスイッチ部位に結合して構造遺伝子の発現を調節する「**調節遺伝子** regulatory gene」が存在することです（図 7-1）。調節遺伝子の産物は、**リプレッサー** repressor と呼ばれる蛋白質です。「リプレス repress」という英語は抑制するという意味ですから、まさに転写を抑制する蛋白質という意味です。このリプレッサーが、構造遺伝子の特定の部位に結合することで、**RNA ポリメラーゼ** RNA polymerase による**転写** transcription が物理的に阻害されます。

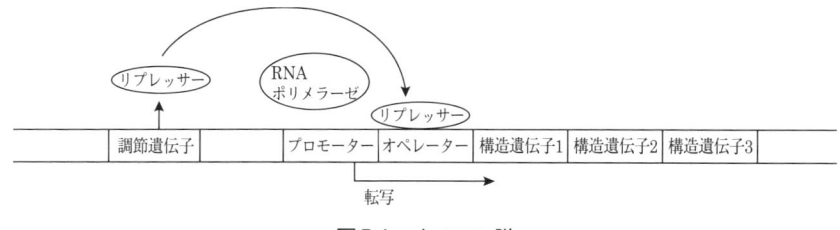

図 7-1　オペロン説

　RNA ポリメラーゼは転写反応を行う酵素です。つまり、DNA から RNA を合成する酵素です。その合成開始点は、DNA の配列に指定されています。つまり、RNA ポリメラーゼは DNA の配列を特異的に認識して結合するのです。このように、RNA ポリメラーゼが認識する DNA 結合部位を**プロモーター** promoter と呼びます。「プロモート promote」という英語は促進するという意味ですから、転写を促進する配列、それがまさにプロモーターというわけです。

　RNA ポリメラーゼがプロモーターに結合すると、原核生物の場合は（真核生物の場合はもっと複雑ですが）基本的には速やかにに転写が開始されます。図では普通、遺伝子の左側上流にプロモーターが描かれ、RNA ポリメラーゼは右側へ向かって DNA 上をスキャンするように走っていきながら RNA を合成します（図 6-3）。ただし、以下で説明するラクトース・オペロン lactose operon では、効率よく転写を行うには転写を活性化する因子の助けが必要です。

　一般的なオペロンでは、プロモーターと構造遺伝子の間に**オペレーター** operator という DNA 配列が存在します。もっと厳密に言うと、プロモーター配列とオペレーター配列は多少重複しており、オペレーター部位にリプレッサー蛋

白質が結合すると、RNAポリメラーゼはプロモーター部位に結合することができなくなります。物理的な障害のためです。これが、遺伝子がオフの状態です。ここで調節されている遺伝子群（転写単位）を総体としてオペロン operon と呼びます。「オペレート operate」という英語は「操作する」という意味ですから、まさに、この部分へのリプレッサーの結合の有無によって転写が操作されるわけです。

　細菌（原核生物）のオペロンには機能的に関連している構造遺伝子が数個並んでいることが多く（だからこそ有機的なオペロンとなりうるのですが）、1本のmRNAの鎖に同時に数個の構造遺伝子が転写されます。面白いことに、原核生物には核膜がありませんから、転写中のmRNAにはすぐにリボソームが結合し、転写が終了する前に**翻訳** translation が開始されます。真核生物ではそのようなことはなく、mRNAは核外に出て、**リボソーム** ribosome と結合し、翻訳が開始されます。

　まとめると、リプレッサーがオペレーターに結合（あるいはそこから解離）することによって、転写酵素RNAポリメラーゼの活性が調節され、結果としてmRNA合成率が調節されるのです。これが、転写調節の基礎です。mRNAは寿命が短いため、特に細菌では、環境の変化などに迅速に対応して遺伝子の発現調節を行うことができます。mRNAは化学的にも不安定ですから、寿命の短い分子を蛋白質生産の中間体として用いることは、遺伝子発現調節という視点から意味のあることでしょう。寿命が長すぎると、細胞内は同一の蛋白質分子で埋め尽くされてしまうでしょうから。

　余談ですが、リプレッサーという分子は、ジャコブとモノーによって存在が予言されてはいましたが、その当時はまだ同定されてはいませんでした。ジャコブとモノーはリプレッサーがRNAではないかと推測していました。実際に同定されてみると、リプレッサーは特定の遺伝子配列に結合することでその遺伝子の転写を阻害する蛋白質でした。その後、数十年にわたり、遺伝子調節因子はすべて蛋白質だと思われてきましたが、近年、siRNA（small interferingRNA）やmiRNA（microRNA）と呼ばれる非常に小さなRNAが遺伝子発現を調節していることが判明してきました。ジャコブとモノーの推測は完全には誤りではなかったのです。これらの小さなRNAが遺伝子発現調節に重要な役割を果たしているという発見には、近い将来、ノーベル賞が授与されることは間違いありませ

ん。(実際、その発見者であるファイアとメロは2006年のノーベル生理学医学賞を受賞しました。)

(3) ラクトース・オペロンのしくみ

では、グルコースからラクトースへの栄養源の変換は、遺伝子発現調節レベルでは具体的にどのように行われているのでしょうか。ラクトース・オペロン lactose operon を見ていきましょう (図7-2)。

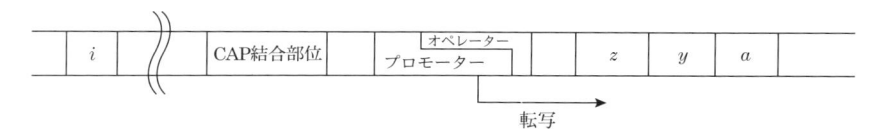

| i | 〜〜 | CAP結合部位 | プロモーター / オペレーター | | z | y | a | |

転写 →

図7-2 ラクトース・オペロンの構造

ラクトース・オペロンの構造遺伝子 (この場合、ラクトース代謝に関連する遺伝子) は3種類あります。それらは、z遺伝子、y遺伝子、a遺伝子と呼ばれている遺伝子です。これらの遺伝子は、それぞれβ-ガラクトシダーゼ beta-galactosidase、パーミアーゼ permease、アセチラーゼ acetylase をコードしています。これらの遺伝子はゲノム上で一列に並んでおり、ひとまとめの mRNA として転写されます。β-ガラクトシダーゼはラクトース lactose をガラクトース galactose に分解する酵素ですから、ラクトース代謝に必須です。他の二つの遺伝子の機能は必ずしも明確ではありませんが、ラクトース代謝に関わっていると考えられています。ちなみに、β-ガラクトシダーゼは組換え DNA 技術において、マーカー遺伝子 marker gene として用いられてきました。これについては第14講で触れたいと思います。

さらに、これらの遺伝子の上流には、まったく別に転写が制御されているi遺伝子が存在します。この遺伝子がリプレッサーをコードしているのです。このリプレッサーは、構造遺伝子群のすぐ上流部分のDNA配列に特異的に結合します。そのDNA領域がオペレーターです。さらに、プロモーターの上流には、cAMP (サイクリック・エー・エム・ピー) への結合部位を持つ蛋白質であるキャップ

CAP（catabolite activator protein）が結合する部位があります。この CAP 蛋白質は**転写活性化因子** transcriptional activator として知られており、リプレッサーの反対の機能を持ちます。つまり、この蛋白質は RNA ポリメラーゼの活性を補助するのです。

　このようなセッティングを頭に入れて、このオペロンがどのような仕掛けになっているのか見ていきましょう。グルコースのみが培養液中に豊富にある環境では、オペレーター部位にリプレッサーが結合した状態になっています（図7-3）。この状態では、RNA ポリメラーゼはプロモーターに結合できませんから、転写は起こりません。また、この状態では、CAP 蛋白質もその結合部位には結合していません。CAP 蛋白質が DNA の結合部位に結合できるようになるためには、cAMP が必要だからです。cAMP はグルコースが存在する状態では細胞内に生産されません。

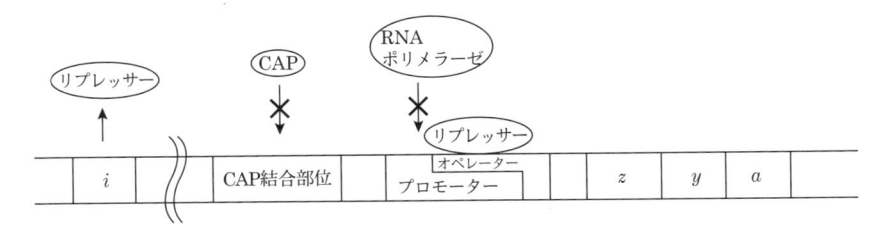

図 7-3　ラクトース・オペロンの機能（グルコースが存在するとき）

　そこで、この細菌を急にラクトースのみの培地に移し換えてみましょう（図7-4）。グルコースがない状態では、細胞内の cAMP 濃度が高まります。この cAMP という分子は、真核生物においても細胞内メッセンジャーとして使用される分子です。グルコース欠如のシグナルとして生産された cAMP は CAP 蛋白質に結合します。CAP 蛋白質は**アロステリック蛋白質** allosteric protein で、cAMP が結合するとその立体構造を変化させ、ラクトース・オペロンの CAP 結合部位に結合できるようになります。これによって、RNA ポリメラーゼの転写が促進される状態になります。一方、リプレッサー蛋白質もアロステリック蛋白質です。ラクトースは細胞内でアロラクトース allolactose に変換され、このアロラクトースがリプレッサーに結合します。すると、リプレッサーは立体構造変

166 第3部 情報分子の働き

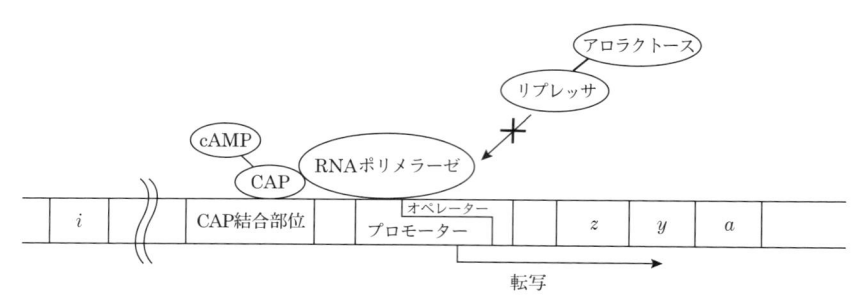

図7-4 ラクトース・オペロンの機能（ラクトースだけのとき）

化を起こし、オペレーター部位から解離していきます。ここに、RNAポリメラーゼがラクトース代謝の構造遺伝子群を転写する条件が整えられたことになります。

　構造遺伝子群は、上記のように、リプレッサーおよびCAPによって調節されていることが分かりました。ここで疑問が生じます。リプレッサーとCAPも蛋白質ですから、それらの遺伝子の発現は、一体、何によって調節されているのだろうかと。調節蛋白質の遺伝子発現の調節に別の調節蛋白質の遺伝子が必要だとしたら、ゲノムは無限に大きくなってしまいます。しかし、実際にはゲノムは有限です。その答えは、調節遺伝子は自分の転写を**自己調節** autoregulation しているからです。つまり、自己の遺伝子産物が自己の遺伝子のオペレーターに結合し、自己の転写活性を調節しているのです。

（4）　大腸菌とファージ

　ラクトース・オペロンに加えて、もう一つ、大腸菌における遺伝子調節の例をあげたいと思います。正確には、大腸菌内でのウイルス virus の遺伝子の発現調節です。

　ウイルスとは何か、ご存知でしょうか。ウイルスは細胞への分子寄生体です。ウイルスは多くの場合、DNAと蛋白質からなる粒子で、結晶化させることもできます。その意味で、ウイルスは「モノ」ですが、その増殖には生きた細胞が必要となります。ウイルスには生命があるのかという哲学的議論が盛んに行われた

ことがありますが、その問いかけに対して科学では答えられません。しばしば、生命と物質の中間体であると言われます。ウイルスには明らかに生命はありませんが、生命体に寄生することで増殖することができます。一般に病気の原因だと考えられていますが、ウイルスのうちでも病原性を示すものは一部に限られていると思われます。

　ヒトに感染するウイルスではインフルエンザ・ウイルス influenza virus やアデノウイルス adenovirus が有名ですが、大腸菌にとりつくウイルスもいます。一般にそれを**ファージ** phage と呼んでいます。ファージはウイルスですから、蛋白質と DNA だけから構成されている物体です。分子の大きさから見ると非常に大きな巨大分子集合体ですが、細胞の大きさから見ると非常に小さな物体です。ウイルスは DNA として自己の遺伝情報を持っていますので、ウイルスという最も単純な「半生命体」と「真正生命体」である細胞との関わりを研究することで、生命の根本原理が理解できるはずだと分子生物学の創始者たちは考えたのでした。そして、その目論見は見事に的中し、分子生物学は大きく進歩しました。中でも、**λ（ラムダ）ファージ** lambda phage の生活環の分子レベルでの解明は、遺伝子発現調節の研究に大きなインパクトを与えました。

　λファージは、大腸菌の表面に偶然にたどり着くと、その DNA を大腸菌に注入します。DNA を包んでいた蛋白質の殻 coat は大腸菌の内部には入りません。蛋白質でなく、DNA のみが遺伝情報だからです。注入された DNA は最初は直鎖状 linear をしていますが、両端がくっついて環状 circular になります。その後、大腸菌内の分子環境次第で**溶菌サイクル** lytic cycle あるいは**溶原サイクル** lysogenic cycle のどちらか一方の生活環に入ります。

　溶菌サイクルでは、λファージの DNA が複製され、λの蛋白質も多くつくられます。その DNA は蛋白質に包まれ、ついには大腸菌内はファージで一杯になります。ファージが DNA を注入してからわずか 45 分ほどで、大腸菌は溶菌されるのです。100 個ほどの新しいファージが放出されます。「生きのよい」大腸菌にλファージがとりついた場合、溶菌サイクルが実行されます。

　一方、このような溶菌サイクルと対照的なのが溶原サイクルです。溶原サイクルでは、注入されたλ DNA は大腸菌 DNA の特定の部位と部位特異的 DNA 組換えを起こし、λ DNA は大腸菌 DNA 内に挿入されてしまいます。あまり元気

のない大腸菌の場合は、とりあえずじっとしておこうというストラテジーです。これでは、λDNAはまるで大腸菌DNAそのもののようになってしまいます。大腸菌には自分のDNAとλのDNAとの区別がつきませんから、細胞分裂の際にはλDNAも含めてすべてのDNAを複製してしまいます。つまり、λファージは宿主の大腸菌が増殖すれば、受動的に増えていくわけですね。

　ところが、溶原サイクルにも不利な点があります。自己の運命がほとんど大腸菌に任せられているという点です。大腸菌が死ねば、一緒に運命を共にしなければなりません。驚くべきことに、ファージはその対策をちゃんと持ち合わせているのです。大腸菌が紫外線照射などのストレスにさらされると、ファージは大腸菌存命の危機を「感じ取って」、溶菌サイクルに切り替えるのです。大腸菌が死んでしまう前に、自分たちだけは生き残ろうと言わんばかりではありませんか。

　パリのパスツール研究所のルウォフ、ジャコブ、モノーは、このようなλファージの生活環の切り換えが遺伝子発現調節の結果として起こることを見抜きました。まったく同じ遺伝子セットを持っていても、溶原または溶菌というまったく異なった運命をたどることができるわけですから、これは、多細胞生物の細胞がまったく同じ遺伝子セットを持っているにもかかわらず、まったく異なった機能や形態を持つ細胞へと分化していることと、基本的には同義であることを見抜きました。当初は多細胞生物を相手にするツールはまったく整っていませんでしたから、この最もシンプルな遺伝子発現制御系を集中的に研究することは、大変意義のあることだったのです。

（5）　λファージのオペロンの構造

　溶原性を維持している状態で、λファージは、実は完全に眠っているわけではありません。ある1つの遺伝子だけを発現しているのです。それがリプレッサー遺伝子です。λファージのリプレッサーは、溶菌サイクルに入る一連の遺伝子発現を抑制している分子です。一方、それと対峙している分子にCro（クロ）があります。クロはrepressorとoperatorをcontrolしているという意味で名づけられました。

　ここで、もう一度、言葉を定義しておきましょう。プロモーターとは、RNA

ポリメラーゼが結合し、転写を開始するDNA部位のことを指します。プロモーターとは「促進するもの」という意味ですから、転写のプロモーターのことですね。次に、オペレーターと呼ばれるDNA部位があります。オペレーターとは、ここでは「コントローラー」という意味に近いですね。「操作するもの」という感じです。転写因子のDNA結合部位のことです。ここでは、転写を調整するリプレッサーおよびCroの結合部位を指します。遺伝子発現制御のスイッチ「遺伝子スイッチ」のDNA部位は、このオペレーターとプロモーターで構成されています（図7-5）。

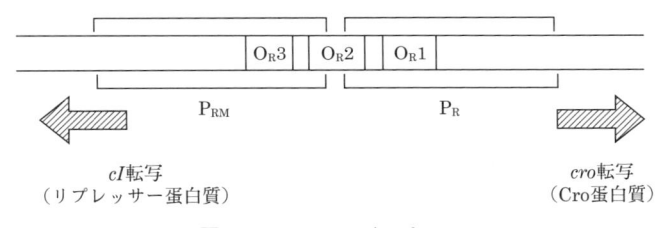

図7-5　λファージ・オペロン

ここで、プロモーターとオペレーターが多少重なり合っているという事実が重要です。λファージのオペレーターは3個の部位に分かれており、近接したO_R1、O_R2、O_R3から構成されています。2種類のプロモーター（右側方向へのcro遺伝子のプロモータP_Rと左側方向へのリプレッサー遺伝子のプロモーターP_{RM}）は近接しており、オペレーター部位に覆いかぶさる形で存在しています。このようなスイッチの構成ですので、右のプロモーターにRNAポリメラーゼが結合して転写が開始されるとCroがつくられ、溶菌サイクルがはじまります。一方、左側のプロモーターにRNAポリメラーゼが結合して転写が開始されると、cI遺伝子からリプレッサーがつくられ、溶原サイクルになります。この二つのプロモーターが同時に活性化してCroとリプレッサーが同時にできてしまうことがないように、このスイッチは構成されているのです。

このようなスイッチの構成を頭に入れて、どのようにして溶原か溶菌かが決まるのか、説明してみましょう。経路の決定には、経路決定蛋白質の遺伝子cIIが関与しています。cIIの産物であるCII蛋白質も転写因子です。この転写因子が

活性化されれば、リプレッサーが転写され、溶原化が確立されます。一方、この転写因子が分解されてしまえば、Cro 蛋白質が合成され、溶菌化が確立されるわけです。

この CII 蛋白質は不安定であり、実は細菌の「生きのよさ」のセンサーとして働いているのです。CII 蛋白質は細菌のプロテアーゼの基質として働きます。細菌のプロテアーゼは細菌の生きのよさを反映している分子です。細菌が多くの栄養源を取り入れている状態であれば、その細菌はプロテアーゼによって活発に蛋白質を分解していることでしょう。そのとき「誤って」ファージの CII も分解してしまいます。すると、ファージは、この大腸菌は生きがよいと「判断」し、溶菌サイクルになります。つまり、宿主の大腸菌はファージ粒子を 100 個ほど生産する能力があるというわけです。

一方、とりついた大腸菌が飢餓状態であれば、CII は分解されず、リプレッサーが合成され、溶原サイクルに入ります。つまり、その大腸菌は代謝活性が低く、溶菌サイクルを完遂するには効率が悪いと「判断される」わけです。

（6） リプレッサー蛋白質と Cro の発現調節

リプレッサー蛋白質がつくられると、それは二量体 dimer として一番右のオペレーターに結合します。すると、右方向のプロモーター部位の一部が物理的に覆われてしまい、RNA ポリメラーゼが右側のプロモーターに結合することは不可能になってしまいます（図 7-6）。一方、左側のプロモーターには RNA ポリメラーゼが結合できる状態となっており、リプレッサー遺伝子から蛋白質がつくられます。さらに、第二のオペレーターにもリプレッサーが協調的に結合することにより、右側のプロモーターの阻害はより確実になります。

一方、もし、Cro が少しでも存在すれば、Cro は左側のオペレーターに結合します。すると、左側への RNA ポリメラーゼの結合は物理的に不可能になります。しかし、λ リプレッサーが存在しなければ右側のプロモーターへの RNA ポリメラーゼの結合は可能であり、Cro の転写が更新されます。こうして、Cro の濃度が上がると、真ん中、さらには、右側のプロモーターに結合し、自己の転写を抑制します。

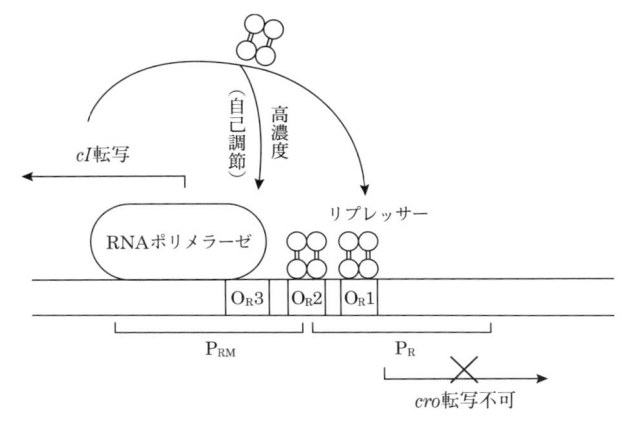

第7講 遺伝子発現制御——現代生物学のパラダイム　171

図7-6　λファージ・オペロンにおけるリプレッサーの機能

　そこで、大腸菌に紫外線が照射された場合、どうなるか考えてみましょう（図7-7）。紫外線が照射されると、大腸菌のDNAに損傷が生じます。すると、DNAの損傷部分に結合して活性化される蛋白質があります。RecAです。Recというのは組換えrecombinationの「rec」で、組換え関連酵素です。RecAは大変不思議な蛋白質で、活性化されるとプロテアーゼとして働くようになります。それは大腸菌の生存にとって大変意味のあることなのですが、それは後述します。このRecAがDNAの損傷を検出して活性化されると、プロテアーゼとなり、リプレッサーが真っ二つに切断されるのです。するとどうなるでしょうか。リプレッサー蛋白質はDNAのオペレーター部位に結合できなくなってしまいます。すると、右側のプロモーター領域が空き、RNAポリメラーゼがそこに結合できるようになります。そこで、右側方向への転写が起こり、Croがつくられ、溶菌サイクルが始まるわけです。これは、DNA損傷によって大腸菌が死んでしまう前に、自分だけは生き残ろうという戦略そのものですね。

　このように、RecAという大腸菌の蛋白質を巧みに利用して、λファージは溶原サイクルから溶菌サイクルへ転換すべき時期をうまく感知しているのです。けれども、このRecAはλファージのために存在するわけではありません。RecAは大腸菌の生存にとって重要な役割を果たしているのです。RecAが活性化されたときに切断すべき相手は、本当はλリプレッサーではなく、LexAという大腸

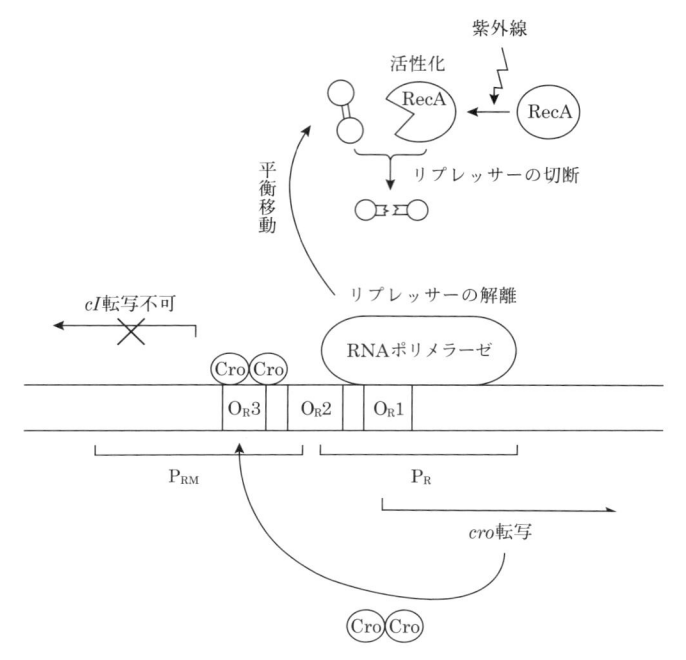

図7-7 λファージ・オペロンにおけるRecAとCroの機能

菌の蛋白質です。λファージのリプレッサーは、LexAの立体構造をまねすることによってRecAの基質となっています。これは**分子擬態** molecular mimicryの一種だと考えてよいでしょう。

LexAは大腸菌のリプレッサー蛋白質の一種です。LexAは紫外線照射の損傷から大腸菌を守るように働く遺伝子群、*umuC*、*uvrA*、*uvrB*などの発現を抑制しているリプレッサー分子なのです。RecAの活性化によってLexAが切断されると、これら一群の遺伝子群の転写が開始されるのです。λファージは、このシステムをうまく利用して溶菌サイクルへの転換シグナルとして使っているのです。

(7) 真核生物の転写調節

ここからは、真核生物の遺伝子発現について考えていきましょう。真核生物で

も、基本的には原核生物と同様にRNAポリメラーゼの活性を調節することによって転写レベルの遺伝子発現制御が行われますが、重要な違いもいくつか見られます。

真核細胞の場合、RNAポリメラーゼは自分自身で転写を開始することはできず、転写の開始にはいわゆる**転写因子** transcription factor とよばれる一群の蛋白質が必要となります。

真核生物では、1個の構造遺伝子は1本のmRNAに転写されます。オペロンを構成するいくつかの遺伝子が1本のmRNAとして連続して転写されることはありません。つまり、真核生物では原核生物のようなオペロンは構成されていないということです。

真核生物のゲノムには、蛋白質の合成には関与していない、多くの「無駄な配列」があり、その中に意味のある配列が時々存在します。そればかりではなく、真核生物の場合は、一般に、遺伝子自体も分断された状態で存在しています。蛋白質をコードする部分を**エキソン** exon、その間のしばしば長い「無意味な」配列を**イントロン** intron と呼びます。真核生物の場合、RNAポリメラーゼはエキソンだけでなく、イントロンも含めて転写し、その後に適切な場所でイントロンを切り出してエキソンのみをつなぎ合わせるという芸当を行わなければなりません。この過程を**スプライシング** splicing と呼びます。原核生物のゲノムは、これと対照的に、無駄なく遺伝子が敷き詰められています。遺伝子と遺伝子の間隙も最小限ですし、遺伝子がイントロンによって分断されていることはありません。そのほうが、急激な成長を生存戦略としている細菌にとっては、分裂時のDNA複製にかかるエネルギーが最小で済みます。

さらに、真核生物では、構造遺伝子のすぐ5'上流域だけに調節領域があるとは限らず、**エンハンサー** enhancer や**サイレンサー** silencer と呼ばれるDNA領域が、調節される遺伝子から数10 kbも離れた場所に存在することも稀ではありません。そのため、大規模なDNAのベンディング bending やルーピング looping が起こっていると想像されています。さらには、別の染色体上の調節領域が作用することさえあります。そればかりではなく、最近では、遺伝子発現調節には蛋白質のほかにも、siRNA（small interfering RNA）やmiRNA（micro RNA）と呼ばれる特殊な小さなRNA分子も関与することが明らかになってきました。

(8) 光受容体遺伝子の発現調節

そのようなことに注意して、光受容体の遺伝子発現について見てみましょう。光は眼の中の網膜で感知されます。哺乳類の網膜には、細胞の形態から大きく分けて2種類の光受容細胞が存在します。**桿体細胞** rod cell と**錐体細胞** cone cell です。前者は明暗、後者は色彩の認知に関わります。

これらの細胞には光を受け取る分子として**オプシン** opsin と呼ばれる**受容体** receptor が発現しています。桿体細胞には1種類のオプシンが存在します。個々の錐体細胞には3種類のオプシン――ブルー・ピグメント blue pigment、グリーン・ピグメント green pigment、レッド・ピグメント red pigment ――のうち1種類のみが発現されています。では、どのようにして錐体細胞は3種類のうちから1種類だけを選び出すのでしょうか。

ヒトのグリーン・ピグメントとレッド・ピグメントは染色体上で隣り合わせに存在し、遺伝子配列も極めて類似しています。そのため、グリーンとレッドは3 kb ほど上流に存在する LCR（locus control region）から転写活性の調節を受けています。この LCR 領域は生物種間で高度に保存されており、欠損するとグリーンとレッドは両方とも発現しなくなります。それに対して、ブルー・ピグメントはまったく異なった染色体上に存在し、配列もかなり異なるため、この LCR が欠損しても発現はまったく影響を受けません。余談ですが、グロビン（ヘモグロビンの蛋白質部分）遺伝子群も、個体発生に伴う生理的要求の変化に伴って適切なものが発現できるように、LCR による調節を受けていることが知られています。

そのような研究に基づいて、「グリーンかレッドか」という発現調節のモデルが提唱されました（図 7-8）。LCR がレッドのプロモーターに作用するときには、その間に横たわる長い DNA をループとして突き出す格好になります。つまり、LCR とプロモーターが物理的に隣接したときにはじめてレッドが転写されます。ところが、グリーンはレッドの下流に存在するため、ループの長さが少し長くなるとレッドはループの一部としてはみ出した状態になってしまいます。そして、LCR とグリーンの（レッドではなく）プロモーターが物理的に隣接すると、グ

図中:
レッド遺伝子発現　活性化　mRNA
LCR｜プロモーター｜レッド｜プロモーター｜グリーン

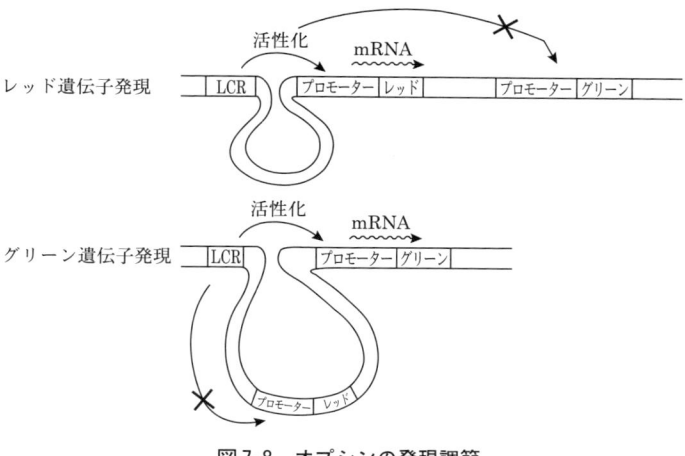

グリーン遺伝子発現　活性化　mRNA
LCR｜プロモーター｜グリーン
プロモーター｜レッド

図 7-8　オプシンの発現調節

リーンが発現されるのです。レッドとグリーンのどちらを発現するか（つまり、どれくらいの長さのループが形成されるか）はランダムであるとされています。

　ブルー・ピグメントの発現との関係は、リガンドによって活性化される転写因子である甲状腺ホルモン受容体 thyroid hormone receptor の役割から研究されています。マウスでは、甲状腺ホルモン受容体がノックアウトされると錐体細胞はブルー・ピグメントを自動的に発現してしまいます。この受容体からのシグナルがない場合は「ブルー」と運命づけられているのです。つまり、レッドかグリーンを発現するためには、甲状腺ホルモン受容体の活性化が必要です。実際に、3種類のピグメントは網膜上の錐体細胞にランダムに発現されているわけではありません。発現頻度に勾配 gradient があります。この勾配の形成にホルモンの勾配が働くというわけです。

（9）　匂い受容体遺伝子の発現制御

　匂い物質の受容の分子的基盤を与える匂い受容体の発見は1991年のことです。匂い受容体は鼻の中の嗅神経細胞に発現されています。蛋白質としては、前述の光受容体と同じく七回膜貫通型、つまり、G蛋白質共役受容体 G-protein-coupled receptor です。このことについては第9講で説明しますから、とりあえ

ずは気にとめなくて結構です。匂い受容体の遺伝子はマウスなどの哺乳類では、約1000種類ほど存在することが分かっています。少なくとも現在までに知られているうちでは最大の遺伝子ファミリー gene family です。

匂いの識別の問題として、ある1個の嗅神経細胞が何種類の匂い受容体を発現しているかが重要となってきます。ある1個の嗅神経細胞がある1種類の受容体のみに発現していれば、匂いの識別は容易でしょう。実際、哺乳類では、1個の嗅神経細胞は1種類の匂い受容体遺伝子だけを発現していることが分子生物学的における研究から分かっています。もし匂い受容体遺伝子がちょうど1000種類ゲノムに存在するとしたら、そのうちの1個の遺伝子のみが発現され、残りの999個の遺伝子の発現は厳しく抑制されていることになります。1000種類の匂い受容体遺伝子は様々な染色体の様々な場所にばらばらに存在していますから、このばらばらな1000種類から1種類だけを選び出すことは至難の業のように思われます。少なくとも、これまでに知られている遺伝子発現調節のメカニズムだけでは、説明できません。

この発現の制限は少なくとも哺乳類の嗅覚系ではかなり厳しく制御されています。通常、1個の細胞の中には、同じあるいは類似の遺伝子が2個ずつ存在します。これを対立遺伝子 allele と呼びます。嗅神経細胞では対立遺伝子でもそのうちの片方しか発現していません。もう片方は発現が抑制されているのです。これを**対立遺伝子排除** allelic exclusion（対立遺伝子阻害 allelic inactivation）と呼びます。つまり、嗅神経細胞は、1000種類の遺伝子から1種類を選び出して発現しているのではなく、対立遺伝子を含めて2000種類から1種類を選び出して発現しているのです。

このように、嗅神経細胞が1種類の匂い受容体の発現にこだわっていることは確かです。それは匂い物質の認識のために必須のことですが、その分子的メカニズムは現在のところ完全には解明されていません。匂い受容体の遺伝子発現を特異的に直接コントロールする転写因子は知られていません。けれども、ゲノム上の特定の転写調節領域が、様々な染色体上に存在する匂い受容体の発現を同時に制御していることが、最近分かりました。現在、多くの研究者がこの謎に取り組んでいます。

第8講

蛋白質の構造と活性の制御

（1） 蛋白質は生命のマジック・マシーン

　第7講で紹介したオペロン operon の全貌は、遺伝子発現調節の巧妙さを如実に示しています。たとえば、ラクトース・オペロンにおいては、ゲノム上にオペロンを構成する DNA 結合部位であるプロモーター promoter、オペレーター operator、CAP 結合部位 CAP binding site が巧みに配置されていることには驚かされてしまいます。それらの位置関係が狂ってしまったら、発現調節が不能となってしまいますから、DNA 配列そのものの重要性はいくら強調しても強調しすぎることはありません。

　DNA としての遺伝子スイッチの構成も重要ですが、遺伝子発現調節の真髄は DNA だけにあるのではありません。たとえば、リプレッサー蛋白質 repressor protein がオペレーターにいつまでも結合していては、永遠に遺伝子はオンになりません。状況に応じて遺伝子をオンにする必要があります。リプレッサー蛋白質のオペレーターへの親和性 affinity は、アロステリック allosteric に調節されていることをすでに指摘しました。リプレッサー蛋白質はアロラクトース allolactose と結合すると劇的にその3次元構造 three-dimensional structure を変化させるとともに、親和性を変化させるのです。

　これこそが分子スイッチですね。オペロンの DNA 配列自体は素晴らしいですが、DNA はあくまでも静的な存在です。動的にスイッチを駆動するのは蛋白質です。化学反応を触媒するのが酵素 enzyme という蛋白質であることから分かるように、生物内での分子レベルの動きは、蛋白質を中心に行われているのです。蛋白質は生命のマジック・マシーンなのです。本講では、蛋白質の構造

structureと機能functionおよびその調節regulationのメカニズムについて見ていきましょう。

　最近は遺伝子やDNAという言葉も一般に使用されるようになってきました。遺伝子やDNAという言葉に何か神秘性すら感じる人も多いのではないかと思います。一方、蛋白質という言葉はどうでしょうか。蛋白質という言葉自体は栄養学nutritionの話として、誰もが聞いたことがあるかと思います。肉や卵に代表される栄養源としての「蛋白質」です。肉は筋肉muscleを構成するアクチンactinやミオシンmyosin、卵ではアルブミンalbuminといった特定の蛋白質分子の集合体です。栄養源として馴染み深い蛋白質が、実は分子レベルでは生命のマジック・マシーンであると説明しても、すぐには納得してもらえないかもしれません。蛋白質という言葉から、ある種の偏見を拭い去るためには、ある程度の発想の転換が必要のようです。生物はほとんど蛋白質の機械であるという話は、栄養学の世界から抜け出さないと少し奇妙に聞こえるかもしれませんね。

　DNAは、それ自体は非常に静的な存在です。遺伝情報を蓄積しておく媒体ですから、化学的に安定で、できるだけ不要な変化が起こらない分子であるのは当然のことです。DNAに書かれた情報を読み出すのは蛋白質の仕事です。DNAを複製するのも蛋白質の仕事です。生体内の代謝機能を維持するための酵素も蛋白質です。膜を貫通する形で存在する受容体receptorやイオン・ポンプion pump、イオン・チャネルion channelも蛋白質です。細胞内の情報伝達signal transductionを取り次ぐのも、ほとんどが蛋白質です。生体に重要な機能はほぼすべて蛋白質が行っているといっても過言ではありません。細胞の形を維持する細胞骨格cytoskeletonも蛋白質です。蛋白質は「何でもできる」マジック・マシーンと考えても、あながち誤りではありません。実際、細胞はこのマジック・マシーンで満たされています。水を除けば、細胞重量のほとんどは蛋白質です。

　その神秘の源泉は、蛋白質の構造にあることは、すでに第3講と第6講で述べたとおりです。蛋白質の構造はかなり直接的にその機能の現れとして考えることができます。このような構造と機能の関わり方を研究することが、蛋白質科学のパラダイムとなっています。

（2） 蛋白質の構成単位としてのアミノ酸

蛋白質の構成単位は**アミノ酸** amino acid です。蛋白質はアミノ酸が**ペプチド結合** peptide bond でつながったひもであることは、第3講で説明しました。生体蛋白質を構成するアミノ酸は20種類あります。アミノ酸20種類には、3文字表記の略号と、1文字表記の略号があります。これらはすべて覚えてください（図8-1）。これらのアミノ酸はその化学的性質によっていくつかに分類できます（図8-2；図8-3）。

最も単純な側鎖を持つグリシンを含め、極性のない単純な炭化水素 hydrocarbon の側鎖 side chain を持っているアミノ酸に、**グリシン** glycine（−H：Gly, G）、**アラニン** alanine（−CH₃：Ala, A）、**バリン** valine（Val, V）、**ロイシン** leucine（Leu, L）、**イソロイシン** isoleucine（Ile, I）の5種類があります。炭化水素には極性 polarity がありませんから、水や極性分子とは反発し合い、疎水性物質の間で疎水相互作用 hydrophobic interaction が起こります。これらの1文字略号はすべて本名のイニシャルとなっていますので覚えやすいと思います。

さらに、同様に極性のない炭化水素を側鎖として持つものに、**プロリン** proline（Pro, P）があります。プロリンは3個の炭素からなる炭化水素側鎖を持ちますが、その最後の炭素はアミノ基の窒素原子と結合しています。プロリンはその特殊な構造のため、蛋白質の鎖の中にしばしば折れ曲がり kink を生じさせます。厳密な化学的な意味ではこれは「アミノ酸」ではなく、「イミノ酸 immino acid」と呼ばれます。

極性がなく、かつ、芳香族炭化水素 aromatic hydrocarbon を含むものに、**フェニルアラニン** phenylalanine（Phe, F）と**トリプトファン**（Trp, W）があります。フェニルアラニンはアラニンにフェニル基 phenyl group がついたものですので覚えやすいでしょう。また、トリプトファンはインドール環 indol ring を持っている唯一のアミノ酸です。これら2種類のアミノ酸は非常に疎水性 hydrophobicity が高いことが特徴です。

そのほかに極性のないアミノ酸として**メチオニン** methionine（Met, M）と**システイン** cysteine（Cys, C）があります。両者とも、硫黄原子 sulfur atom を含

180　第3部　情報分子の働き

1文字表記	3文字表記	英語名	日本語名
A	Ala	Alanine	アラニン
C	Cys	Cysteine	システイン
D	Asp	Aspartic acid	アスパラギン酸
E	Glu	Glutamic acid	グルタミン酸
F	Phe	Phenylalanine	フェニルアラニン
G	Gly	Glycine	グリシン
H	His	Histidine	ヒスチジン
I	Ile	Isoleucine	イソロイシン
K	Lys	Lysine	リシン（リジン）
L	Leu	Leucine	ロイシン
M	Met	Methionine	メチオニン
N	Asn	Asparagine	アスパラギン
P	Pro	Proline	プロリン
Q	Gln	Glutamine	グルタミン
R	Arg	Arginine	アルギニン
S	Ser	Serine	セリン
T	Thr	Threonine	トレオニン（スレオニン）
V	Val	Valine	バリン
W	Trp	Tryptophan	トリプトファン
Y	Tyr	Tyrosine	チロシン

図 8-1　アミノ酸 20 種類の表記法

極性のない側鎖

- 単純な炭化水素
  - グリシン
  - アラニン
  - バリン
  - ロイシン
  - イソロイシン
- イミノ酸
  - プロリン
- 芳香族炭化水素
  - フェニルアラニン
  - トリプトファン
- 硫黄原子を含む
  - メチオニン
  - システイン

極性のある側鎖

- 非イオン性（水酸基）
  - セリン
  - トレオニン
  - チロシン
- 非イオン性（アミド基）
  - アスパラギン
  - グルタミン
- イオン性〔酸性〕（カルボキシル基）
  - アスパラギン酸
  - グルタミン酸
- イオン性〔塩基性〕（窒素原子を含む）
  - リシン
  - アルギニン
  - ヒスチジン

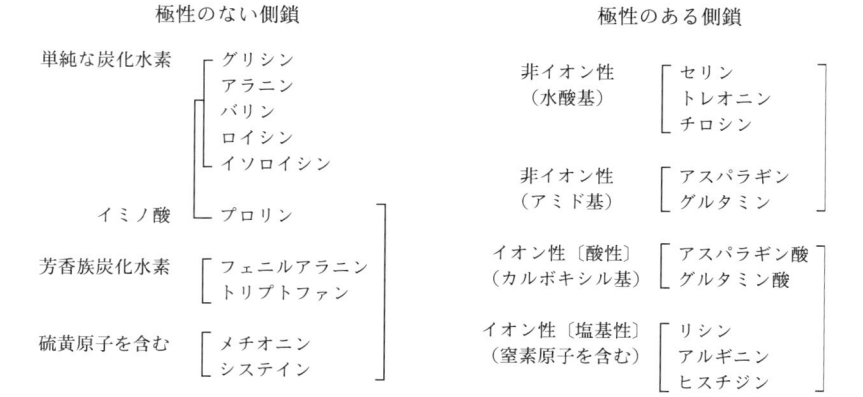

図 8-2　アミノ酸 20 種類の分類

第8講 蛋白質の構造と活性の制御 *181*

グリシン	—H
アラニン	—CH₃

バリン: —CH(CH₃)₂

ロイシン: —CH₂—CH(CH₃)₂

イソロイシン: —CH(CH₃)—CH₂—CH₃

プロリン: 環状構造 —N—C(H)—C(=O)—，CH₂—CH₂ ← α炭素原子

フェニルアラニン: —CH₂—C₆H₅

トリプトファン: —CH₂—(インドール環, NH)

メチオニン: —CH₂—CH₂—S—CH₃

システイン: —CH₂—SH

セリン: —CH₂—OH

トレオニン: —CH(OH)—CH₃

チロシン: —CH₂—C₆H₄—OH

アスパラギン: —CH₂—C(=O)—NH₂

グルタミン: —CH₂—CH₂—C(=O)—NH₂

アスパラギン酸: —CH₂—COO⁻

グルタミン酸: —CH₂—CH₂—COO⁻

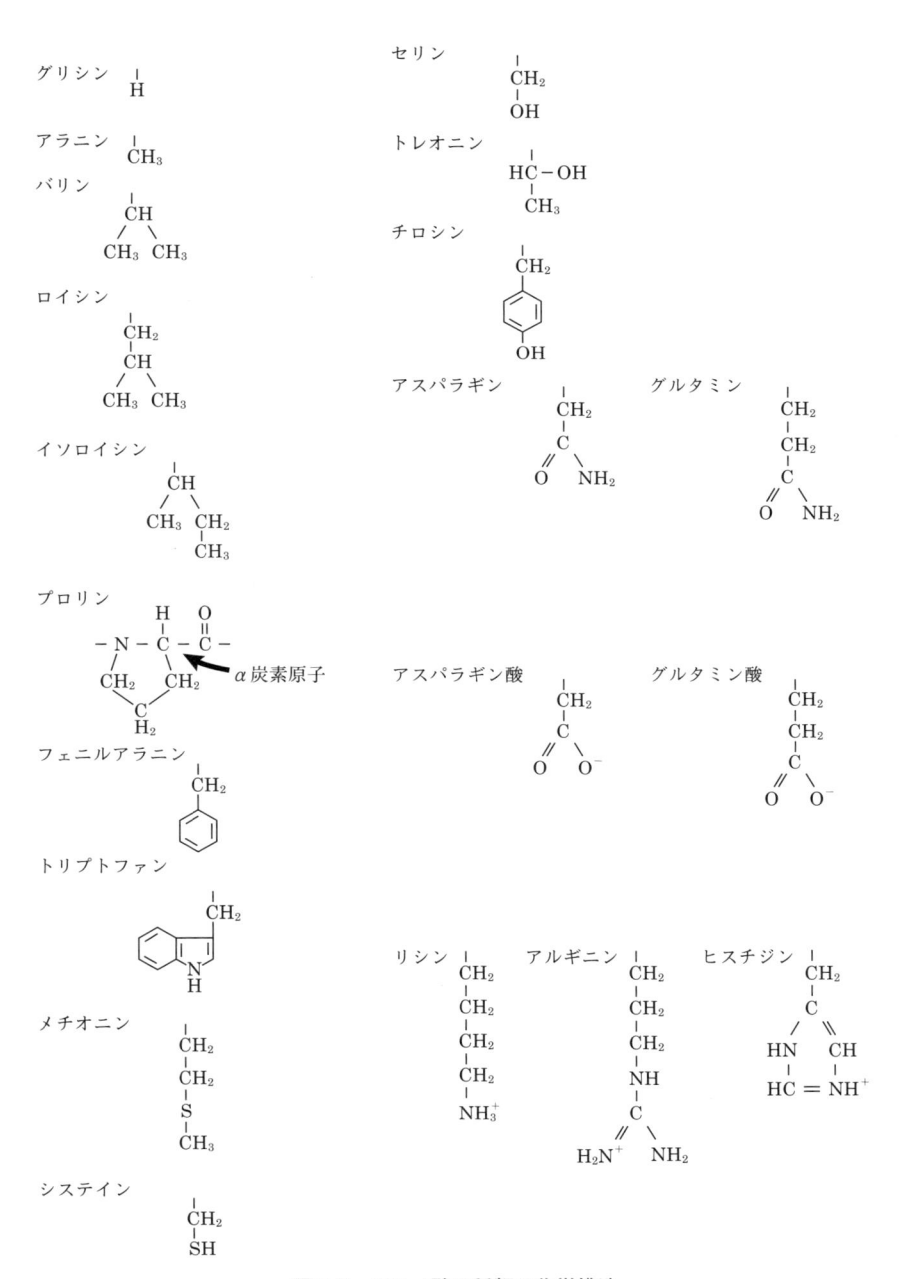

リシン: —CH₂—CH₂—CH₂—CH₂—NH₃⁺

アルギニン: —CH₂—CH₂—CH₂—NH—C(NH₂⁺)(NH₂)

ヒスチジン: —CH₂—C(=CH—NH⁺=)—NH—(イミダゾール環)

図8-3 アミノ酸20種類の化学構造

んでいます。メチオニンは蛋白質配列の開始に使用されます。ほぼすべての遺伝子の開始には、開始コドン start codon でありメチオニンのコドンでもある AUG が使用されますから、ほぼすべての蛋白質は、少なくとも翻訳直後にはメチオニンで開始されることになります。システインは細胞外では S-S 結合（**ジスルフィド結合** disulfide bond）を形成することができるため、細胞外蛋白質や膜蛋白質の細胞外部の立体構造形成に大きな影響を与えます。

　以上、ここまでの 10 種類のアミノ酸は極性のないアミノ酸です。それ以外の 10 種類のアミノ酸は分子内に極性か、イオン性（酸・塩基性）を持っています。極性・非極性アミノ酸はちょうど 10 種類ずつになります。これまでに紹介した極性のないアミノ酸は、単純な炭化水素の側鎖を持つ 5 種とそれ以外の側鎖を持つ 5 種に分けて考えれば覚えやすいでしょう。同様に、以下に紹介する極性アミノ酸は、非イオン性極性アミノ酸 5 種とイオン性アミノ酸 5 種に分けて考えれば覚えやすいでしょう。

　イオン性は持たないけれども極性を持つアミノ酸として、**セリン** serine（Ser, S）、**トレオニン**（スレオニン）threonine（Thr, T）、**チロシン** tyrosine（Tyr, Y）があります。これらのアミノ酸は水酸基 －OH（hydroxyl group）を持っており、この水酸基が極性を示します。後述しますが、これらの水酸基は蛋白質の**燐酸化** phophorylation の標的となるため、蛋白質の活性調節に重要です。また、同様に、イオン性は持たないけれども極性を持つアミノ酸として、**アスパラギン** asparagine（Asn, N）と**グルタミン** glutamine（Gln, Q）があります。この 2 種類は側鎖の末端にアミノ基に似た官能基アミド基 －CO－NH$_2$（amide group）を持っており、これが極性を示します。この窒素原子はアミノ基のものとは異なり、pH7 でも水素イオンが付加されない状態で存在します。

　これら 5 種以外の残りの 5 種は酸性 acidic または塩基性 basic を示します。酸性のものに、**アスパラギン酸** aspartic acid（Asp, D）と**グルタミン酸** glutamic acid（Glu, E）があります。この両者は、さきほどのアスパラギンおよびグルタミンのアミド基がカルボキシル基 －COOH（carboxyl group）に置き換えられたものです。カルボキシル基は pH7 の状態では水素を放出し、酸性を示します。

　一方、塩基性のものに、**リシン**（リジン）lysine（Lys, K）、**アルギニン** arginine（Arg, R）、**ヒスチジン** histidine（His, H）があります。リシンは側鎖

の末端にアミノ基を持っていますから塩基性で、これは他のアミノ基と同様に、pH7では水素イオンを受け取って正電荷を持っています。アルギニンは3個も窒素原子を持ち、そのうちの末端の窒素原子のうちいずれかが塩基性を示します。ヒスチジンは環状構造の中に2個の窒素原子を持ちますが、そのうちの1個がわずかに塩基性を示します。ヒスチジンはしばしば酵素の活性部位などに配置されます。

（3） 蛋白質の立体構造とアミノ酸配列

蛋白質はアミノ酸のつながったひも状の高分子です。アミノ酸同士を結合させている−CO−NH−というペプチド結合は平面構造をしており、この結合に関しては回転することができません。一方、他の部分は自由に回転することができるため、蛋白質分子はありとあらゆる形をとることが可能となります。しかも、n個のアミノ酸からなる蛋白質のアミノ酸配列は理論的には20^n個もありますから、蛋白質の構造は無限に複雑のように思えます。

おそらくこのような理由もあり、蛋白質は生体内で不定形であると考えられていた時期があります。しかし、実際にはほとんどの蛋白質は、ある条件では特定の**立体構造** conformation をとっています。アミノ酸の配列が決まれば、それらのアミノ酸の間で様々な非共有結合が形成され、全体として安定な構造をとるわけです。たとえば、細胞質に存在する可溶性の蛋白質の場合、非極性アミノ酸は疎水性ですから、それは蛋白質分子の内部に隠れ、外界の極性環境には触れないように配置されます。非イオン性の極性アミノ酸は比較的親水性ですから、蛋白質の外部に露出されることが多く見られます。イオン性（酸塩基性）のものはほとんど常に外部に露出されています。細胞膜を貫通している受容体などの蛋白質では、膜貫通部位は疎水性のアミノ酸で構成されています。

ある蛋白質の鎖が特定の構造へ折り畳まれるという過程は、基本的には自発的に起こる（ΔGが負の値をとる）過程です。蛋白質の1次構造が決まれば、「自然に」あるいは「自発的に」その3次構造も決まるというのが、現在の考え方です。蛋白質を有機溶媒にさらすことで**変性** denature させることができますが、有機溶媒を除去すれば、その蛋白質はもう一度元来の立体構造と活性を取り戻す

ことができます。これについては、RNA分解酵素（リボヌクレアーゼ ribonuclease, RNase）を使用したアンフィンセンの研究が有名です。アンフィンセンはこの酵素（つまり蛋白質）を変性させたあとに再度活性を取り戻させることに成功したのでした。これは、蛋白質分子のアミノ酸配列さえ決まれば、その立体構造は自然に決定されることの証拠となります。すでに説明したように、極性・イオン性のアミノ酸は蛋白質の外部に露出されますが、非極性のアミノ酸は外部の水分子との相互作用を避けるように内部に折りたたまれます。また、極性分子が内部に存在する場合は、必ず別の極性分子と水素結合を形成して安定化しています。ですから、鎖上で、どこにどのような性質のアミノ酸が配置されているかによって折り畳まれ方 folding が異なってくるわけです。細胞外に露出したアミノ酸では、システイン同士がジスルフィド結合を形成するため、システインの位置は立体構造の形成に大きく寄与します。

　では、アミノ酸配列を読み取れば、最終的な蛋白質の構造を予言できるのでしょうか。蛋白質分子自体は確かにそれができるのですが、われわれ研究者は現在でも立体構造の予言には成功していません。ですから、蛋白質のアミノ酸配列自体は遺伝子配列から知ることができるのですが、肝心の蛋白質の立体構造は、アミノ酸配列を見てもほとんど分かりません。立体構造は実験的に決定されなければなりません。

　アンフィンセンは蛋白質の自発的な折り畳みの研究でノーベル賞を受賞していますが、現実としては、すべての蛋白質の折り畳みがその分子の自発性だけに任されているわけではないことが判明してきました。蛋白質は巨大分子ですから、ある部分が誤った折り畳み方をしてしまい、その部分はそれで局所的に安定である場合、適切な全体的な構造を達成できない場合もあります。多くの蛋白質の折り畳みは、細胞内では**分子シャペロン** molecular chaperone あるいはシャペロニン chaperonine と呼ばれる分子に援助されながら、的確に進行されます。もし折り畳みが不適格であれば、その蛋白質は分解経路へと向かうことになります。分子シャペロンは蛋白質の折り畳みの品質管理 quality control をしているのです。「シャペロン」とは貴族の社交界で使われた言葉で、若い未婚女性が社交界へ出るときの付き添い役のことです。シャペロンには既婚の年配の女性が選ばれ、近寄ってくる男性を選定（？）したり、新しい男性を紹介したりしていた

のでしょう。分子シャペロンは、特定のアミノ酸が非共有結合を形成する特定の相手を見つけることを手伝い、誤った結合をしないような品質管理の役割を果たしますから、そのような意味でこの名称が付けられたのだと思われます。分子シャペロンは**熱ショック蛋白質** heat-shock protein あるいはストレス蛋白質 stress protein と呼ばれるものの一群です。

（4） αヘリックスとβストランド

蛋白質の3次元構造の情報を得るためには、それを結晶化させることが必要です。蛋白質の結晶ができたら、その結晶にX線を照射し、その回折 diffraction 状態を検出することによって各原子の位置が得られます。このような**X線回折** X-ray diffraction によって多くの蛋白質の立体構造の情報が蓄積されています。

そのような実験結果を相互に比較すると、数個から数十個という短い単位でのアミノ酸の鎖の構造が、頻繁に出現することが判明してきました。これを**2次構造** secondary structure と呼びます。これに対して、アミノ酸配列そのものを**1次構造** primary structure と呼びます。2次構造を構成しやすいアミノ酸は知られていますが、同じ2次構造でも多くの異なった配列によって形成可能です。

2次構造には基本的に2種類しかありません。**αヘリックス** alpha helix と**βストランド** beta strand です（図8-4）。βストランドは集合してシート状になると、**βシート** beta sheet と呼ばれます。αヘリックスは、ポーリングによって存在が予言され、その後すぐヘモグロビンで発見されました。αヘリックスはポリペプチドがらせん状になっている状態で、球状蛋白質や膜蛋白質の膜貫通部位に頻繁に見られる構造です。βストランドは、たとえば、免疫グロブリン immunoglobulin（抗体 antibody）を構成しています。

これらの2次構造が集合して、部分的な構造をつくり上げることがあります。その場合、その集合体を**ドメイン** domain と呼びます。免疫グロブリンのドメインはその代表例でしょう（第11講参照）。ドメインがさらに集合して蛋白質の鎖が全体として折り畳まれます。1本の鎖の立体構造を**3次構造** tertiary structure と呼びます。そして、鎖が何本か集合した状態で蛋白質が機能する場合、それぞれの1本ずつを**サブユニット** subunit と呼び、何本かの集合体を**4次構造**

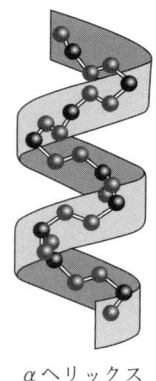

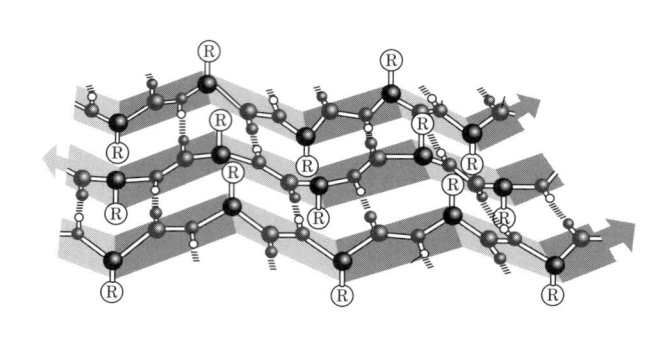

αヘリックス   βシート

図8-4　αヘリックス（骨格のみ）とβシート
（出典：Molecular Biology of the Cellより一部改変）

quaternary structureと呼びます。4次構造の構成要素が1本だけの場合を単量体monomer、2本の集合体であれば二量体dimer、3本の集合体なら三量体trimer、4本の集合体なら四量体tetramerと呼びます。

　ドメインは基本的な蛋白質の構造単位だと考えることができます。ドメインは基本的にαヘリックスあるいはβストランドあるいはその両者で構成されていますが、その組み合わせ方は限られています。その組み合わせの種類を**モチーフ**motifと呼びます。ドメインという言葉は蛋白質分子を消化酵素などで切断したときに現れる、比較的大きなかたまりのことでその構成要素（2次構造）の特徴を指すものではなく、「免疫グロブリン・ドメイン」などというように、蛋白質の特徴を体現しているものです。一方、モチーフという言葉は、まさにαヘリックスとβストランドの組み合わせのパターンを指す言葉です。たとえば、β-α-βモチーフbeta-alpha-beta motifは、βストランド→αヘリックス→βストランドという順序で構成されており、それらがコンパクトにまとまっています。それぞれの2次構造の間は**ループ**loopとなって急激に折れ曲がり、外部に露出しています。この部分は親水性であるため、しばしば他の親水性分子との結合部位として機能します。そのほか、α-ループ-αモチーフalpha-loop-alpha motifやβ-ループ-βモチーフbeta-loop-beta motifが代表的です。

　さらに、ドメインやモチーフとよく似た言葉に**モジュール**moduleがありま

す。蛋白質のモジュールとは、連続したアミノ酸がつくるコンパクトな構造単位として定義されます。ドメインよりも小さく、2次構造よりも大きな単位を表します。つまり、ドメインはいくつかのモジュールから成り立っているわけです。このモジュールという言葉とモチーフという言葉の一般的な区別は必ずしも明確ではありませんが、モジュールという言葉は、真核生物の遺伝子の**エキソン** exon に対応する蛋白質の一部を指す言葉として用いられてきました。真核生物の遺伝子はエキソンが**イントロン** intron の中に埋まっているような形で存在しますが、これらのエキソンに対応する蛋白質の部分は進化の単位として働き、エキソンの組み合わせによって様々な蛋白質が進化したという説があります。エキソンを組み合わせて新しい遺伝子とそれに対応する蛋白質を発明する過程をエキソン・シャフリング exon shuffling と呼びます。厳密には、エキソンがモジュールに対応しているわけではありませんが、蛋白質の進化の初期にはエキソンがモジュールに対応していたと思われます。

（5） 蛋白質の立体構造と機能

蛋白質は構成単位であるアミノ酸がつながったひもですが、それが様々な非共有結合 noncovalent bond によって折り畳まれ、特定の構造を維持している巨大分子 macromolecule です。そして、この特定の構造こそ、特定の機能を体現するための基盤となるのです。

立体構造を維持している力が非共有結合ですから、蛋白質は基本的に熱に弱いことになります。非共有結合のエネルギー・レベルは低いですから、それよりも高いエネルギーが熱として与えられれば、分子の立体構造は激しい熱運動によって簡単に壊れてしまいます。栄養学的な経験はここでは役に立ちます。つまり、焼肉やゆで卵の状態になるのですね。こうなってしまっては、蛋白質は**変性** denature してしまって、もはやもとには戻せません。

蛋白質は様々な機能を持っていますが、その代表が酵素 enzyme です。酵素は特定の基質 substrate だけの化学反応を触媒することができます。このことを**基質特異性** substrate specificity と呼びます。

酵素の活性は、基質が**活性部位** active site という結合ポケット biding pocket

にはまり込むことで遂行されます。基質と酵素の関係は、鍵と鍵穴の関係にたとえられます。特定の鍵（基質）のみが、特定の鍵穴（酵素）にはまり込むことができます。つまり、鍵穴は特定の鍵だけを受け付けるような立体構造を維持しておく必要があります。そして、鍵が鍵穴にぴったりと合わさったときに、鍵を回すことができますね。これは酵素の触媒作用によって化学反応がうまくいったことに対応します。これは**鍵と鍵穴説** lock and key theoryとして1894年にフィッシャーによって提出されたモデルで、現在でも基本的に正しいことが分かっています。

このような酵素の触媒作用は、ほとんど蛋白質のみに限られたことですが、例外的にRNAも酵素として働く例が知られています。真核生物の**RNAスプライシング** RNA splicingの際に切断と結合を触媒するのは蛋白質ではなく、RNAである場合があります。そのようなRNAは**リボザイム** ribozymeと名づけられています。これは生命誕生当事の**RNAワールド** RNA worldの存在を示唆するものです。

酵素以外の蛋白質でも、他の分子との特異的相互作用をその機能としているものがほとんどです。細胞骨格cytoskeletonなど、マクロな構造を形成するための蛋白質を除けば、他の物質と相互作用をしない蛋白質というのは何のために存在しているのか理解に苦しみますね。ですから、鍵と鍵穴のアナロジーは、酵素以外の蛋白質、チャネル、受容体などにも当てはまります。

（6） 酵素の触媒活性の原理

酵素の触媒活性 catalytic activityは、基質を特定の向きで一時的に固定し、化学反応を起こす原子を接近させることによって発揮されます。基質は、酵素に固定されると、単独では稀にしかとることのないような**反応中間体** intermediate formをとることができます。酵素との結合により、分子内で電子の偏りが起こるためです。

ペプチド結合 peptide bondを**加水分解** hydrolysisする酵素について考えてみましょう。ペプチド結合の加水分解は、酸あるいは塩基で触媒することができます。これを古典的な化学的方法で行うには、**強酸** strong acidか**強塩基** strong baseと混ぜ合わせればよいわけです。強酸は加水分解に必要な水分子の中の酸素原子をさらに負に極性化させるように働きます。その結果、その水の極性化された酸素原子がペプチド結合の炭素原子を攻撃し、ペプチド結合が破壊されます。あるいは強塩基は、ペプチド結合中のケトン酸素の電子を引っ張ることで、炭素をより正に極性化するように働きます。その結果、水がケトンの炭素を攻撃しやすくなるのです。

　強酸と強塩基はどちらも強力な「触媒」ですが、実際の化学の実験ではこれらを同時に使用することはできません。強酸と強塩基を急に混ぜてしまうと急激な中和反応によって爆発してしまいます！　しかし、酸性のアミノ酸と塩基性のアミノ酸を同時に保持することは蛋白質には可能です。活性部位には、酸性のアミノ酸および塩基性のアミノ酸が配置されています。これらは1次構造としてはかなり離れているのですが、3次構造では接近するように配置されています。つまり、酵素は、酸性触媒作用および塩基性触媒作用を両方とも同時進行させることができるのです。

　さらに、ある種のペプチド結合を分解する酵素は、基質と一時的に不安定な共有結合を形成し、その基質に水を攻撃させるという反応機構を持っています。これは全体の化学反応を2段階に分けることで、それぞれの反応の活性化エネルギー activation energy を分割するためです。分割されてそれぞれ山が低くなれば、全体として反応は早く進行します。小さい山を二つ越えるほうが、大きい一つの山を越えるよりもずっと容易であることは想像できると思います。

（7）　ヘキソキナーゼの誘導適合

　遺伝子発現の調節によって、ある蛋白質が生産されたり、生産が中止されたりすることは、第7講で説明しました。しかし、この調節の結果、蛋白質の活性に変化が現れるためには、細菌の場合でも早くて数分、真核生物では数時間から数日という単位の時間がかかります。遺伝子発現の調節は根本的な調節ではありますが、リアル・タイムの環境の変化には対応できません。それに対応するためには、蛋白質自体に活性を調節する方法を付随しておく必要があります。蛋白質の活性の変化を通して、リアル・タイムの環境変化への対応が可能になるというわ

けです。蛋白質活性の調節法にはいくつかありますが、酵素の代謝研究から判明してきた例をあげましょう。

　解糖系 glycolytic pathway を構成するヘキソキナーゼ hexokinase は、グルコース glucose の水酸基 hydroxyl group に ATP の末端の燐酸基 phosphate group を転移させる酵素です。その結果、グルコース6燐酸 glucose-6-phosphate が生成します。ちなみに、ATP の燐酸基の転移酵素のことを一般に**キナーゼ** kinase と呼びます。また、炭素原子6個を持つグルコースなどの糖を一般にヘキソース hexose と呼ぶため、この名があります。実際、「グルコキナーゼ」と呼ばれることもあります。この反応は熱力学的には可能な反応ですが、反応速度を考えると、酵素なしではほとんど反応は進みません。ヘキソキナーゼはグルコースと ATP を適切な位置に接近させ、燐酸基転移を触媒するようなアミノ酸を活性部位に配置することで、この反応を触媒します。

　もう少しゆっくりと時間を追ってこの触媒反応を見てみましょう。グルコースがヘキソキナーゼの結合ポケットに結合します。ヘキソキナーゼは二量体で、アサリなどの二枚貝の貝殻のような形をしていると想像してください。単量体が対称に向かい合い、一部で接触し合って開いている状態です。その接触場所近くにグルコースがはまり込みます。すると、グルコースの結合によって、蛋白質の立体構造の変化が誘導されます。二つの貝殻は閉じますが、完全に密着するのではなく、多少の隙間ができ、そこに ATP がはまり込める状態になります。変化した立体構造の状態では、ATP への結合性が50倍も高まります。そして、結合部位に位置する特異的なアミノ酸によって ATP からグルコースへの燐酸基の移動がなされます。反応が終結すると、反応物の酵素への親和性は低くなるため、反応物は解離していきます。それとともに、ヘキソキナーゼの立体構造ももとに戻ります。

　このように、基質が酵素分子に結合することで酵素の基質への結合能力がさらに高まる現象を**誘導適合** induced fit と呼びます。片方の結合がもう片方の結合を促進するように働きます。この機構は鍵と鍵穴説を補う考え方としてコシュランドが1968年に提出したものです。どちらの説が絶対に正しいというわけではなく、対象とする酵素によって、その反応機構はいずれかの説でよりよく説明されます。

(8) 蛋白質活性の調節法［1］――アロステリック制御

　ヘキソキナーゼの場合、グルコースと ATP は反応しなければなりませんから、それらの結合部位は互いに接近していなければ転移反応は遂行できません。しかしながら、片方の部位への結合による立体構造変化を伴うために2箇所が接近している必要はありません。まったく別々の結合部位であっても、片方の結合部位への結合が、別の結合部位の親和性を増加させることがしばしば観察されます。このような制御を**アロステリック制御** allosteric regulation、そのような蛋白質を**アロステリック蛋白質** allosteric protein と呼びます。「アロ」とは「異なった」という意味の接頭辞で、「ステリック」とは「立体性の」という意味ですから、異なった場所によって制御されているものという意味です。ヘキソキナーゼの例で紹介した誘導適合という現象は、アロステリック制御の特別な一例であると考えることができます。

　アロステリック酵素には、2箇所の結合部位があります（図8-5）。一つは基質に結合して触媒作用を発揮する**活性部位** active site です。もう一つは、基質以外の分子が結合して酵素の活性を調節する部位です。この部位を**アロステリック部位** allosteric site（エフェクター部位）、そこに結合する分子を**アロステリック・エフェクター** allosteric effector と呼びます。アロステリック・エフェクターがアロステリック部位に結合することで、活性部位の基質への親和性が高まり、効率よく触媒作用を発揮することができます。酵素ではありませんが、ラクトース・

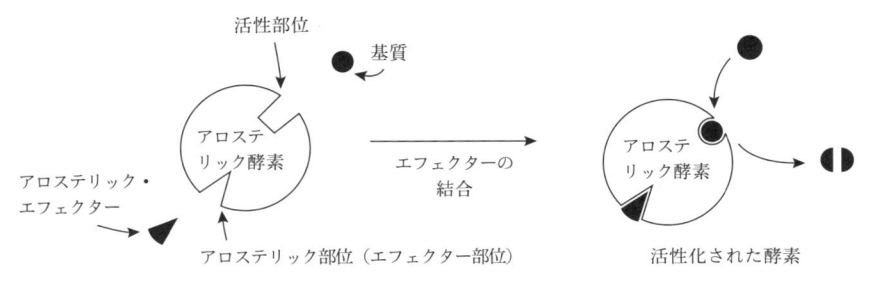

図8-5　アロステリック蛋白質

オペロンのリプレッサーや CAP 結合蛋白質なども、それぞれアロラクトースあるいは cAMP の結合によって特定の DNA 配列への親和性が大きく高まりますから、アロステリック蛋白質です。

　アロステリック制御の概念は酵素を題材として考案されたものですが、このように広範囲の蛋白質の活性に適合可能です。また、同一種類の物質が複数結合する蛋白質において、最初の結合が次の結合の親和性を増大させる場合も、**アロステリック効果** allosteric effect と呼ばれるようになりました。たとえば、ヒトのヘモグロビンはその代表例です。ヒトのヘモグロビンは四量体として存在し、それぞれに酸素が結合することができます。最初の 1 個に酸素が結合すると、他の 3 個の酸素親和性が大きく高まります。これはアロステリック効果です。最初の酸素の結合が他のサブユニットへの酸素の結合よりも困難であるということです。

　このような効果は生理的に大きな意味があります。肺のような酸素が豊富な場所では、最初の酸素が結合することもそれほど困難ではないため、すぐに他のサブユニットも酸素と結合することができ、結果的にはすべてのサブユニットが酸素で満たされることになります。一方、酸素が不足気味の末端組織では、ヘモグロビンから酸素が放出されます。最初に 1 個の酸素が離れると、他の酸素も離れやすくなります。そして、ひとたびすべての酸素を放出してしまったら、もはや最初の酸素を結合するほど酸素は豊富ではないため、末端組織から酸素を奪ってしまうことはほとんど起こり得ません。つまり、ヘモグロビンは酸素運搬体として非常に機能的にアロステリック効果を利用しているのです。

　酵素には、しばしば、片方の結合部位には基質となる分子が、もう片方の別の場所の結合部位には、その産物が結合する場合が見られます。そして、産物が結合すると、その酵素の活性を抑制します。つまり、もうすでにモノがたくさんできたから、もうつくる必要はないという産物からのシグナルを受け取っているわけですね。これは、産物による**負のフィードバック制御** negative feedback regulation を意味します。

（9）　蛋白質活性の調節法［2］──燐酸化

　アロステリック制御は、特に代謝に関連するような酵素の活性の制御には大変

一般的に見られますが、蛋白質の活性を調節する方法はほかにもあります。その代表的な方法が**燐酸化** phosphorylation です。燐酸基を直接蛋白質のアミノ酸に共有結合させるのです。この燐酸基は ATP から転移されます。蛋白質全体からみると燐酸化は小さな修飾であるとはいえ、もともと蛋白質の立体構造は非共有結合によって微妙に維持されていますから、燐酸基の負電荷には蛋白質の立体構造を変化させるには十分な力があります。アルギニン arginine、リジン lysine、ヒスチジン histidine といった細胞内で正に帯電しているアミノ酸がこの燐酸基の負電荷に引きつけられることになります。また、燐酸基を結合させることができる相手としては水酸基が必要ですから、セリン serine、スレオニン threonine、チロシン tyrosine が燐酸化の対象となります。

　燐酸化という蛋白質活性の調節方法は、特に真核生物では幅広く用いられています。他の蛋白質に燐酸基を転移させる酵素を**蛋白質キナーゼ（プロテイン・キナーゼ）** protein kinase と呼びます。特定の基質蛋白質にはしばしば特定の蛋白質キナーゼが存在します。また、燐酸基の転移は共有結合の生成ではありますが、脱燐酸化 dephosphorylation も可能です。燐酸基を取り除けば、蛋白質はもとの立体構造に戻るわけです。特定の燐酸化蛋白質の燐酸基を取り除く特定の蛋白質が用意されていることが多く、これらの酵素を**蛋白質ホスファターゼ（プロテイン・ホスファターゼ）** protein phosphatase と呼びます。真核生物の蛋白質の1割程度が燐酸基の結合によって活性を制御されていると言われています。そのため、キナーゼやホスファターゼも様々なファミリーを構成しています。キナーゼは特によく研究されており、大きく分けて4種類のグループ、MAPキナーゼ・ファミリー MAP kinase family、サイクリン依存性キナーゼ・ファミリー cyclin-dependent kinase family、レセプター・セリン・キナーゼ・ファミリー receptor serine kinase family、レセプター・チロシン・キナーゼ・ファミリー receptor tyrosine kinase family が知られています。これらの蛋白質は特に細胞内情報伝達経路を構成しています。その詳細については、第9講で論じます。

(10) 蛋白質活性の調節法［3］──GTP の加水分解

　ATP は多くの場合はエネルギー通貨として使われますが、上記の燐酸化蛋白質の例では、ATP も直接蛋白質の制御に使われていることが分かったと思います。一方、GTP も細胞内分子反応の制御因子として使われることは、以前少しだけ述べました。GTP を反応の制御に使う蛋白質は **GTP 結合蛋白質** GTP-binding protein あるいは **G 蛋白質** G-protein と呼ばれています。

　G 蛋白質は不活性状態において GDP と結合しています。この G 蛋白質がある別の蛋白質と相互作用すると立体構造が変化し、GDP に対する親和性が下がり、GTP への親和性が高まります。その結果、G 蛋白質は GDP を放出し、その代わりに GTP が結合します。G 蛋白質は GTP 分解酵素活性 GTPase activity を持っていて、GTP を GDP に分解することによって、不活性化状態に戻ります。この分解過程は比較的ゆっくり進むため、分解されていない間だけ、G 蛋白質の活性状態が続くわけです。つまり、自己の活性状態を自律的に調節していることになります。ある種の分子タイマーとして機能しているわけですね。

　ATP の燐酸基の転移による蛋白質の活性化では、ホスファターゼ phosphatase によって燐酸基を取り除かなければ永遠に活性状態が続いてしまいます。実はこれが癌化などの分子的背景となっているわけです。G 蛋白質では、活性が自立的に調節されているため、このようなことは比較的起こりにくくなっています。また、GTP を GDP に分解することで、ΔG を大きく負にすることができます。この反応は不可逆反応ですから、この反応が一連の情報伝達経路 signal transduction pathway の一部を構成している場合、結果的に、情報伝達経路の反応全体を一方向へ推し進めていくことができます。

　その代表例が **ラス** Ras と呼ばれる一群の **小型 G 蛋白質** small G-protein です。ラスについては第 9 講に譲りますが、実はラスの活性も他の蛋白質によって制御されています。ラスによる GTP から GDP への分解は、GTP 分解酵素活性化蛋白質 GTPase activating protein（GAP）によって制御されています。また、GDP の放出は、グアニン・ヌクレオチド放出蛋白質 guanine-nucleotide releasing protein（GNRP）によって制御されています。蛋白質の燐酸化と比較すると、こ

れらの分子の役割は、それぞれホスファターゼとキナーゼに対応しています。

　ラスなどの小型 G 蛋白質とは多少機能は異なりますが、匂い受容体や光受容体に代表される **G 蛋白質共役受容体** G-protein-coupled receptor（GPCR）の活性化に伴うシグナル伝達には、**三量体 G 蛋白質** trimetric G-protein が関わっています。ラスや G 蛋白質共役受容体については第 9 講に譲ります。

（11）　ユビキチン化と蛋白質の分解

　細胞内で生産される蛋白質の中には、うまく折り畳まれなかったものも出てくるでしょう。また、蛋白質にも寿命がありますから、損傷した分子も出てくることになります。あるいは、ある蛋白質が必要以上に増加してしまったり、必要以上に活性を長期間維持していることは、細胞にとって不都合な場合もあるでしょう。必要なときに必要な分だけ蛋白質の活性を維持したいというのが、細胞の立場でしょう。ですから、不要となった蛋白質を効率よく除去するしくみが必須となります。

　実際、細胞質の中には**プロテアソーム** proteasome と呼ばれる大きな蛋白質複合体が多数存在しています。これが、細胞が用意している蛋白質のゴミ箱です。不要な蛋白質はこのゴミ箱に送られてアミノ酸の断片へと分解されます。

　このゴミ箱に不要な蛋白質を送り込むためには、その蛋白質に「ゴミ箱行き」というラベルを貼らねばなりません。そのラベルに当たるのが**ユビキチン** ubiquitin です。ユビキチンは小さな蛋白質で、これが共有結合で他の蛋白質に結合すると、その蛋白質はプロテアソームにおける分解の対象となります。ユビキチンは「ユビキタス ubiquitous」という「どこにでもある」という意味の英語から命名されました。原核生物からヒトまで、あらゆる生物のあらゆる細胞に存在することから命名されたのですが、その機能は最近まで不明のままでした。

　ユビキチンは対象となる蛋白質のリシン部位へと付加されます。リシンは末端にアミノ基を持っています。ユビキチンのカルボキシル末端に露出しているカルボキシル基が対象蛋白質のリシンのアミノ基とペプチド結合によって結合します。その後、最初のユビキチンに付加される形で次のユビキチンが結合します。こうして次々と連続的にユビキチンが付加されます。この長いユビキチンの鎖が

プロテアソームに認識され、ユビキチン化された蛋白質がアミノ酸の断片へと分解されます。ユビキチン自体は分解されず、再利用されます。

　最初にこのユビキチン化を行う酵素は、ゴミ箱に捨てるべき蛋白質かどうかを判断しなければなりません。この判断は大変複雑な過程だと思われますが、現在でも明確には分かっていません。ちなみに、ユビキチンの機能の解明には、2004年のノーベル化学賞が与えられています。

第 4 部

高次現象の分子生理学

第9講

細胞——細胞間・細胞内の情報伝達経路

（1） 真核生物の進化

　地球上に存在する生物を大きく2種類に分けると真核生物 eukaryote と原核生物 prokaryote に分けられます。原核生物はさらに真正細菌 eubacteria と古細菌 archaebacteria に分けられます。真核生物は細胞内に様々な細胞小器官を持っていることが大きな特徴です。ミトコンドリア mitochondrion、葉緑体 chloroplast、ゴルジ体 Golgi apparatus、小胞体 endoplasmic reticulum（ER）、核 nucleus、リソソーム lysosome などです。サイズも標準的なもので 10 μm くらいですから、原核生物と比較すると一桁ほど大きくなっています。

　真核細胞は、細菌が細胞内で共生することによって進化したとされています。共生してでき上がった細胞をまとまりのある細胞として維持していくためには、様々な細胞内の情報交換が必須になってきたことでしょう。進化の途上では、将来的にミトコンドリアや葉緑体となる寄生細胞と宿主細胞の間でどのような共生関係を築き上げていくことができるのか、それが大きな問題となります。もちろん、共生以前にも外界の情報を捉えることは細胞の生存にとって必須であったことは間違いありません。しかし、共生後には、それだけでなく、内部の情報伝達系も複雑化したわけです。それがうまく機能したときこそが、本当の意味で真核生物が出現したときでしょう。

　そればかりではありません。真核細胞は進化を重ねるにつれ、多細胞生物への道を歩みはじめます。ヒト1個体は 10^{13} 個もの細胞の集合体です。それにもかかわらず、個体として生理的な恒常性を維持し、的確な行動を行うことができます。そうなると、細胞内 intracellular の情報交換だけでなく、細胞間 intercellular

の情報交換をいかに効率的に行い、生物として全体を維持できるかということが重要となってくることは想像に難くありません。そのために発達してくるのが、**ホルモン** hormone などを分泌する内分泌器官 endocrine organ と、それを的確に捉えるアンテナである細胞表面の**受容体** receptor です。そして、受容体がホルモンなどの**リガンド** ligand と結合した後は、細胞内に効率よくその情報を伝えなくてはなりません。もちろん、われわれ動物は個体全体を統合するために、心血管系 cardiovascular system、免疫系 immune system、神経系 nervous system などを発達させています。また、細胞間・細胞内のコミュニケーションに問題が生じ、個体の生存という「目的」から逸脱してしまった細胞が、癌細胞に代表される病的な細胞です。

そのような細胞の動的な様子を想像すれば、細胞が計算機 computer であることが認識できると思います。通信媒体はホルモンなどの物質であり、入力のためのハードウェアとして受容体があります。そして、同時に入力される様々な他の情報と統合された後、出力として細胞がどのような行動変化を起こすかが決断されるのです。遺伝子発現の変化を伴う成長、分裂、分化、移動、死などが、「計算結果」として実行されるに至ります。

分子生物学が起動したばかりの時期には、その対象は大腸菌やバクテリオファージといった原核細胞とその関連のものに限られていました。その後、酵母菌 yeast をはじめとした単細胞真核生物 single cell eukaryote が対象となり、その後に多細胞生物 mulicellular organism の研究へと展開されていきます。最初はウイルスや培養された細胞の研究が主体でしたが、徐々に個体レベルで分子の機能を論じることができるようになってきました。そして、現代の分子生物学は、細胞内・細胞間の情報伝達の研究に終始していると言っても過言ではないのです。

(2) 情報分子の種類

細胞間のコミュニケーションのために使用される分子の代表は**ホルモン** horome です。ホルモンは特殊な内分泌細胞によって生産されます。血糖 blood sugar のレベルを下げるインスリン insulin は膵臓 pancreas の細胞から分泌され

ます。性ホルモン sex hormone は性的器官 sexual organ から分泌されます。分泌されたホルモンは血流に乗り、身体中を循環することになります。しかし、すべての細胞がホルモンの存在を「感じる」わけではありません。ホルモンの標的細胞 target cell は、そのホルモンに特異的な受容体 receptor を細胞膜表面に持っていなければなりません。

　ちなみに、コミュニケーションが細胞間ではなく個体間で行われる場合、その物質は**フェロモン** pheromone と呼ばれます。フェロモンを受け取った同種の別個体では、フェロモン特有の生理的変化が誘発されます。フェロモンは動物個体間での「化学言語 chemical language」として使用されるのです。ただし、フェロモンは基本的に嗅覚系を解して認識されますが、その匂いが意識に上るわけではないため、少し摩訶不思議な存在ですね。意外かもしれませんが、ヒトにもフェロモンが存在することが分かっており、結婚相手の選択などにも関わっているという説もあります。

　もう一つのコミュニケーション分子は**神経伝達物質** neurotransmitter です。神経細胞は長い軸索を伸ばして次の細胞に接続していますが、その接続部位は実は間隙となっており、二つの細胞が直接接触しているわけではありません。この接続部位のことを**シナプス** synapse と呼びます。活動電位 action potential が軸索の末端まで伝わると、前シナプス部位からシナプス間隙 synaptic cleft に神経伝達物質が放出されます。後シナプス部位には、神経伝達物質に対する受容体が存在し、受容体が神経伝達物質を受容した結果、後シナプス部位の神経細胞において膜電位変化が起こることになります。神経伝達物質は、比較的長時間安定なホルモンとは異なり、すぐに分解され、局所的にしか作用しません。

　さらに別の近距離シグナル分子として、**成長因子** growth factor があります。免疫系の場合は、**サイトカイン** cytokine と呼ばれることが多いのですが、成長因子とサイトカインという言葉の間には厳密な定義上の区別はありません。成長因子は、その名のとおり、基本的には細胞の成長 growth や分化 differentiation に関わる因子として知られています。どちらにしろ、細胞に対して様々な発生・分化関連の効果を及ぼす因子です。これらの因子は特定の分泌器官の細胞や神経細胞が分泌するものではなく、一般的なすべての細胞がその生産に関わり、コミュニケーションの常套手段として使用されています。

成長因子は、細胞培養の際に培養液に添加すると細胞分裂を促進することができるため、細胞培養技術の確立に貢献しています。また、細胞分化の過程で幹細胞から多くの細胞へ分化していく過程に成長因子が必要です。免疫系では、未分化なB細胞が抗体を産生する形質細胞plasma cellへと分化する過程をはじめとして様々な細胞間コミュニケーションに使用されています。もちろん、成長因子とサイトカインに対しても特定の受容体を持っていなければその存在を「感知する」ことはできません。

シグナル分子が標的細胞の受容体に結合することによって、受容体は立体構造の変化を起こします。細胞内にはシグナル分子（リガンド）が進入しないことが一般的ですが、その代わりに受容体の構造変化が「リガンドがやってきた」という情報を細胞内に伝えるのです。受容体は一般に細胞膜を貫通している蛋白質であり、外部の状況を内部へ伝える役割を果たしているのです。

その情報（シグナル）は次々と細胞内の蛋白質などを活性化して、多くの場合には核へとシグナルが届き、転写活性が制御されます。このような一連の経路を**情報伝達経路** signal transduction pathwayと呼びます。その代表的なものについては後の項で紹介します。

（3） 受容体分子とは

受容体分子 receptor molecule は外部とのコミュニケーションのための細胞の「窓口」であると考えれば分かりやすいでしょう（図9-1）。あるいは、受容体分子はスイッチのようなものだと考えると分かりやすいかもしれません。スイッチを入れる鍵が外界の刺激です。つまり、細胞外部のシグナル分子は特定の受容体分子へ結合すると、このスイッチがオンになり、熱力学的に安定な方向へと一連の反応が速やかに進みます。それによって細胞はそのシグナル分子の存在を「知る」のです。特定の細胞は特定の受容体分子を発現することによって特定のシグナルに反応するようにプログラムされているわけです。

親水性 hydrophilic のシグナル分子は、直接的に細胞膜を透過することはできません。そのため、そのような分子に対する受容体は細胞膜貫通型です。シグナル分子は細胞表面で検出され、細胞内には入りません。また、疎水性 hydrophobic

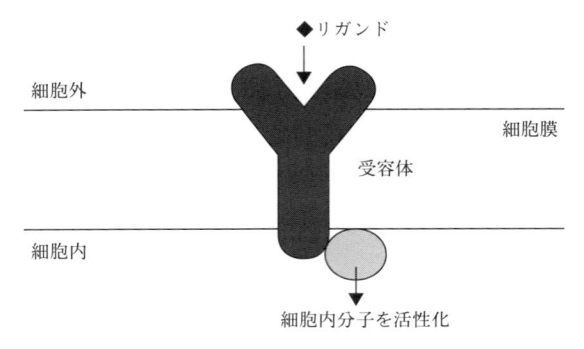

202　第 4 部　高次現象の分子生理学

図 9-1　受容体分子

のシグナル分子であっても、細胞表面の受容体によって検出される場合もあります。これに対して、**ステロイド・ホルモン** steroid hormone のような小型の疎水性のシグナル分子は細胞膜を透過して細胞内部に存在する受容体に結合します。

　そのほか、「受容体」を広義に解釈すれば、細胞外マトリックス extracellular matrix を認識する分子や細胞接着分子 cell adhesion molecule（CAM）などもその一部となるでしょう。また、NO（一酸化窒素）の場合のように、細胞内部の酵素が直接受容体となる場合もあります。しかし、ここでは細胞膜を貫通している細胞表面の受容体に話を限定します。

　細胞表面の受容体は**イオン透過型受容体** ionotropic receptor と**代謝型受容体** metabotropic receptor に分けられます。前者は、リガンド結合部位を持つイオン・チャネル ion channel です。チャネルに外側からリガンドが結合すると一時的にチャネルが開き、神経細胞に電位変化が発生します。有名な例として、唐辛子の辛味物質カプサイシン capsaicin の受容体があります。これは三叉神経系 trigeminal nervous system の受容体です。また、味覚 gustatory sense の受容でも一部イオン透過型が使用されています。その他、ニコチン性アセチルコリン受容体 nicotinic acetylcholine receptor（nACR）など、シナプスに見られる神経伝達物質の受容体もイオン透過型です。

　代謝型受容体には大きく分けて**酵素連結受容体** enzyme-linked receptor と **G蛋白質共役受容体** G-protein-coupled receptor があります。酵素連結型は、それ

自体が細胞内で酵素の役目を果たすか、燐酸化酵素（キナーゼ）kinase など別の酵素を直接活性化する受容体です。細胞外に受容部位、内部に酵素部位があります。細胞膜は1回だけ貫通しているのが普通です。数種の単量体が数個集まって一つの複合体として受容体を形成していることもあります。これに対してG蛋白質共役受容体は1本の鎖からなり、7回も細胞膜を貫通しています（図9-2）。細胞内のG蛋白質を介して細胞内に情報を伝達するため、この名があります。

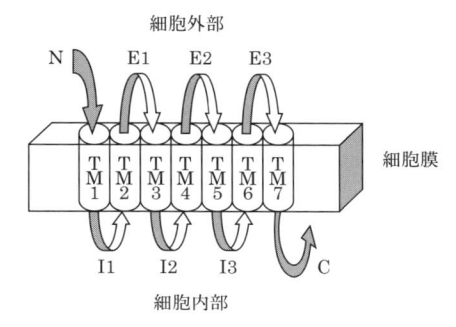

図9-2　G蛋白質共役受容体の構造模式図

　酵素連結受容体とG蛋白質共役受容体は細胞内で**第二メッセンジャー** second messenger をつくり、細胞内の広範囲にわたってその情報を伝達します。**cAMP（環状AMP）** cyclic AMP、**カルシウム・イオン** calcium ion、**イノシトール三燐酸** inositol trisphosphate、**ジアシルグリセロール** diacylglycerol などが第二メッセンジャーとして詳しく研究されています。これらの第二メッセンジャーに刺激されて、細胞内に酵素反応の連鎖（カスケード cascade）が引き起こされるのです。

（4）　G蛋白質共役受容体の多様性

　G蛋白質共役受容体はアミノ酸 amino acid、ペプチド peptide、ヌクレオチド nucleotide、脂質 lipid など、様々な化学物質をリガンドとしています。当然のことながら、匂い受容体の受容する化学物質も非常に多様です。アルコール alcohol、アルデヒド aldehyde、カルボン酸 carboxylic acid など、様々な官能基を持つ有機化合物がリガンドに含まれます。しかし、トロンビン thrombin という例外的なリガンドを除いて（この場合は、比較的大きな蛋白質）、ほとんどのG蛋白質共役受容体のリガンドには、分子量が比較的小さいという共通の特徴があります。これに対して、酵素連結受容体ではリガンドは比較的大きな分子です。また、嗅覚系と同じく外界からの化学物質を認識する系として免疫系

immune system がありますが、免疫系が認識するのも比較的高分子の化合物です。

　G 蛋白質共役受容体のリガンドは一般的に疎水性が高いことも特徴です。つまり、リガンドと受容体の結合には疎水相互作用が重要な役割を果たしていると考えられます。これに対して、酵素連結受容体などの場合には、電気的な力（イオン結合）がリガンドの結合に重要であると考えられています。

　驚くべきことに、現在使用されている医薬品のうち半数近くは G 蛋白質共役受容体を通して働くと言われています。これも、G 蛋白質共役受容体の生物学的重要性を示す一例です。また、ゲノム・プロジェクト Genome Project の結果として、多くの未知の G 蛋白質共役受容体遺伝子が知られることになりました。リガンドが知られていない受容体は、オーファン受容体（孤児受容体）orphan receptor と呼ばれています。オーファン受容体のリガンドの探索に多くの製薬会社が乗り出しているのも不思議ではありません。新薬開発の鍵となるからです。匂い受容体も、そのほとんどは具体的なリガンドが知られていないオーファン受容体です。

（5）　G 蛋白質共役受容体を介した細胞内情報伝達経路

　G 蛋白質共役受容体を介した細胞内情報伝達経路を概観してみましょう。リガンドが G 蛋白質共役受容体に結合したあと、最初に活性化される細胞内蛋白質が G 蛋白質です。G 蛋白質は α、β、γ の 3 個のサブユニットから構成されるヘテロ三量体です。α サブユニットは定常状態では GDP と結合しています。リガンドが受容体に結合すると、GDP は α サブユニットから解離します。受容体・リガンド・G 蛋白質の複合体の状態では、G 蛋白質の α サブユニットは GTP へ高い親和性を示します。そして、GTP が α サブユニットに結合すると、α サブユニットは $\beta\gamma$ サブユニットから解離し、標的となる酵素を活性化します。

　G 蛋白質によって活性化される分子は、多くの場合、**アデニル酸シクラーゼ** adenylate cyclase か**ホスホリパーゼ C** phospholipase C です。GTP は α サブユニットによって GDP に分解され、もとの状態に戻ります。この GTP の加水分解は不可逆的であり、全体の化学反応を一方向へと推し進めています。このとき、

比較的少数のG蛋白質でも多くの酵素分子を活性化することができることがポイントです。情報の増幅が起こるのです。

（6） G蛋白質共役受容体の特性

　イオン透過型受容体と、G蛋白質共役受容体を含む代謝型受容体の大きな違いは、リガンドへの結合から細胞内の電位変化を起こすまでの速度にあります。前者では非常に素早い効果が期待されます。たとえば、イオン透過型受容体である**ニコチン性アセチルコリン受容体** nicotinic acetylcholine receptor（nAChR）は、神経と筋肉の接合部（**神経筋接合部** neuromuscular junction）において急激な電位変化を促し、素早い筋肉の収縮を引き起こします。その電位変化はミリ秒単位で急速に起こり、急速に減衰します。これに対して、G蛋白質共役受容体である**ムスカリン性アセチルコリン受容体** muscarinic acetylcholine receptor（mAChR）では、活性化に十ミリ秒単位の時間が必要です。それでも、ムスカリン性アセチルコリン受容体はG蛋白質共役受容体の中では最も出力が早いと言われています。G蛋白質が直接イオン・チャネルに作用するからです。

　イオン透過型受容体に比べてG蛋白質共役受容体は大変複雑な情報伝達経路を持っていますが、なぜそれが汎用的に用いられるのでしょうか。理由の一つは、それぞれの分子段階でシグナルが増幅されるからです。たとえば、ヒトの視覚系は単一光子を認識することができます。嗅覚系の場合は単一分子に反応するほど鋭敏ではないと考えられていますが、それでも、かなり少数の分子で活動電位を発するのではないかと考える学者も多くいます。このような高感度の達成は、シグナルの増幅機構の存在によるところが大きいのです。

　G蛋白質共役受容体のもう一つの利点は、増幅されたシグナルが、イオン・チャネルだけでなく、燐酸化を通して他の分子にも影響を与えることができる点です。その結果、細胞内で様々な分子の相互作用が起こります。そして、その出力として細胞の分裂、細胞内骨格の変化、あるいは遺伝子発現の調節などが行われることになります。このカスケード cascade は非常に複雑であり、様々な受容体から派生したシグナルが統合され（クロス・トーク cross talk）、最終的な細胞の応答として現れます。

（7） 匂い物質の受容

　嗅神経細胞はG蛋白質共役受容体を受容体として使用しています。G蛋白質共役受容体は細胞膜を7回貫通している蛋白質です。G蛋白質共役受容体は構造上、大きく3種類に分けられますが、匂い受容体は、そのうちの最も大きなグループであるロドプシン型ファミリー（ファミリーA）に分類されています。面白いことに、鋤鼻神経細胞に発現しているフェロモン受容体はG蛋白質共役受容体とはいえ、匂い受容体とは異なり、まったく別のファミリーに分類されています。

　匂い受容体は膜貫通部分によって匂い物質を認識していると考えられています。匂い受容体に匂い物質が結合すると受容体は活性化され、それに伴って細胞内で様々な蛋白質分子が活性化されます（図9-3）。この一連の細胞内情報伝達経路は、G蛋白質共役受容体による経路の典型例ですから、覚えてしまってください。G蛋白質は細胞膜のすぐ内側に存在し、受容体といつでも相互作用できる位置にあります。嗅神経細胞で使用されるG蛋白質は嗅細胞に特殊なG蛋白質として同定され、「嗅覚 olfactory」という意味でG_{olf}（ゴルフではなくジー・オルフと読みます）と命名されました。G_{olf}が同定されたのは匂い受容体よりも早く、このG蛋白質の発見は、嗅神経細胞がG蛋白質共役受容体を使用しているという強力な状況証拠となりました。

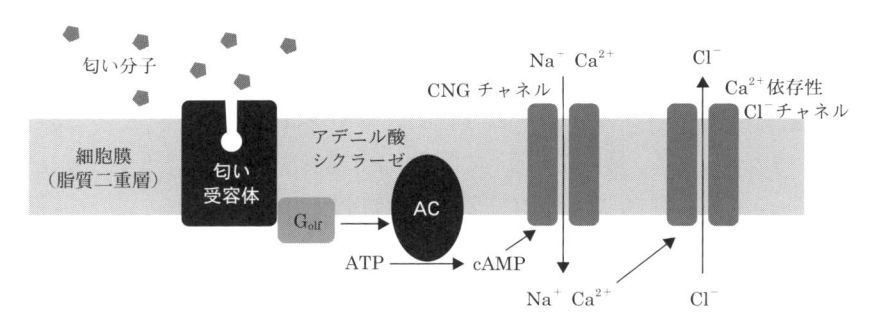

図9-3　匂い受容の細胞内情報伝達経路

活性化された G_{olf} は、次にアデニル酸シクラーゼを活性化します。匂いの受容とともに嗅神経細胞で活性化されるのはアデニル酸シクラーゼ III 型と呼ばれています。アデニル酸シクラーゼは、膜蛋白質ですが、その酵素活性は細胞膜の内側に存在します。活性化されたアデニル酸シクラーゼは、細胞内の ATP を化学修飾して cAMP を生産します。そして、この cAMP が、細胞内の第二メッセンジャーとして、細胞膜に貫通して存在するイオン・チャネルに結合すると、チャネルが開きます。つまり、細胞膜に穴があく状態になります。このチャネルは cAMP および cGMP（まとめて環状ヌクレオチド）によって活性化されるため、環状ヌクレオチド制御型チャネル cyclic nucleotide-gated channel（CNG チャネル）と呼ばれています。このチャネルはイオンに対してあまり選択的ではなく、細胞内外はイオン濃度に大きな差がありますから、この穴を陽イオン（主にナトリウム・イオンとカルシウム・イオン）が通過することになります。こうして、細胞膜に電気的シグナルが起こります。これを**受容器電位** receptor potential と呼びます。受容器電位はさらに**活動電位** action potential として増幅され、嗅球へと情報が伝達されます。受容器電位の発生はこの環状ヌクレオチド開閉チャネルによることは確かですが、流入したカルシウムに反応して開く塩化物イオン・チャネル chloride channel の寄与も非常に大きいことが示されています。

（8） 化学受容としての光受容

網膜 retina の光受容細胞には大きく分けて**桿体細胞** rod cell と**錐体細胞** cone cell があります。前者は明暗、後者は色彩の受容に関わっています。ここでは明暗に関わる桿体細胞について概説するにとどめます。

光受容細胞の中にはもちろん、光受容体分子が存在します。それは**ロドプシン** rhodopsin と呼ばれていま

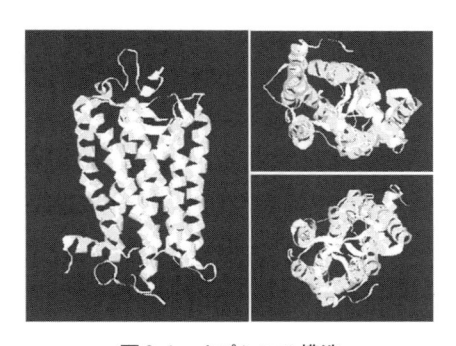

図 9-4 オプシンの構造

す。ロドプシンは**オプシン** opsin という蛋白質（図 9-4）に**レチナール** retinal（図 9-5）という有機化合物が共有結合したものです。このオプシンはもちろん、膜を7回貫通している G 蛋白質共役受容体です。シス型（11-*cis* 型）のレチナールは屈曲した分子構造を持ちますが、光子（フォトン photon）を吸収すると直線状のトランス型（all-*trans* 型）になります。オプシンはこの構造変化を検出するわけです。レチナールの構造変化は「5Å（オングストローム）ほどの相対的位置のずれ」という微妙なものですが、分子内変化として確実に検出されます。

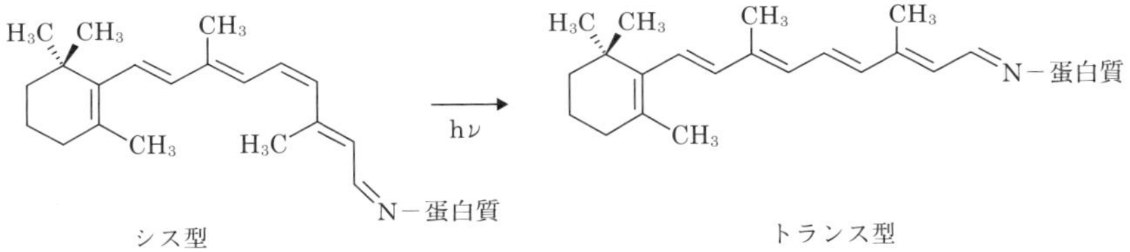

図 9-5　レチナールの構造変化

光受容では、光の検出は化学物質の検出に置き換えられていることに注目してください。つまり、私たちは構造変化したレチナールの「匂い」を眼で嗅いでいると類推すると分かりやすいでしょう。そもそも進化的に視覚系と嗅覚系とを比べると、嗅覚系のほうが古いことは明らかです。視覚系は嗅覚系の祖先型を真似て進化してきたと考えてもよいでしょう。つまり、レチナールは内在性の「匂い物質」なのです。もちろん、ロドプシンの場合はレチナールがあらかじめ共有結合している点がほかの G 蛋白質共役受容体とは異なります。そのような例外的な面はありますが、ロドプシンは最初に立体構造が解明された「代表的な G 蛋白質共役受容体」という立場にあることも、ここで付け加えておきます。

ロドプシンが活性化されると、次に G 蛋白質であるトランスデューシン transducin（Gt）が活性化されます（図 9-6）。嗅神経細胞では G_{olf} がこれに当たります。活性化されたトランスデューシンは、ホスフォジエステラーゼ phosphodiesterase（PDE）を活性化します。この酵素は視細胞内に存在する cGMP を 5'-GMP へと変化させてしまいます。一方、嗅神経細胞では、cAMP を

生産する酵素アデニル酸シクラーゼ adenylate cyclase が活性化されます。つまり、二つの系では第二メッセンジャーとして使用される分子に違いがあるわけです。そればかりではなく、嗅神経細胞はその生産によって、視細胞はその分解によってシグナルを伝達するという大きな違いがあります。

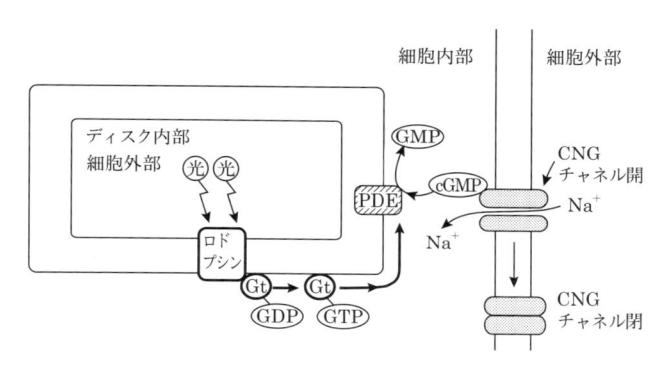

図9-6 光受容の細胞内情報伝達経路

　ここで、光がない暗状態での分子の動きを捉えておく必要があります。cGMP は光がない状態では環状ヌクレオチド開閉型チャネル cyclic-nucleotide-gated (CNG) channel（CNG チャネル）に結合しており、そのため、CNG チャネルは開放状態にあります。つまり、このチャネルは開きっぱなしになっていて、外部から常に Na^+ イオンと Ca^{2+} イオンが流入しているわけです。これは細胞内外の濃度勾配および電気的勾配のためです。そのため、視細胞は ATP のエネルギーで駆動されるナトリウム・ポンプ sodium pump を使って流入してきた Na^+ イオンを K^+ イオンと交換して扱み出しています。さらに、余剰となった細胞内の K^+ イオンは K^+ チャネルを通して細胞外へ流れ出ます。つまり、定常状態で細胞内に電流が流れていることになります。

　このようなときに、光刺激によるホスフォジエステラーゼの活性化によって cGMP 濃度が低下すると、CNG チャネルから cGMP が解離し、CNG チャネルが閉じます。そのため、Na^+ イオンの細胞内への流入が阻止されますが、K^+ チャネルやポンプは直接的な影響は受けません。すると、細胞内の K^+ イオンだけが、細胞外へと流出することになります。その結果、視細胞は脱分極

depolarizationするのではなく、さらに過剰に分極する、つまり、過分極hyperpolarizationすることになります。これによって、暗状態で定常的に放出されてきた神経伝達物質（この場合グルタミン酸）の放出が抑制されます。このことによって、後シナプス細胞に情報が伝わるのです。

一方、嗅神経細胞では、cAMPによってCNGチャンネルが開きます。それによってさらにCl⁻チャンネルが開き、脱分極します。類似のCNGチャンネルが使用されているとはいえ、一方はチャンネルを開くことで、もう一方はチャンネルを閉じることで受容器電位を発生するのです。

このように視細胞の光受容における一連の過程は、嗅神経細胞だけでなく他の一般的な神経細胞とはすべてが「逆」になっているという印象を受けます。なぜそうなのかという疑問に関しては、決定的な答はありません。事実、節足動物の視覚系では逆になっていません。全体的な系のエネルギー消費として逆のほうが有利であるからと唱える研究者もいます。

（9） ステロイド・ホルモンのシグナル伝達経路

ステロイド・ホルモン steroid hormoneは、その化学構造から分かるように、脂溶性の物質です。血流に乗って身体中を循環するときも、キャリア蛋白質 carrier proteinに結合する形で運ばれます。キャリア蛋白質はその細胞膜受容体に結合しますが、ステロイド・ホルモンは、その後、細胞膜を通過することができます。

そして、その受容体は細胞内に存在するのです。グルココルチコイド・ホルモン glucocorticoid horomeについて、以下に例示してみます（図9-7）。その受容体は細胞内に存在しますが、フリーな状態ではなく、**熱ショック蛋白質** heat-

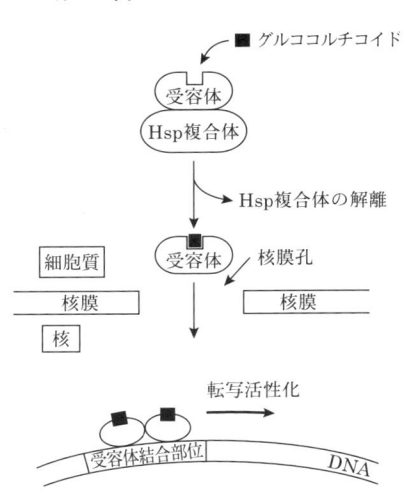

図9-7　グルココルチコイドによる細胞内情報伝達経路

shock protein と結合した状態で存在しています。グルココルチコイド・ホルモンが細胞内受容体に結合すると、受容体は立体構造変化を起こし、熱ショック蛋白質との親和性 affinity が低くなり、分離します。受容体には核移行シグナル nuclear localization signal というアミノ酸配列があり、熱ショック蛋白質が解離することで、この配列が核内結合部位と親和性を持つようになります。このホルモン・受容体複合体 hormone-receptor complex は二量体 dimer となって DNA の特定の配列に結合し、転写因子 transcription factor として働きます。

　他のステロイド受容体では、受容体があらかじめ核内に存在しているものもあります。また、ステロイド・ホルモンの受容体は膜に存在する別の種類のものもあります。その場合は受容体は転写因子として働くのではなく、膜電位 membrane potential の逆転などを起こし、細胞に生理的変化を起こします。この転写調節以外のステロイド・ホルモンの作用はまだ十分に解明されておらず、今後の研究が期待されます。

(10) ラス経路と細胞の癌化

　細胞は各種の成長因子を受容体で受け、その受容体から細胞内へとシグナルが伝達されるわけですが、そのような経路として**ラス経路** Ras pathway があります。ラスと呼ばれる小型の蛋白質は、すべての真核細胞に存在しています。特定の成長因子 growth factor の**チロシン・キナーゼ型受容体** tyrosine-kinase-type receptor からのシグナルを伝達し、一群の転写因子を活性化します。この経路では、cAMP などの低分子の第二メッセンジャーは使用されず、経路はすべて蛋白質で構成されているという特徴があります。

　例として、**上皮成長因子** epidermal growth factor（EGF）により開始される細胞内情報伝達経路について考えてみましょう（図9-8）。EGF受容体は、細胞外部にリガンド結合部位を持ち、単一の膜貫通部位を持つという比較的単純な構造をしています。受容体の細胞内部の部分は**チロシン・キナーゼ** tyrosine kinase という酵素として働きます。チロシン・キナーゼというのはチロシンに燐酸基を転移する酵素です。ただし、この場合の「チロシン」とは、遊離のアミノ酸ではなく、蛋白質を構成するアミノ酸としてのチロシンですので、

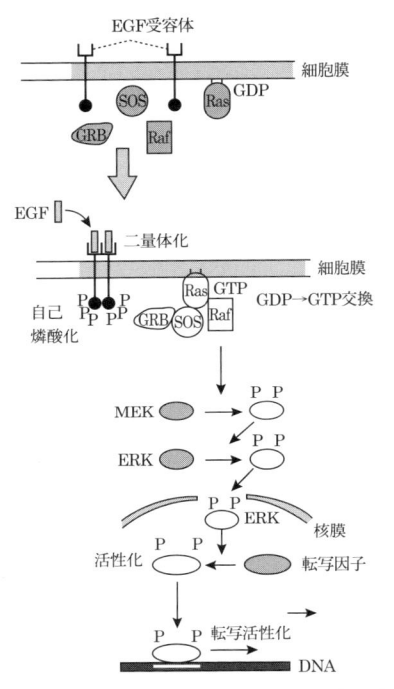

212　第4部　高次現象の分子生理学

図9-8　ラスを介する細胞内情報伝達経路
（出典：Biochemistry and Molecular Biologyより一部改変）

正確には**蛋白質チロシン・キナーゼ** protein tyrosine kinase と呼ばれます。チロシンは水酸基 hydroxyl group を持っていますから、その水酸基に燐酸基 phosphate group が付加されるわけです。

この受容体は膜上に単量体 monomer として存在しているのですが、リガンドが結合すると他の同一分子に対して親和性 affinity を示すようになり、二量体 dimer になります。二量体になると、細胞内部に存在するキナーゼ活性部位が互いのチロシン残基を燐酸化するのです。これを**自己燐酸化** autophosphorylation と呼びます。細胞内部には成長因子受容体結合蛋白質 growth factor receptor-binding protein（GRB）が存在します。この蛋白質は燐酸化された受容体に親和性を持ち、結合します。さらに GRB に SOS 蛋白質が結合します。この複合体がラス Ras を活性化します。

ラスは GTPase 活性を持っている蛋白質です。小型単量体 GTP 分解酵素蛋白質 small monomeric GTPase protein のファミリーに属しますが、単に**小型 G 蛋白質** small G-protein とも呼ばれます。不活性状態では、ラスには GDP が結合しているのですが、上記の複合体によって活性化されると、ラスは GDP を放出し、その代わりに GTP を受け入れるようになります。ラスは GTP 分解酵素活性を持っていますから、結合した GTP をゆっくりと加水分解し、GDP に変えます。するとラスは不活性型に戻ることになります。この間だけ、活性が維持されているわけですから、情報伝達の分子タイマーですね。ラスよりも下流の情報伝

達系は、ラスがGTPを保持している間だけ、活性化されていることになります。

　また、このGTPの分解は共有結合の破壊ですので、基本的に不可逆的な反応です。ラスの上流の情報伝達経路はすべて非共有結合によるものですから、比較的不安定なもので、逆反応も容易に起こり得ます。この時点で共有結合の破壊が起こることは、情報伝達経路を一方向へと推し進める機能もあるわけです。

　ラスの下流に位置している情報伝達分子は、**MAPキナーゼ** mitogen-activated protein kinases（マップ・キナーゼ MAP kinases）と総称されています。最初に活性化されるのが、ラフ Rafです。活性化ラフは、MEKを燐酸化します。燐酸化されたMEKは、今度はERKを燐酸化します。この燐酸化ERKは核内に移動し、核内の特定の転写因子を燐酸化します。燐酸化された転写因子は活性化され、特定の遺伝子を転写することになります。

　このように複雑な経路を持つ理由の一つは、情報の増幅 amplificationにあります。経路への入力が小さくても、次の段階では1分子あたり非常に多数の分子を燐酸化することができますから、ここで情報の増幅が起こります。また、経路の修飾が容易であることもその理由でしょう。

　一方、このようにして増幅された経路は、そのままにしておくと細胞を狂わせてしまいます。ラスは**原癌遺伝子** proto-oncogeneと呼ばれており、原癌遺伝子に突然変異 mutationが起こると細胞は癌化してしまいます。つまり、常に成長因子によって刺激を受けているような状態ですから、狂ったように細胞分裂をはじめ、他の組織まで侵入してしまうことになります。ですから、ラス経路は活性化された後、必ず停止される必要があります。ラス自身がタイマー機能を備えていることも、納得のいくことでしょう。また、燐酸化によって活性化されたMAPキナーゼは**燐酸分解酵素（ホスファターゼ）** phosphataseによって不活性化されなければなりません。

(11)　細胞に生命が宿る

　これまでにいくつかの具体的な細胞内情報伝達経路について述べてきました。とても複雑ですから、全部覚えてしまうのは大変なことでしょう。このような経路の複雑さは電気回路の複雑さにたとえることができるでしょう。様々なパーツ

を使って複雑な経路を組むことで、わずかな電流を増幅したり、一方向だけに電流を流したりと、様々な目的を達成することができるようになります。細胞内の情報伝達経路もこれと同じことです。情報の増幅のためには多くの段階が必要とされ、また、情報を一方向だけに流す工夫や、すぐにシグナルを消してしまうように微妙にコントロールする仕掛けが必要なわけです。このような経路が狂ってしまうと、細胞は機能しなくなります。多細胞生物でもしそのような異常が起これば、感覚異常や細胞の壊死や癌化が起こることになり、重篤な慢性病に陥ってしまうのです。

　また、組織レベルでも、神経回路に対してこのような電気回路とのアナロジーを使うことができます。神経回路は非常に複雑ですが、様々な経路を組むことで、わずかな電流を増幅したり、一方向に電流を流したりする工夫が見られます。それは特に、シナプスによって行われます。その結果、現在のコンピュータすら足元にも及ばないような情報処理をやってのける神経系という生物コンピュータができ上がるのです。

　このような複雑な分子の動きが常に生きた細胞の中で繰り広げられ、細胞は外部からの情報に常に対処して生きています。ここに、細胞が単なる分子に還元できない理由があります。細胞には生命がありますが、この生命とは、このような複雑な分子間相互作用の総体として定義できるのではないでしょうか。

　それにしても、すべての細胞は、外部から様々な情報を同時に受け取っているはずです。様々な情報伝達経路の相互作用をクロス・トーク cross talk と呼びます。入力が2回路以上の場合、その入力に対する出力は、単なる足し算ではなく、特定のアルゴリズムに従って処理され、その細胞独自の出力をするわけです。細胞は外部からの情報だけでなく、内部の状況も常に変化していきますから、それらも同時にモニターせねばなりません。そのような非常に多くの分子の動きが自然に協調されている細胞という存在は、まさに情報処理機械です。そして、細胞は単なる情報処理機械ではなく、代謝調節による自己維持と自己増殖のためのメカニズムも備えていなければなりません。まさにそのようなダイナミックな存在こそが生命であり、それが、われわれが解こうとしている摩訶不思議性なのです。

第10講

発生——形態形成の分子論

(1) 発生学から発生生物学へ

　生物の摩訶不思議性の一つに、大変複雑な生物体がもとはといえばたった1個の受精卵から発生するという事実があります。卵子という染色体を半数しか持たない巨大な細胞に、精子という同じく染色体を半数しか持たない微小な細胞がたどり着き、受精 fertilization したとき、その受精卵 fertilized egg はまるで生気を得たように初期発生のスイッチを入れます。そして、次々と細胞分裂を続けていくうちに、単純な球形の形態であった受精卵が、非常に複雑な形を形成していき、比較的短時間のうちに、まさに、見ている目の前で、もとの卵とはまったく異なった生物体に変身するのです。

　19世紀末から20世紀初頭の生物学者たちは、このような胚発生 embryogenesis に大変興味を持ち、その過程を正確に記載することから出発しました。そのような理由もあり、容易に胚発生が観察できる比較的大きい卵を持つウニ、カエル、イモリなどが発生学 embryology の主流の材料でした。また、卵殻を少し破れば胚発生を容易に観察できることから、ニワトリも広く使用されました。

　卵細胞は将来形成される動物の体のすべての細胞を形成する能力があります。それが細胞分裂し、2個の細胞になり、4個の細胞になり、8個の細胞になり、というように細胞の数を増やしていきます。最初の卵細胞は今後すべての細胞を生み出す能力を秘めていますから、細胞として決定された運命を持っているわけではありません。卵細胞には分化の全能性 totipotency があります。では、細胞が2個になったとき、それぞれの細胞には分化の全能性が維持されているのでしょ

うか。あるいは、片方の細胞はたとえば皮膚や神経に分化することができても、肝臓や膵臓には分化できないというように、**発生運命** developmental fate がすでに拘束 constraint されてしまっているのでしょうか。いずれにしても、分裂が進むにつれ、発生運命がどんどん拘束され、ひいては細胞分裂は止り、それぞれの細胞はそれぞれの発生運命に従って分化して行かなければなりません。

動物の身体は非常に多くの細胞で成り立っていますから、それらが適切に配置されるように、発生段階においても細胞間の相互作用が必要であることは容易に想像できます。各細胞が個体内における自己のアイデンティティーを確立し、全体的に統制がとれた形で発生過程を進めていかない限り、適切な動物個体をつくり出すことはできないでしょう。少しでも間違えば、奇形を生じてしまいかねません。

このような運命決定という視点から、観察的な手法だけでなく、実験的手法を取り入れたのが、20世紀初頭に活躍したシュペーマンとマンゴールドです。彼らは非常に繊細な移植実験を行いました。その移植実験に基づいて、彼らは胚発生のある時点において胚の「ある部分」が周囲にシグナルを出し、周囲の組織はそのシグナルを受け取ることで分化していくという実験的証拠を1924年に提出しました。その「ある場所」は**オーガナイザー**（形成体）organizer、そして、オーガナイザーから周囲に発される仮説的なシグナルは**モルフォゲン** morphogen と命名されました。また、このような現象は**誘導** induction と名づけられました。

彼らの画期的な実験後、数十年の間、モルフォゲンの同定に力が注がれました。しかし、それは概して失敗に終わりました。当時の発生学・生化学では、微量のモルフォゲンを同定することは技術的に不可能だったのです。

そのような中で、別の流れとして分子生物学が誕生し、成熟し、独自の方法論を確立してきました。過去に遺伝学の材料として用いられていたショウジョウバエは、分子生物学的方法論を取り入れた分子遺伝学 molecular genetics という新しい分野で用いられるようになりました。そして、現在では、ショウジョウバエは分子遺伝学というよりも、むしろ、発生生物学 developmental biology の材料として使用される傾向にあります。現在では、発生生物学の主流のモデル生物はショウジョウバエ fruit fly と線虫 nematode です。これらの生物は突然変異体 mutant を得ることが容易であり、また、外部からの遺伝子導入も容易であるこ

となどから、分子レベルから個体レベルまでの遺伝学的な解析が可能となるのです。最近では、ゼブラフィッシュ zebra fish、アフリカツメガエル Africam claw frog、マウス mouse もこの一端を担うことになりました。とはいうものの、細胞分化のしくみの研究にこそ、発生生物学の醍醐味があるという点では旧来の発生学と変わりはありません。

　方法的な変化だけでなく、概念的な変化も起こりました。発生学的な細胞分化の問題は、分子生物学の勃興とともに、遺伝子発現制御の問題として捉えられることになりました。細胞分化とは、特定の遺伝子の発現に伴う特定の蛋白質の機能の反映であるとみなすことができます。極端に単純な例としては、λファージ lambda phage の「発生運命」の選択があります。λファージが溶原サイクル lysogenic cycle か溶菌サイクル lytic cycle かを決定するとき、λリプレッサー lambda repressor の濃度がその決定因子となります（第7講参照）。発生においても同様のことが考えられます。発現すべき遺伝子の選択によって運命が決定されると考えるのです。

（2）　細胞分化という現象

　個体を構成するすべての細胞はもともと単一の卵細胞に端を発します。卵細胞が細胞分裂し、それぞれの細胞が独自のアイデンティティーを確立していきます。この過程を**細胞分化** cellular differentiation と呼びます。それぞれ分化した細胞は、それぞれに特徴的な蛋白質を持っています。遺伝子レベルで考えると、それぞれの細胞が特徴的な遺伝子発現パターンを持っているということです。すべての細胞に共通する遺伝子――**ハウスキーピング遺伝子** housekeeping gene――の発現産物は、基本的にはすべての細胞で同様に発現されてはいますが、その発現量は細胞によっても多少は異なってきます。

　組織あるいは細胞に特徴的な蛋白質としては、皮膚 skin ではケラチン keratin、神経細胞 neuron では各種の神経伝達物質 neurotransmitter、色素細胞 melanocyte ではメラニン melanin、膵臓 pancreas では、各種の消化酵素 digestive enzyme やインスリン insulin、グルカゴン glucagon といったホルモン hormone、筋肉ではミオシン myosin やアクチン actin、赤血球 erythrocyte （red blood cell）ではヘモグロビン hemoglobin、生殖腺 sex gland では性ホルモン sex hormone などがあげられます。このような分かりやすい構造蛋白質やホルモン以外にも、受容体 receptor をはじめとした細胞内情報伝達経路 signal transduction pathway に関わる分子群は非常に特徴的な発現パターンを示します。

このような細胞特異的な蛋白質の合成は、細胞が完全に分化を完了する前からすでにはじまっており、さらに、合成が始まる以前から、どこかの時間で最終的にどのような細胞になるかが決定される必要があるでしょう。これを**運命決定** fate determination と言います。

細胞の分化と遺伝子発現の変化とは一概に同じではありません。すべての細胞は何らかの遺伝子発現調節を行いつつ生きているのですから、環境の変化に対する可逆的な遺伝子発現の変化は分化ではありません。分化はある程度安定で、基本的に不可逆の過程でなければなりません。とはいえ、外傷による組織の再生においては、分化していたはずの細胞が**脱分化** dedifferentiation し、別のアイデンティティーの細胞に分化することも知られています。

昆虫 insect の発生においては、事情はもっと複雑です。完全変態 holometaboly（complete metamorphosis）を行う昆虫では、卵 egg、幼虫 larva、蛹 pupa、成虫 adult という**変態** metamorphosis を行います。幼虫という存在は、成虫という形態をつくるための栄養獲得段階であると考えることができます。幼虫が急にまったく形態の異なる成虫になることは困難であるため、その中間段階として蛹という段階が存在します。この蛹の中で幼虫から成虫への劇的なつくり変えが起こるのですが、幼虫の体内でゼロから成虫の体がつくられるわけではありません。幼虫の時代において、その体内にはすでに成虫組織のための**原基** imaginal disk が存在しているのです。

ショウジョウバエは発生生物学のモデル生物として詳細に解析されていますが、そのショウジョウバエにおいては、この原基は胚発生の初期において30個ほどの細胞として出現します。これらの細胞は幼虫の成長とともに分裂を続けます。若齢幼虫においては、これらの未分化な原基細胞のうちどの細胞が成虫の何になるのかなどはまったく決まっていませんが、蛹になる前の最終段階である終齢幼虫になると、それらの成虫原基は将来どの細胞に分化するか運命づけられる

ことになります。それぞれ、翅原基、触覚原基、脚原基などにすでに運命づけられているのです。

それらの成虫原基を他の成虫や若齢幼虫に移植すると、増殖は起こりますが、分化は決して起こりません。これは、終齢幼虫の体内に存在するホルモンの状態が分化の引き金であることを示しているのです。実際に終齢幼虫が蛹になると、その直後からこれらの原基は急速に分裂し、拡大し、遂には特定の細胞に分化し、成虫の体をつくり上げていくことになります。蛹化の際には幼虫の体の中は特殊なホルモンの状態であることになります。蛹化には、蛹化ホルモンである**エクジステロイド** ecdysteroid の濃度が高く、**幼若ホルモン** juvinile hormone（JH）の濃度が低いことが生理的に必要ですから、そのような刺激を受けて分化の引き金が引かれることは容易に想像できます。

分化状態の程度あるいは進化の柔軟性の程度などを表す便利な言葉に「**カナライゼーション** canalization」という言葉があります。「キャナル canal」とは谷のことです。分化以前の状態は不安定であるものの、柔軟性に富むため、様々な可能性を持ちますが、ある特定の「谷」に転がり落ちると、もう他の谷に移ることはできなくなります。細胞が不可逆的に分化し、柔軟性が失われたわけです。その場合、カナライゼーションの程度が進んだと表現されます。

（3）ゲノムの再編成は不要

ジャコブとモノーが提出したオペロン説に伴う「**遺伝子発現調節**」というパラダイムは、発生生物学にも大きな影響を与えました。このパラダイムには、単一の卵細胞から分化したすべての体細胞が持っている遺伝子セット（ゲノム genome）はまったく同一であるという大前提があります。だからこそ、それぞれの細胞の遺伝子発現を調節することによって、使用されるべき遺伝子が決まり、細胞のアイデンティティーが生まれるわけです。持っている遺伝子セット自体が異なるのであれば、分化の問題はゲノムの再編成の研究に還元されてしまいます。

ゲノムの再編成が行われているのかどうかを調べることは容易ではありません。遺伝子は哺乳類なら個体当たり2万個程度もありますから、それらすべてに

ついて個々に調べていくわけにはいきません。そこで行われた実験が、分化細胞からの個体再生の実験です。これは植物において先行して行われました。1960年代から70年代にかけて、すでにタバコやニンジンの茎などの分化細胞を植物ホルモンを含む培地で培養してカルス callus と呼ばれる未分化細胞のかたまりをつくり、遂にはカルスから完全なる個体をつくることに成功しています。これはタバコやニンジンに限らず、様々な高等植物の様々な分化細胞を用いて行われ、成功を収めました。このことから、植物の分化した細胞の核には、個体全体を正常につくり上げるための遺伝情報がすべて収められており、情報の損失、つまり、不可逆的なゲノムの再編成は行われていないことが分かったわけです。

ただし、植物では、それはあまり大きな驚きではないかもしれません。葉を切り取って水につけておくと、根が出てきて遂には植物体全体になることも珍しくありません。分化した細胞においても、ゲノム情報は失われていないことは容易に想像できます。また、上記のような植物の実験では、実際にスタート時点で採取された細胞が本当に分化していた細胞なのかは疑わしいと言わざるを得ません。未分化の細胞が植物組織のいたるところに潜んでおり、傷を負ったときなどに活性化されるのかもしれません。カルスを形成した細胞も、もとはといえば、このような未分化の細胞であったかもしれないわけです。

では、動物ではどうでしょうか。動物は植物のような離れ業はできませんから、分化した細胞の核にすべての遺伝情報が保存されている必要はないように思えます。けれども、実際には全情報は保存されていることが分かりました。動物においてはアフリカツメガエルを用いた核移植実験 nuclear transfer experiment が行われました。分化した細胞の核を細いガラス管で吸い取り、あらかじめ核を破壊しておいた卵細胞に注射するという方法です。このような方法で、かなり低い確率ではありますが、完全なる個体が得られることが分かりました。つまり、カエルの分化細胞の核には生体全体を構成するための情報が含まれていたわけですね。

このような核移植実験を**動物クローニング** animal cloning と呼びます。核移植によって生まれてきた個体のゲノムは、ある個体の分化した細胞のゲノムに由来しますから、もともと核を提供した個体と遺伝的にまったく同一の個体であることになります。つまり、核移植によって生まれてきた個体は核を提供した個体

のクローン clone であるわけです。

　このような動物クローニング技術は長らく両生類のみで可能であると言われてきましたが、近年はマウスでも可能となりました。また、マウスの様々な分化した細胞からクローンをつくることが可能となりました。嗅神経細胞からもマウスのクローニングが行われています。

　しかしながら、これには重要な例外もあります。例外は免疫系の B 細胞および T 細胞です。これらの免疫細胞においては、ゲノム DNA の一部が失われます。抗体や B 細胞受容体および T 細胞受容体の多様性をつくり出すためにゲノムが再編成されるのです。近年、それをさらに裏付けるために、B 細胞からマウスのクローンがつくられ、このマウスは免疫不全になることが示されています。免疫系については、第 11 講に譲ります。

　余談ですが、動物のクローニングは、このようにもともと学術的な疑問に答えるために生み出されました。しかし、それは基本的にはヒトに応用することも可能ですから、様々な生命倫理的な問題を生み出してしまうことになります。もし、動物クローニング技術によってクローン人間が生み出されるようなことがあれば、そのクローンの人には、生物学的な母親も父親もいないことになります。もちろん、核移植後には誰かの子宮を借りて生育させる必要がありますから、誰かから生まれることにはなりますが、それは「借り親」です。そのような非倫理的な行為が法的に正当化させる社会を想像すると本当に恐ろしくなります。生命倫理学者という人々がこのような問題に取り組んでいるのですが、私には、生命倫理学者という人々は非倫理的行為を正当化するための橋渡しをする人々なのではないかと危惧されてなりません。親のいない人工的な技術のもとに生まれたことを想像してみてください。そのような人は自殺や犯罪に走ってしまうことは間違いありません。

（4）　胚発生とシュペーマンの実験

　植物でも動物でも、細胞の分化には少数の例外を除いてゲノムの再編成は基本的には起こらないことが分かりました。また、細胞分化の問題は、いつどのような場合にどの遺伝子がオンとなり、どの遺伝子がオフとなるかという遺伝子発現

調節の問題に還元されることも受け入れてよいでしょう。さらに、未分化な細胞が分化する際には、昆虫の変態における成虫原基の分化の場合のように、ホルモンの状態など、細胞が置かれている環境が重要な分化の方向性を与えることも分かりました。では、具体的には、未分化の細胞はどのようなシグナルを外部から受け取り、どのようにシグナルを解釈して遺伝子発現を調節するのでしょうか。細胞の分化という現象は細胞・組織レベルの現象ではありますが、その基盤となっているのはこのような分子レベルの現象であることは間違いありません。細胞分化の研究も、第9講で述べた細胞内・細胞間の情報伝達の研究として位置づけることができます。

　発生過程における細胞間の情報交換について最初に実験的事実を提出したのは、シュペーマンとマンゴールドです。シュペーマンとマンゴールドは、イモリの胚発生を対象として研究しました。彼らの業績を理解するために、現在比較的広く利用されているアフリカツメガエルの胚発生過程 embryogenesis を概観してみましょう。

　受精後、卵細胞は細胞分裂を開始します。卵細胞の細胞分裂では、細胞の成長は伴いませんから、分裂するごとに細胞はだんだんと小さくなっていきます。そして、受精後6〜8時間くらいたつと細胞数は1万個ほどにもなります。この時期、外見からは球形をしているのですが、内部には上方に空洞ができています。この時期の胚を**胞胚** blastula と呼びます。この時期には、空洞の上部の細胞層と空洞の下の細胞群にすでに性質の違いが見られます。その後、4〜5時間ほど経過すると、3万個ほどの細胞になります。この時期に、表面の細胞が、ある特定の部分（**原口** blastpore）から内部の空洞を奥へ押し込むようになります。この過程を原腸形成 gastrulation と呼び、この時期の胚を**原腸胚（嚢胚）** gastrula と呼びます。

　原腸胚では、細胞群は3種類に分けられることが分かっています。外部表面の**外胚葉** ectoderm、空洞へ潜り込んで新たな細胞層となった**中胚葉** mesoderm、胚の下部に位置している**内胚葉** endoderm です。これらそれぞれの胚葉から、まったく別々の器官が将来形成されることになります。外胚葉からは皮膚 skin や神経 nerve が、中胚葉からは筋肉 muscle や骨 bone が、内胚葉からは消化管 digestive tract や肝臓 liver などが生じます。当然ですが、たとえば外胚葉から

肝臓が生じることはありません。この3胚葉の分離が、明確な運命拘束の第一段階ですから、この時期にどのような細胞間の情報交換が行われるのか、それが重要な問題として浮かび上がってきます。

　シュペーマンとマンゴールドは、まさにイモリの胚の原腸形成に注目しました。この時期に空洞に潜り込んでいく部分（**原口** blastpore）の少し上部に位置する背側の組織（**原口背唇部** blastpore dorsal lip）を、非常に細いひもを使って切り出し、別の胚の腹側へ移植 transplantation したのです。「非常に細いひも」には、具体的には、ブロンドの赤ちゃんの頭髪が用いられたと聞いたことがあります。マンゴールドはいろいろと実験に工夫を凝らしたことがうかがえるエピソードです。すると、移植片 transplant の周辺の外胚葉のうち、表皮へと分化するはずの細胞が神経へと分化してしまうという現象が観察されました。さらに、切り出された組織は別の胚の腹側に移植されたため、腹側に近い中胚葉が背側の構造を形成するようになり、ひいては移植片周辺に新しい体軸が形成され、身体が融合したままの双子のような胚が形成されるに至りました。このようにして実験的に誘導された構造は、移植片からの細胞だけでなく、移植を受けた宿主 host の細胞からも構成されていました。つまり、移植を受けた宿主細胞は、移植片からのシグナルを受け取り、結果として移植片によって発生運命が操作されてしまったことを意味するのです。何とも残酷で気持ち悪い実験結果ですが、これは発生学の歴史の上で最も影響力のあった研究として位置づけられています。

　シュペーマンにはその後、ノーベル賞が授与されることになります。シュペーマンの大学院生であったマンゴールドは1924年の論文さえ見ることなく実験事故による火災のために、26歳という若さで亡くなってしまいました。移植実験には彼女の辛抱強さと器用さが不可欠であったでしょうから、マンゴールドはまさに悲劇のヒロインになってしまいました。

（5）　モルフォゲンの勾配モデル

　シュペーマンとその大学院生であったマンゴールドは、ある発生段階における胚の一部の細胞群が周囲の組織の細胞分化の運命を決定づけるような活性を持っていることを移植実験によって示しました。このような組織を**オーガナイザー**

（形成体）organizer と呼びます。オーガナイザーは両生類の胚の原口背唇部に限らず、様々な動物の発生過程において要所要所に現れます。

　昆虫においてもそのようなオーガナイザーが知られています。胚発生のごく初期の卵の両端がオーガナイザーとして機能します。また、昆虫のそれぞれの体節 segment も極性を持っています。それぞれの体節では、どちらが前でどちらが後であるということがそれぞれの細胞に認識されており、体毛はその方向性に従って配置されます。体節の境界組織を除去すると、この体毛の向きが乱されることが分かっています。

　これらの現象はどのように説明できるのでしょうか。オーガナイザーからのシグナル、つまり、仮想的な**モルフォゲン** morphogen が分子的実体として浮かび上がってきたのは、その後 65 年を経過せねばなりませんでした。その話は後回しにして、理論的なモデルについてここで述べておきます（図 10-1）。

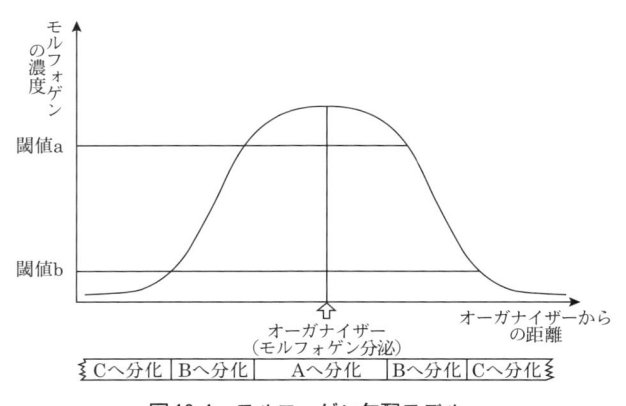

図 10-1　モルフォゲン勾配モデル

　オーガナイザーからある物質が分泌されているというのが最初の仮定です。その物質（モルフォゲン）はおそらく単純な拡散 diffusion によって周囲の細胞に広がっていきます。当然、その濃度はオーガナイザーで最大となりますが、オーガナイザーから物理的に離れれば離れるほど小さくなっていきます。オーガナイザーから分泌されたモルフォゲンの**濃度勾配** concentration gradient が形成されるわけです。そして、濃度勾配に従って、周囲の細胞が分化すると考える

のです。

　ここで、「濃度勾配に従って」と述べましたが、それは以下のようなことです。オーガナイザー周辺の細胞群は、どの細胞もほぼ同じくらいのモルフォゲンに対する感受性を持っていると仮定します。それぞれの細胞はモルフォゲンの濃度がある**閾値** threshold である a という値を超えた場合、A という細胞に分化するようにプログラムされているとします。それと同時に、それよりも低い別の閾値 b を超えた場合、B という細胞に分化するようにプログラムされているとします。さらに、閾値 b を超えない場合、デフォールト default として C という細胞に分化するように運命づけられるようにプログラムされていると考えます。このような場合、モルフォゲンの濃度勾配によって、つまり、オーガナイザーからの物理的位置 physical location によって分化する運命が決まることになります。言い換えると、それぞれの細胞はオーガナイザーからのシグナルを読むことによって、モルフォゲン濃度という**位置情報** positional information を得、その位置情報に従って分化していくわけです。

　では、オーガナイザーから分泌されるとされるモルフォゲンの正体は一体何でしょうか。それは完全に解決された問題ではないと私は考えていますが、そのようなモルフォゲンとして機能する蛋白質の一群が判明していることは間違いありません。それらの蛋白質をコードする遺伝子群を、形態をつくるための「工具キット」という意味で、**遺伝的ツールキット**（ツールキット遺伝子群）genetic toolkit と呼びます。「工具」とは、モノをつくるときに使うペンチとかドライバーのことです。生物の形態形成という現象をものづくりにたとえているわけです。

（6）　シュペーマンのモルフォゲンの正体

　シュペーマンのモルフォゲンの正体は、その提唱後 65 年以上も不明のままでした。その間、多くの研究者が努力しましたが、これといった成果も上がらなかったのです。特に問題を複雑化したのは、モルフォゲンとして働く物質はかなり生物学的に微量で特異的な物質であると想定されていたにもかかわらず、まったく生物学的に無意味と思われる物質や物理的な刺激などですら、実験的にシュ

ペーマンの移植実験と同じように異所的な神経の分化を誘導することができるという事実です。移植実験ではどうしても宿主を傷つけますから、その傷が原因で異所的な神経誘導が起こったのではないかという議論すら成り立つことになります。その場合、モルフォゲンは存在しないのではないかという極論に結びつくこともあり得ます。

　そのような状況で、本当に重要なのはモルフォゲンというオーガナイザーからのシグナルではなく、シグナルは細胞分化のきっかけを与えるにすぎないという立場を表明する研究者も出てきました。つまり、シグナルを受ける受け手の状態こそが重要なのであると。そして、現在では、もちろん、受け手は送り手からの物質の受容体 receptor を発現していることが必要ですから（モルフォゲンが転写因子の場合は DNA 配列が「受容体」になりますが）、送り手説も受け手説もどちらも重要であることが現在では分かっています。

　けれども、シュペーマンのモルフォゲンのモデルは非常にシンプルで魅力的であるため、研究者の心の中から消えてしまうことはありませんでした。そして、1989 年、その解明へとつながるある研究が発表されました。切り出された初期の外胚葉をそのまま培養しておくと、表皮組織へと分化していくことが知られていました。この分化には、細胞間の情報交換が必須ではないかとの仮説のもとに、以下のような実験が行われました。外胚葉組織の細胞をばらばらに分離し、その後すぐにランダムに集合させると、外胚葉片はやはり表皮組織に分化します。しかし、分離後 1 時間以上放置しておき、その後集合させると、神経へ分化する兆しが見えはじめ、5 時間ほど分離状態を続けた後に集合させると、完全に神経組織へと分化することが分かりました。つまり、外胚葉は何も情報入力がないデフォールトの状態では神経へ分化するようにプログラムされており、細胞相互の情報入力が行われると表皮へと分化するように再プログラムされることが分かったのです。

　分子生物学的な解析が行われた結果、神経への分化を誘導することができる遺伝子としてノギン noggin が同定されました。ノギンは原口背唇部で発現されていることも分かりました。さらに、コーディン chordin という遺伝子も同定され、類似の機能を果たしていることが分かりました。ノギンとコーディンの機能によって何も情報入力がない状態では外胚葉は神経へと分化するわけです。細胞

間の情報交換が行われると分化のプログラムが書き直され、神経ではなく、表皮へと分化するようになりますが、このときの細胞間の情報交換物質は、骨形成蛋白質 bone morphogenic protein-4（BMP4）であることが分かりました。BMP4は細胞外を拡散し、濃度勾配を形成することができます。ノギンとコーディンも細胞外に存在し、BMP4 に結合することでその活性を阻害します。

　このような実験を総合すると、実際に外胚葉組織で起こっていることは、以下のようになります。細胞間情報分子としてBMP4が出されていますが、これは神経分化のスイッチを表皮分化へのスイッチに切り換えるためのシグナルです。ですから、組織全体をそのままにしておくと、表皮へと分化していきます。この表皮分化シグナルであるBMP4の活性をノギンとコーディンが阻害することによって、デフォールトの神経分化へのスイッチに戻すことができるわけです。

　シュペーマンのオーガナイザーから分泌されると仮定されていたシグナルは、神経分化誘導シグナルでしたから、この話では、結局神経分化のためのモルフォゲンは存在せず、表皮分化シグナルBMP4の阻害物質としてノギンとコーディンが存在するのみということになります。神経分化はBMP4のない状態でのデフォールトですから、シュペーマンとマンゴールドの移植による神経誘導という現象は、移植により、それ自身および周囲の細胞がBMP4の活性を失ってしまった結果であると考えることができることになります。ですから、シュペーマンの誘導シグナルを追求した長い研究の末、直接的な誘導シグナル自体は存在しないという結論に達することになりました。あえて言えば、BMP4とその阻害物質が探していたモルフォゲンだということになります。

　BMP4は、現在ではモルフォゲンとして認められています。そして、実は、それよりも早くモルフォゲンの濃度勾配が最初に直接的に証明されたのは、ショウジョウバエの研究においてでした。以下に述べるように、ショウジョウバエのツールキットこそが、モルフォゲンとして機能しているという確固とした証拠が提出されることになりました。

（7）　ビコイドによる前後軸シグナル

　形態形成のツールキットに関する研究はショウジョウバエで最も進んでいま

す。ツールキット遺伝子群の同定には、その遺伝子を突然変異 mutation によって不活性化したときにどのような異常形態が得られるかという表現型 phenotype を調べることによって行われます。その結果、現在では様々な遺伝子が同定され、それらの機能によっていくつかに分類されています。

ここでは、ショウジョウバエのモルフォゲン、つまり、ツールキット遺伝子群について説明しますが、基本的にはそれらのツールキット遺伝子群は哺乳類を含む他の動物群においても保存されていることが判明しています。ツールキット遺伝子群の存在は動物界全体に当てはまることです。これは驚くべきことで、節足動物門 Arthropoda、脊椎動物門 Vertebrata など、門 phylum という分類単位を越えて保存されているのです。動物の形態プランの起源はかなり古いことが想像されます。

両生類や昆虫の卵細胞は、受精後、自動的に分裂をはじめ、比較的短時間で胚形成が行われます。そのような分裂と分化の情報は、その時点ですでに卵細胞が持っていなくてはなりません。卵細胞は決して単なる均一な袋ではなく、細胞内には胚発生のために母親がセットアップしてくれた分子情報が詰まっているのです。

ショウジョウバエの卵母細胞の場合、卵母細胞が形成される際に、その一端とつながっていて成長を補助する細胞が存在します。この細胞を**哺育細胞** nurse cell と呼びます。この細胞は、ショウジョウバエの場合、卵母細胞と同一の細胞に由来します。哺育細胞は、成長中の卵子の、将来頭部（前方）になる部分の細胞質とつながっており、栄養分などを卵子に供給しているのです。しかし、単なる栄養分だけではありません。哺育細胞は、将来の頭部を位置づけるための位置情報を担う分子を卵子へと送り込んでいるのです。このように、母親から卵発生の情報を受け取ることを**母性効果** maternal effect と呼びます。

その位置情報を担う分子こそが、**ビコイド** bicoid と呼ばれています。ただし、面白いことに、哺育細胞から注入されるビコイドは蛋白質ではなく、mRNA です。ビコイド mRNA は、卵内では前方のみに偏って分布しています。産卵されたばかりの卵では蛋白質にはまったく翻訳されていません。少し時間がたつとビコイド蛋白質が現れ、おそらく単純な拡散 diffusion によって濃度勾配 concentration gradient を形成するようになります。この濃度勾配に従って前

後軸 anteroposterior axis が形成されます。ビコイドの濃度が高い部分が前部 anterior に、低い部分が後部 posterior へと発生していくのです。

　胚の位置情報分子はビコイドだけではありません。母親の哺育細胞からの位置情報物質は他にも多数同定されており、機能別に分類されています。しかし、ビコイドをはじめ、すべての母性効果の形態形成因子は転写因子 transcription factor です。ビコイドはハンチバック hunchback と呼ばれる遺伝子のプロモーターに結合し転写を促します。そして、ハンチバックも濃度勾配を形成します。さらに、ハンチバックも転写因子ですので、他の遺伝子を活性化します。ハンチバックの濃度勾配に従って、最も濃度の高い部分では、クリュッペル Krüppel が、中程度に濃度が高い部分ではクナープス knirps が、さらに濃度が低い部分ではジャイアント giant が発現されるのです。このように、最初は非常に粗い状態のビコイドの濃度勾配の一部がハンチバックに読み取られ、よりシャープな勾配となり、さらに、ハンチバックの位置情報が他の遺伝子に読み取られる結果、より狭いシャープな部分だけにある遺伝子の発現が限定されるようになります。このような連鎖的な濃度勾配の読み取りによって次々と場所特異的な分化シグナルが形成されていきます。

（8） ホメオティック遺伝子

　胚の初期発生ではなく、比較的後期の形態形成に関わる重要な遺伝子群が、**ホメオティック遺伝子群** homeotic genes です。ホメオティック遺伝子群について説明する前に、ホメオシス homeosis の研究を紹介しなければなりません。

　ホメオシスの発見は、博物学的な研究に端を発しています。動物の標本をいろいろと調べていくと、稀に形態異常を持つものが発見されます。このような形態異常をいろいろと調べていくと、まったく説明不可能な異常も多くありますが、体の一部が他の部分になってしまっているという大変奇妙な異常個体があることに気づきます。たとえば、チョウの後翅が前翅に置き換わっていたり、ハエやハチの触覚が脚に置き換わっているような異常型が代表的です。このような異常は**ホメオティック変異** homeotic transformation あるいは**ホメオシス** homeosis と名づけられました。ホメオとは「類似の」という意味ですから、ホメオティック

変異とは、ある構造物が類似の部分に置き換わった変異であるという意味です。

このような異常型は偶発的に野外で得られた標本に見られるのですが、そのような異常型の発生メカニズムを研究するためには、死んだ標本ではなく、交配させて飼育を続けることができる生物が必要となってきます。交配させることによって遺伝学的な解析が可能となるからです。また、人工的に突然変異を誘発する必要もあります。このようなニーズのためにショウジョウバエが用いられました。

このような研究で最初に得られたホメオティックな突然変異体として、ショウジョウバエの平均棍 haltere が翅 wing に変化した個体が得られました。昆虫は一般的には中胸 middle thorax と後胸 posterior thorax にそれぞれ一対の翅を持っています。全部で4枚の翅があるわけです。しかし、ハエやハチでは事情は異なります。ハエやハチは一般に双翅目 Diptera と呼ばれるように、中胸に一対の翅（前翅 forewings）を持つだけで、後胸にあるはずの後翅 hindwings は退化して棍棒状の器官になっています。これが平均棍です。ところが、上述の突然変異体 mutant では、この平均棍が翅に変化しています。4枚の翅を持った異常個体として誕生するのです。この突然変異体は**バイソラックス** bithorax と命名されました。そればかりではありません。ほかにもホメオティック変異体が発見されました。**アンテナペディア** antennapedia と呼ばれる突然変異体は、アンテナ（触覚）が脚に変化しています。つまり、頭から脚が生えているのです。

これらのホメオティック変異体は、どのようなメカニズムで発生するのでしょうか。言い換えると、どのような遺伝子が突然変異した結果としてホメオシスが起こるのでしょうか。バイソラックス変異体の場合、**ウルトラバイソラックス** *ultrabithorax* と呼ばれる遺伝子が関与しています。この遺伝子は、平均棍の発達を促進し、翅の発達を抑制するように働きます。この遺伝子に突然変異が起こり、その機能が欠落してしまうと、平均棍の発達の促進が不可能となり、デフォールトとして翅が発達してしまいます。遺伝子の機能が発揮できないために起こる異常です。

一方、アンテナペディア変異体の場合、その名のとおり、**アンテナペディア** *antennapedia* と呼ばれる遺伝子に突然変異が起こっています。この遺伝子は、触覚の形成の際には機能せず、脚の形成時に機能するはずなのですが、突然変異

によって、誤って触覚の形成のときに活性化されてしまうのです。すると、異所的な遺伝子機能の獲得のため、異所的に脚が形成されてしまいます。

ホメオティック変異の面白い点は、これらの大きな発生学的な変異が単一の遺伝子の異常によって引き起こされるということです。そして、平均棍ができるはずのところに正常な形態の翅ができたり、触覚ができるはずのところに正常な形態の脚ができたりします。異常な場所にできた器官は正常な形態を保っています。つまり、ホメオシスは、遺伝子の異常によって細胞の運命が変換された結果なのです。運命が変換されたあとは、発生過程はスムーズに「正常に」進行し、正常な器官をつくりあげます。発生過程の経路そのものは異常ではなく、経路の選択が誤っていたのです。このことから、細胞分化の分岐点の決定遺伝子としてホメオティック遺伝子は機能していることが分かります。このような機能を遂行する遺伝子、つまり、細胞分化岐路の運命を決定する遺伝子を**セレクター遺伝子** selector gene と呼びます。ホメオティック遺伝子はセレクター遺伝子の代表格であると位置づけることができます。

（9） 翅の発生におけるセレクター遺伝子

ホメオティック遺伝子は細胞分化の運命を決定するのですから、その遺伝子の発現は発生過程において厳密に制御されていなければなりません。ウルトラバイソラックスは、正常個体では、幼虫において、成虫の平均棍になる原基で発現されています。決して翅原基で発現されてはいません。

ほかにも翅の発生に関わるセレクター遺伝子があります。ベスティジアル *vestigial* (*vg*) とスカロップト *scalloped* (*sd*) と呼ばれる二つの遺伝子は、互いに結合し、複合体を形成します。これらの遺伝子は、翅や平均棍の原基に発現しています。これらの遺伝子を異所的に脚や眼などで強制的に発現させるという実験を行うと、そのような異常な場所に翅の組織が誘導されてしまいます。

翅の区画をさらに細かく決定する遺伝子もあります。エングレイルド *engrailed* (*en*) と呼ばれる遺伝子は、すべての体節の後方部分 posterior part に発現され、体節の前後を決定します。正常な個体では、前部 anterior part では発現されません。この遺伝子に異常が起こると、体節は前と後の区別ができな

くなり、同一の体節内で体節の前部の構造が鏡面対称になって現れてしまいます。翅でもエングレイルドは発現しています。その場合も翅の後部のみに発現しているのです。

アプテラス apterous（ap）と呼ばれる遺伝子は、翅の背側 dorsal part になる部分に発現しています。翅は表側と裏側の細胞の層が重なり合ったものですが、そのうちの背側の細胞のみに発現されているわけです。ベスティジアルとスカロップトは翅全体に発現していますが、そのうち、前後を決めているのがエングレイルドであり、表裏を決めているのがアプテラスなのです。もしアプテラスが欠損すると、背側の細胞は腹側のアイデンティティーを確立してしまいます。

このように、翅の発生においても、様々な段階で運命決定のためのセレクター遺伝子が活性化され、その活性に従って運命が決定されます。セレクター遺伝子が発現しない場合、デフォールトの運命をたどる場合がよく見られます。注意しなければならないことは、セレクター遺伝子は、特定の組織を形成するための未分化な細胞の分化運命を決定しているにすぎず、構造そのものをつくり上げているのではないということです。構造をつくる計画決定のマスター遺伝子であると考えられます。家を建てるうえでいくつかの計画書があり、そのうち一つの計画書を選んで承認印を押し、計画を実行に移させているという働きがあります。また、ホメオティック遺伝子をはじめとして、セレクター遺伝子の大部分が転写因子です。つまり、遺伝子発現パターンを大きく決定づける機能があるわけです。

（10） 翅の発生におけるコンパートメント化

以上のような予備知識を基にして、翅の発生における遺伝子発現調節についてもう少し詳細に見てみましょう。実際、ショウジョウバエの翅の発生調節メカニズムは、胚発生過程を除けば、最も詳細に研究されているシステムです。

将来的に成虫の翅に分化する細胞は、すでに幼虫時代に他の体細胞とは別格の**翅原基** wing imaginal disk として保持されています。翅原基は、成虫の翅が生える部分と同様、幼虫においても中胸 middle thorax（第二胸部 second thorax）に保持されています。卵から生まれたばかりの最初の幼虫（1齢幼虫）では、30個ほどの細胞群から成ります。幼虫の成長とともに翅原基の細胞数も増加し、終

齢幼虫（3齢幼虫）では5万個ほどの細胞群にまで成長します。そして、成虫の翅が形成される以前に、すでに幼虫における翅原基において運命の決定のプロセスが進行しています。

　翅組織は、前後軸 anteroposterior axis および背腹軸 dorsoventral axis という位置情報をつくり出し、その位置情報に従って細胞が分化していきます。前後軸形成に重要な遺伝子としてエングレイルド *engrailed* があります（図10-2）。エングレイルドは翅原基の後部（翅全体の半分くらいの面積）に発現しています。この遺伝子は前部には発現されません。この遺伝子で前部と後部が規定され、それぞれが**コンパートメント** compartment としてそれぞれの運命をたどることになります。エングレイルドが発現された後部の細胞においては、それに引き続き、ヘッジホッグ *hedgehog* と呼ばれる遺伝子が発現されます。前部の細胞はヘッジホッグを発現することはありませんが、その受容体分子の遺伝子であるパッチト *patched* が発現されています。後部からヘッジホッグ蛋白質が前部へと拡散します。ヘッジホッグの拡散距離（標的活性化距離）は非常に短く、拡散直径は数細胞分しかありません。ヘッジホッグを受容できる細胞は、後部のコンパートメントに接しているような境界部分に近い細胞に限られることになります。パッチトを発現しているごく一部の細胞だけがヘッジホッグのシグナルを受

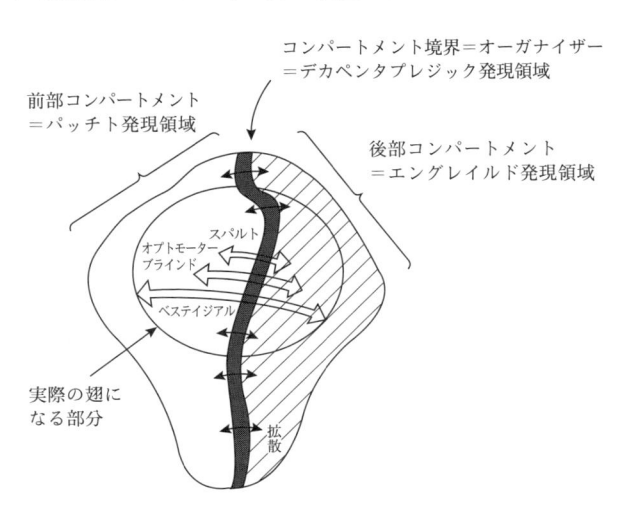

図10-2　ショウジョウバエの翅原基における
　　　　 前後軸形成の連鎖的発現制御

けることになります。

　パッチを発現している前部の細胞がヘッジホッグを受け取ると、デカペンタプレジック *decapentaplegic* という遺伝子発現が誘導されます。この遺伝子は後部と前部の境界領域に発現されるため、このデカペンタプレジックが発現している細胞がオーガナイザーとして働きます。つまり、デカペンタプレジックがモルフォゲン morphogen として前部および後部へと拡散、濃度勾配 concentration gradient をつくり上げます。デカペンタプレジックはヘッジホッグよりも拡散距離が長く、拡散直径は 20 細胞分以上あります。そこで、前部コンパートメントと後部コンパートメントの境界部分に形成された「オーガナイザー」から分泌されるデカペンタプレジックの濃度勾配に従って、翅の細胞は位置情報 positional information を認識し、閾値 threshold に従って別々の下流の遺伝子を発現することになります。最も濃度の高いコンパートメントの境界付近ではスパルト *spalt* が発現されます。その中心から広い部分にはオプトモーター・ブラインド *optomotor-blind* が、さらに広い部分（ほとんど翅全体）にはベスティジアル *vestigial* が発現されます。このベスティジアルがスカロップトとともにセレクター遺伝子 selector gene として翅の細胞のアイデンティティーを確立させます。

　一方、前後軸だけでなく、翅の表と裏、つまり、背側 dorsal と腹側 ventral の違いも、まだ翅の形をしていない原基の状態で決定されます。背側になる予定のすべての細胞でアプテラス *apterous* 遺伝子が発現されています。腹側になる予定の細胞ではこの遺伝子は発現されません。コンパートメントの境界領域においてはウィングレス *wingless* が発現されます。ウィングレスはモルフォゲンとして働くとされています。しかし、厳密にはウィングレスは古典的な定義ではモルフォゲンではないという話もあり、背腹軸決定の分子過程は前後軸よりも不明確です。

(11)　情報の統合としてのシスエレメントの役割

　実は以上のようなシグナル経路は、翅だけでなく、多くの組織において繰り返し使用されます。そのため、「オーガナイザー」からのモルフォゲンの活性は、細

胞の系譜を決定するには違いありませんが、組織発生の運命を決定するわけではありません。様々な組織で同じモルフォゲンが使われているのですから、それが発生運命を決定するのなら、すべて同じ組織になってしまいます。発生運命を決定するのがセレクター遺伝子 selector gene であり、翅の場合はベスティジアルとスカロップであるわけです。これによって翅というアイデンティティーが付与されることになります。ベスティジアルとスカロップは転写因子 transcription factor として働きますから、これらの遺伝子の発現によって誘導される下流の発現こそが翅予定組織を本当の翅にする遺伝子群であるということになります。

　以上のように、連鎖的な分子の発現を考えると、セレクター遺伝子が発現される前に、すでにコンパートメント compartment が決定されていることに気がつきます。たとえば、後部コンパートメントに対応するエングレイルドは、翅のセレクター遺伝子が発現するずっと前から発現しています。われわれの直感的な考え方としては、最初にセレクター遺伝子が翅で発現されてしまえばそれでよく、何も様々な遺伝子を次々と発現させる必要もないような気もしますが、実際にはそうはなっていないわけです。ということは、一見無駄に見えるセレクター遺伝子発現の前に行われる複雑な遺伝子発現の移り変わりは、セレクター遺伝子を選ぶための重要なプロセスであると考えることもできます。言い換えれば、そのプロセスがほんの少し変われば別のセレクターを選ぶことができるという柔軟性を持っているわけです。その柔軟性のために発現ダイナミクスの複雑さがあると考えてよいでしょう。

　以上のような発現のダイナミクスの記述には、ホメオティック遺伝子 homeotic gene は登場しませんでした。しかし、最初に述べたように、ホメオティック遺伝子は、翅、平均棍、触覚、脚などのアイデンティティーを決定する重要な遺伝子であると述べました。ホメオティック遺伝子は、上述の遺伝子発現のダイナミクスの中で、どの部分に関与しているのでしょうか。

　実は、アンテナペディア *antennapedia* やウルトラバイソラックス *ultrabithorax* などのホメオティック遺伝子は、上述の様々な遺伝子発現に関与しているのです。ホメオティック遺伝子は転写因子であることを思い出してください。ホメオティック蛋白質が結合する DNA の転写活性部位は、単一の遺伝子

ではなく、様々な遺伝子の発現調節領域に見つかっています。

たとえば、ベスティジアルの発現調節部位はデカペンタプレジック蛋白質（転写因子）のみならず、ウルトラバイソラックス蛋白質（同じく転写因子）によっても調節されています。つまり、それらの蛋白質がベスティジアルの転写調節部位に同時に作用することができるわけです。転写調節部位のことを一般に**シスエレメント** cis-element と呼びます。これは DNA 配列ですから、ある遺伝子と物理的に連結している、横方向からの調節因子という意味です。これに対して、転写因子はトランスエレメント trans-element ですが、この言葉はほとんど使用されません。シスエレメントが様々な転写因子の結合部位から構成されることで、様々な蛋白質の存在状態を直接モニターし、そのシスエレメントによって調節されている遺伝子の発現を状況によって変えることができるわけです。シスエレメントは、位置情報の統合の場所であると考えられるわけです。

(12) 昆虫の翅の多様性と進化

昆虫 insect は種 species の数という意味では、地球上で最も繁栄している生物です。ある文献によると、現在記載されている全生物種 165 万のうち、昆虫はその約半数である 80 万を占めています。昆虫以外の動物は 30 万、動物以外の生物が 55 万と見積もられています。地球を訪れた宇宙人がいたとしたら、地球は人間の星かそれとも昆虫の星かで意見が分かれることでしょう。それについては、第 13 講でも論じます。

このような昆虫の大繁栄の理由はいくつか考えられますが、その一つに昆虫は動物としては最初に「飛ぶ」という技術を身につけたという点を無視するわけにはいきません。実際、昆虫の分類において目 order のレベルの分類には翅の状態が使用されます。○翅目というように翅の状態に注目して目が命名されています。たとえば、チョウ・ガは鱗翅目 Lepidoptera、カブトムシは鞘翅目 Coleoptera、ハエは双翅目 Diptera、ハチやアリは膜翅目 Hymenoptera と呼ばれます。

翅の発明と関連しているのが、完全変態 holometaboly（complete metamorphosis）の発明でしょう。つまり、成虫 adult と幼虫 larva をまったく異なった

生物体として分離し、その間に蛹pupaの時期をつくることです。原始的な昆虫を除いてほとんどの昆虫は翅を持っていますが、昆虫のうち最も種数のうえで繁栄しているのが鞘翅目、鱗翅目、双翅目、膜翅目で、これだけで昆虫の80%以上を占めています。この4目すべてが完全変態の昆虫です。完全変態では蛹の中で成虫の翅が形成されるため、その時期に翅に様々な工夫を凝らす余地が出てくるのではないかと考えられます。蛹の登場（完全変態の発明）と翅の進化は相関しているのです。

それにしても、昆虫の中での翅の多様性には目を見張るものがあります。鞘翅目では、前翅が硬くなっており、体をすっぽりと覆って保護する役目があります。鱗翅目では、翅の表面に無数の鱗粉が付いており、それぞれが特定の構造と色を持っていることで翅全体が一つのキャンバスのように色模様が描かれています。

前翅と後翅のアイデンティティーの確立には、ウルトラバイソラックスという遺伝子が関与していることはお話したとおりです。昆虫ではおそらくどの昆虫でもこの遺伝子が後翅に発現されています。ですから、昆虫の翅の多様性の源泉はこの遺伝子が制御している下流の遺伝子に起因するのではないかと想像されます。チョウでは、ウルトラバイソラックスは鱗粉の色素と形態を調節していますが、鱗粉はそもそもショウジョウバエやカブトムシには存在しませんので、チョウの鱗粉細胞ではウルトラバイソラックスの標的遺伝子が他の昆虫のものと異なっていることを示唆しています。これには、ウルトラバイソラックス蛋白質そのものの構造変化も進化の一因となっているでしょうし、ウルトラバイソラックス蛋白質が親和性を持つDNAの結合領域（シスエレメント）の配列の変化も進化に貢献しているでしょう。また、ウルトラバイソラックスの発現を調節するシスエレメントの変化も進化に貢献していることは想像に難くありません。

(13) チョウの翅の構造

チョウの翅は、昆虫の翅の中でも最も細工が凝らされたものです。翅の表裏それぞれに屋根瓦のような構造で鱗粉細胞が規則的に並んでいます（図10-3）。この屋根瓦一枚に対応するのが鱗粉一枚です。チョウを手で触ると粉のようなもの

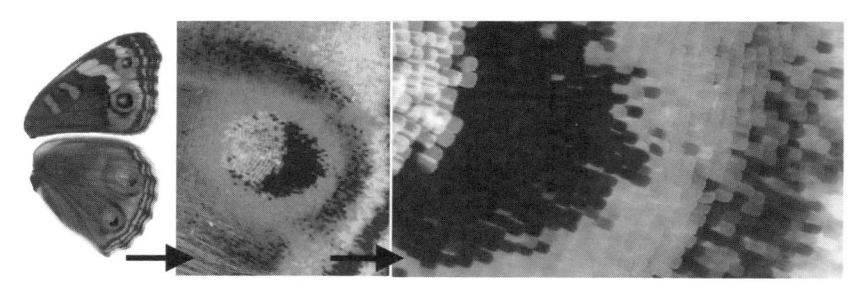

238 第4部 高次現象の分子生理学

図10-3 チョウの鱗粉

が手につきますね。それでチョウやガを極端に嫌う人もいるようですが、その反対に、チョウの美しさに陶酔する人も少なくありません。

　この鱗粉1個はそれぞれ細胞1個に対応します。成虫の鱗粉は蛹の時期に鱗粉細胞 scale cell が外分泌したクチクラ cuticle という物質からできています。鱗粉細胞そのものは鱗粉形成後に死んでしまいますから、成虫の鱗粉はもはや生きてはいません。しかしながら、個々の鱗粉はそれぞれ個々の鱗粉細胞に対応して形成されたものですので、個々の鱗粉の色や形には個々の細胞の分化状態が直接反映されています。

　チョウの翅の色模様は非常に多様ですが、鱗粉という瓦のような構造体が平面に貼り付けられた貼り絵のようなものだと考えればよいでしょう。そして、貼り絵に用いられる瓦の色はそれほど多くはなく、1個体のチョウで数種類程度であると言われています。瓦1枚には1種類の色だけを乗せることができます。黒、茶、黄、橙、赤を持つそれぞれの鱗粉がありますが、半分だけ黒で半分だけ黄色を持つ鱗粉は基本的には存在しません。つまり、チョウの色模様は限られた種類の色紙でつくられた貼り絵のようなものなのです。

　チョウの鱗粉には、色素による色模様のほかにも、もう一つトリックがあります。それは、鱗粉の微細構造 fine structure です。光の波長レベルの微細構造をつくり上げることによって、鱗粉表面で光を操作することができます。金属光沢を持つ鱗粉がそれに当たります。ですから、化学物質として色素を持たずとも、微細構造によって色を出すことができます。そのような色を構造色 structural color と呼びます。チョウの鱗翅ばかりでなく、タマムシなどのキラキラした輝

きを持つ昆虫の色も構造色です。

　この鱗粉細胞は、他の昆虫にも存在する感覚剛毛 innervated bristles の相同構造体となっています。つまり、感覚剛毛が進化したものであると考えられます。感覚剛毛という構造体は共通の母細胞から生まれた4個の機能的に異なる細胞から構成されています（図10-4）。剛毛細胞 shaft cell、ソケット細胞 socket cell、グリア細胞 glial cell、神経細胞 neuron です。感覚剛毛は感覚を得るためのものですから、神経に接続されているわけです。しかしながら、チョウの鱗粉構造は感覚器ではありませんので、神経は接続されていません。剛毛細胞と共通の起源を持つ鱗粉細胞と鱗粉細胞を支持するソケット細胞のみが存在するのです。チョウの翅では、グリア細胞および神経細胞に分化するはずであった細胞は不要ですから、発生過程で**アポトーシス** apoptosis（細胞の自殺）によって死んでしまいます。そして、鱗粉細胞は翅上の位置情報に従って、形と色を選択しなければなりません。

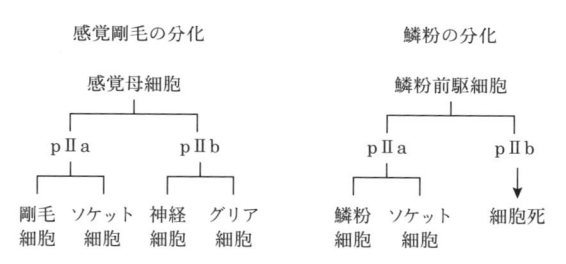

図10-4　鱗粉細胞の系譜

　このようにして形成されるチョウの鱗粉は、翅の基部を中心とした同心円を描くように並べられています。そして、これらの細胞は平面状に並ぶことで1枚のシートを形成し、細胞間は**ギャップ結合** gap junction でつながっており、情報交換が行われていると考えられています。翅という広いシートの中で、それぞれの鱗粉細胞は**位置情報** positional information を獲得し、自分がどのような色や形を持つ鱗粉をつくるかを決定しなければなりません。翅の一部が**オーガナイザー** organizer として位置情報を発していることが分かっています。その代表的なものが、**眼状紋** eyespot の中心部 focus ですが、おそらく翅の上にはほかにも

240　第4部　高次現象の分子生理学

オーガナイザーがいくつか存在すると思われます。

(14) チョウの眼状紋形成過程

　眼状紋 eyespot の中心部（焦点）focus にはオーガナイザーとしての活性があります。この細胞群を蛹化直後に針でつついて破壊してしまうと、眼状紋は形成されなくなります。また、この部分の細胞群を別の場所に移植 transplantation すると、移植された部分に眼状紋の形成が誘導されます。

　眼状紋は終齢幼虫から蛹の初期の発生段階において形成されてきます。チョウの種によって翅のどの位置に眼状紋をつくり出すかが決まっています。翅全体における眼状紋の位置を特定する機能を持つのがディスタルレス distal-less と呼ばれる遺伝子です。この遺伝子は、最初は翅の周辺部位および各部屋 wing cell（翅脈 wing vein で区分されている区画 wing compartment）の中心部分を長径に沿って内部へと伸びるように発現しています（図10-5）。時間がたつと、一部の点だけに発現が収束されてきます。この過程は、各部屋の形などを考慮して数学的にモデルされた結果と一致しています。ただし、確かに実際の眼状紋の位置とディスタルレスの発現細胞の位置は一致するのですが、眼状紋の生理的な活性はディスタルレスの発現以前から維持されていることが知られており、ディスタルレスの機能的意味はいまひとつ不明です。

　眼状紋では、ディスタルレスのほかに、ショウジョウバエの翅において前後の

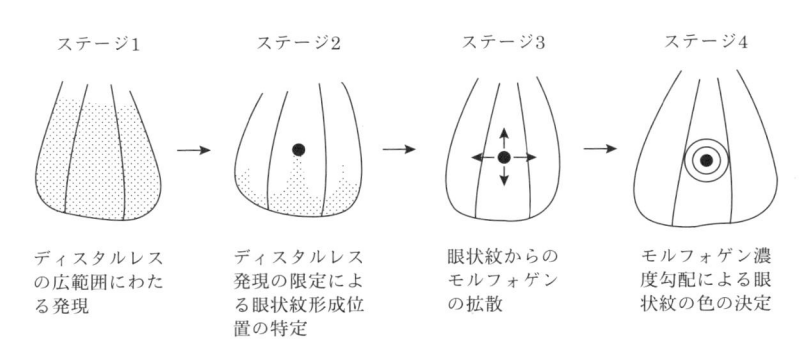

図10-5　眼状紋形成の4段階モデル

ステージ1: ディスタルレスの広範囲にわたる発現
ステージ2: ディスタルレス発現の限定による眼状紋形成位置の特定
ステージ3: 眼状紋からのモルフォゲンの拡散
ステージ4: モルフォゲン濃度勾配による眼状紋の色の決定

区画を確立するために用いられるエングレイルドをはじめ、ヘッジホッグとその関連遺伝子が発現されています。これらの遺伝子群の機能は必ずしも明確ではありませんが、ショウジョウバエの翅で区画化に使用されていた情報伝達系が修飾されるという形でチョウの眼状紋形成に用いられていると考えられます。このように、すでに使用されている遺伝子が、発生過程の進化の際に新しい機能を持つことを**コオプション** co-option と呼びます。つまり、ある進化段階で既存の遺伝子発現制御に関わる遺伝子セットは、多少の調節修飾を受ければ、まるごと別の機能の開発のために採用されうるということです。これは形態進化において重要な戦略であると考えられています。

　進化の原動力は多くの場合、自然選択 natural selection の力です。このことについては第13講でより詳しく論じますが、形態進化がどのような基盤を持って進行するのか、そのあたりについて明確な答がつかめてきたのはごく最近のことです。コオプションという概念も、形態進化の基盤的メカニズムの一つであると考えられます。

　もう一つ特に重要なのが、**シスエレメント** cis-element の変化です。進化という視点から考えると、機能的な蛋白質の構造自体に変化を起こすような遺伝子の突然変異は、多くの場合、弊害を伴うことが多く、蛋白質に新しい機能が獲得されて生物の新しい進化につながることはかなり稀であると考えられます。それよりも、より現実的な変化は、蛋白質自体（蛋白質をコードしている遺伝子配列）を変化させるのではなく、その発現調節配列（シスエレメント）を変化させたほうが効率的なのではないかと考えられます。そのためにはほんの少し調節領域を変化させればよく、既存の蛋白質の機能を破壊することもないため、有害な蛋白質をつくり出すことはありません。

　ところで、ショウジョウバエの翅における前後区画の形成の場合には、ヘッジホッグを受け取った細胞がデカペンタプレジックを発現するようになります。このデカペンタプレジックがモルフォゲンとして前部および後部へと拡散し、濃度勾配をつくり上げます。前部コンパートメントと後部コンパートメントの境界部分に形成された「オーガナイザー」から分泌されるデカペンタプレジックの濃度勾配に従って、翅の細胞は位置情報を認識し、閾値に従って別々の下流の遺伝子を発現することになります。

チョウの眼状紋においても、デカペンタプレジックに対応するモルフォゲンが存在すると思われますが、その正体は現在のところ不明です。ショウジョウバエの場合、デカペンタプレジックが拡散できるのは直径20細胞分程度であると考えられています。ショウジョウバエの翅を構成する細胞はそれほど多くはなく、翅自体も小さいのでこれで間に合うのでしょうが、チョウの眼状紋の場合、種によっては巨大な構造です。蛹のときにでも直径数mmはあり、成虫では数cmもあることも稀ではありません。また、眼状紋に限らず、チョウの翅はショウジョウバエに比べるとあまりにも巨大です。ショウジョウバエ全体が眼状紋の中心に収まってしまいますから。それにもかかわらず、チョウの翅の色模様は全体に統一感があるようにデザインされています。ショウジョウバエの場合に示唆されているような拡散の原理でモルフォゲンが位置情報を翅全体の細胞に与えることができるのか、多少疑問が残ります。

(15) チョウの翅の多様性を生み出すメカニズム

　チョウの翅には、おそらく眼状紋のオーガナイザーに匹敵するオーガナイザーがいくつか配置されており、それが位置情報を鱗粉細胞に与えることによって色模様の形成が起こります。それぞれのオーガナイザーがどのくらいの活性を持っているかどうかで、そのオーガナイザーが支配する模様の形状が異なってきます。

　上記のようなモデルでは、基本的にすべての鱗粉細胞がモルフォゲンに対して同一の感受性を持っていることを前提としています。つまり、各細胞が同数のモルフォゲン受容体を持っているということです。しかしながら、これは必ずしも正しくはないのではないかと思われます。同一の翅の上に存在するすべての鱗粉細胞が同時に発生過程を進行させるのではなく、場所によってそれらの発育期に時間差が生じます。ということは、それぞれの鱗粉細胞がある発生時期にモルフォゲン受容体をデフォールトで発現するとしても、その発現時期の違いによってモルフォゲン感受性が異なっていることも考えられるわけです。このように、発生段階に時間差をつけることが多様化につながっていく可能性があります。この現象を**ヘテロクロニー** heterochrony と呼びます。

図 10-6　チョウの季節型（サカハチチョウ）

　もうひとつ重要な要素があります。鱗粉細胞は分化の際にオーガナイザーからのシグナルだけでなく、身体全体にわたって循環するホルモンの状態にも影響されます。その代表的なホルモンが**エクジステロイド** ecdysteroid（**エクジソン** ecdysone）です。このホルモンは、蛹化ホルモンとも呼ばれるように、終齢幼虫が蛹化する際に亢進されるホルモンです。カイコガの場合、蛹化前にエクジステロイドは亢進されますが、蛹化直前には減少し、蛹化2日後にはまたピークを迎え、その後3、4日間、増加した状態が続きます。このときのエクジステロイドの濃度によって、翅の色調が明るくなったり暗くなったりします。特に顕著なのは、季節型 seasonal morph です。サカハチチョウやアカマダラに代表される顕著な季節型の多様性は、エクジステロイド分泌量の違いによって説明されています（図 10-6）。

　ちなみに、エクジステロイドは本当に多機能を持つホルモンです。チョウの幼虫の中に維持されている翅原基の成長にもエクジステロイドの作用が必要です。また、蛹での翅の形の形成に必須である**アポトーシス** apoptosis も誘導します。

　もう一つ、翅の色模様形成には、冷却ショックに対処するためのホルモンが「冷却ショック・ホルモン」として想定されています。チョウの蛹に冷却ショックを与えると、色模様が修飾されるからです（図 10-7）。しかし、冷却ショック・ホルモンの実態については現在のところ明らかではありません。蛹の翅の一部の

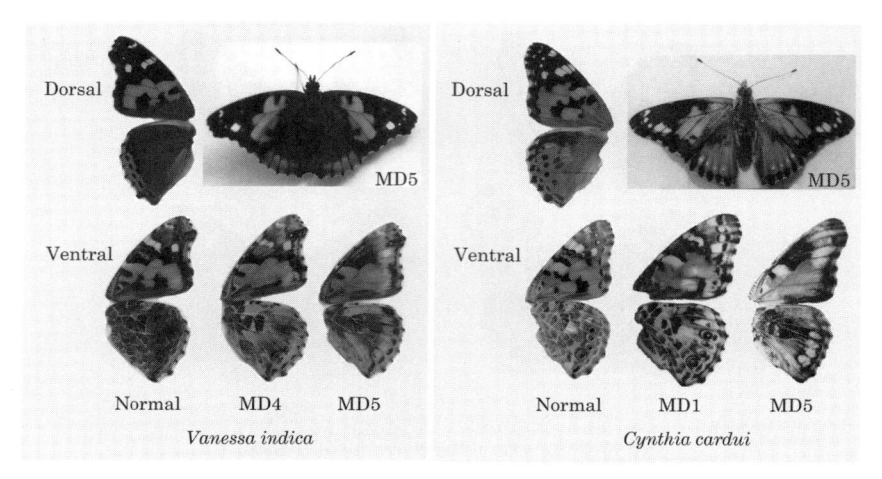

244　第4部　高次現象の分子生理学

図10-7　冷却ショックによる色模様修飾

みに冷却ショックが与えられた場合でも色模様修飾が起こることから、一般に低温処理は、翅の細胞の発生時期を正常発生と比べて遅らせてしまうことで、モルフォゲン受容体の発現とモルフォゲン分泌のタイミングなどに差が生じるのが原因で色模様が異常になるのではないかと考えられます。私自身は、冷却ショック・ホルモンと鱗粉細胞の発達時間の遅延による受容体発現の乱れの両方によって、色模様の修飾が起こると考えています。つまり、チョウの色模様は、以上のような要因が各鱗粉細胞で統合的に処理された結果として形成されるわけです。

　面白いことに、雌雄モザイク個体が野外で稀に採集されています。この個体は身体の一部がメスであり、別の部分がオスである異常型です。雌雄がまったく異なる色模様を持つチョウの場合、その雌雄モザイク個体は非常に興味深いパターンを見せます。たとえば、メスの翅の中のほんの一部分がオスになっている場合がありますが、その場合でも、翅のその位置でのメスの色模様が表出されています。昆虫の場合、性ホルモン sex hormone はなく、性は**細胞自律的** cell-autonomous に決定されますから、このような現象が起こるわけです。たとえば、哺乳類では、こういうわけにはいきません。たとえある細胞がオスとしての染色体の組み合わせを持っていたとしても、その個体の生殖器がメスであるなら、性ホルモンのために、その細胞も**雌化**してしまいます。チョウでは、メスの

翅でもオスのしかるべき色模様を表出できるということは、雌雄でまったく色彩が異なっているとはいえ、同じ位置情報を受け取っていることになります。同じ位置情報を受け取っていても、雌雄で色模様が違うということは、受け取る細胞側に重要な違いがあるということになります。

　受け取る細胞の大きな違いの一つは受容体でしょう。しかし、同じ位置情報を受け取るには同じ受容体が必要でしょうから、雌雄で色彩形成のためにリクルートされる遺伝子群そのものが異なっていると考えるのが適切でしょう。つまり、雌雄の色模様の違いは基本的な細胞の分化の能力 competence の違いに起因するということになります。

第11講

免疫——自己を守る細胞ネットワーク

（1） 免疫学の難しさ

　生物学関連分野の幅広さは、ここで述べるまでもありません。それぞれの分野にその分野特有の難しさや楽しさがあると思いますが、免疫学 immunology ほど難しさを感じさせる分野はほかにあまり多くはありません。免疫現象は非常に複雑な細胞ネットワークを基盤として成り立っているため、全体像が見えにくいためです。全体像をつかまずに各個を見ても免疫系が何をやっているのかさっぱり見当がつきません。サッカーや将棋と同じです。ある選手だけ、あるいは、ある駒だけに注目して動きを追っても、その動きが何のために行われているのか謎は深まるばかりでしょう。かといって、初学者が最初から全体像を知ることは困難ですから、免疫学の学習には忍耐が必要となります。

　それ以外にも、免疫学が難しい理由があります。免疫学では、階層レベルの行き来が頻繁です。分子、細胞、組織、個体というレベルにまたがっており、話が階層を行き来することが頻繁に起こります。また、免疫学においては確固とした法則はありません。未だに分からない部分や変更される点が多いのです。名称の変更もしばしば行われていますから、特に初学者は混乱してしまいます。どうしても暗記事項が多くなってしまいますが、これは仕方のないことです。

　免疫細胞 immune cell は時間と場所を変えて常に動き回ります。もちろん、特定の組織にだけ見られる免疫系細胞もいますが。そして、そのうちに細胞のアイデンティティー自体が変化していくこともあります。とてもダイナミックな細胞のネットワークがそこにはあります。細胞は互いに細胞表面抗原 cell surface antigen によってそれぞれを認識しています。特に B 細胞 B cell や T 細胞 T cell

では、それぞれの細胞がそれぞれの細胞表面抗原を持っています。2個として「同一の」細胞はいません。この状況は神経細胞と類似していますが、他の細胞集団では見られないことです。このような他の生物分野とは大きく異なっているリアル・タイムのダイナミクス、非常に複雑なネットワーク、個々の細胞のアイデンティティーの確立などの過程こそが、免疫学の中心課題となっています。

　学問分野としても、免疫学は特殊な歴史的背景を持っています。基本的には医学的な需要に端を発した免疫学ですが、現代の免疫学は単なる臨床のための知識ではありませんし、かといって単なる純粋な生物学でもありません。事実、免疫学は、医学部でも理学部でも教えられます。抗体の化学などは技術的にも生物学に大きな影響を与えており、生物学でも必須事項です。他の科学分野でも基礎科学と応用科学を厳密に分け隔てて考えることには無理がありますが、免疫学ではその混ざり合いの割合が特に大きいのです。しかし、医学部の免疫学と理学部の免疫学では、その教える内容に多少の違いが見られます。どこを強調するかで内容が変わってくるのは当然です。臨床的な応用を頭において講義するのか、あるいは、生物学的に重要な点を取り上げるのかの違いです。

　本書は現代生物学を鳥瞰することを目的としていますから、免疫学 immunology ではなく、免疫生物学 immunobiology として本講を展開したいと思います。つまり、細胞間ネットワークの構成に主眼を置きます。臨床的な話はほとんど取り上げません。そして、本講では、免疫系を構成している主要なプレーヤーだけに登場してもらいます。外部からの侵入者の排除という「目的」を常に頭に置いて、そのために一体何をしているのかと考えながら、免疫学を学習してください。

（2）　マクロファージという前衛防御部隊

　免疫系 immune system は、「自己」を外部の侵入から守ることを存在理由としています。この地球上には多くの生物があふれ、少しでも栄養価のあるものは食物として他の生物に分解されてしまいます。哺乳類の体内も例外ではありません。外部からの侵入者に無防備の状態では、たちまち分解されてしまうことでしょう。特に細菌や寄生虫などは、このような機会を常にうかがっているのです

から。この圧力に抗するメカニズムが、多細胞生物には必要です。

たとえば、われわれの消化管は、物理的には体内に存在するのですが、ここは免疫学的には体外に相当します。小腸が栄養分を吸収する前に、多くの細菌がそれを横取りしようと狙っています。それらの細菌が腸壁を通って「体内」に侵入することがないように、免疫細胞が監視しています。また、肺には常に外部から空気が吸い込まれますが、肺においても空気とともに進入してきた外来者が「体内」に侵入しないように監視されています。もちろん、皮膚も、外部からの進入者に対する物理的障壁として機能しています。

その障壁が物理的に破壊された場合、どうなるでしょうか。つまり、指を切ったりして外部から体内に細菌が侵入した場合、どのようなことが起こるでしょうか。身体の様々な組織には、外部からの侵入者を待ち構えて食べてしまう細胞がいます。**マクロファージ** macrophage です。ファージという言葉は「食べる」という意味の言葉です。以前紹介したバクテリオファージの「ファージ」と同じ意味です。マクロというのは大きいという意味です。その名のとおり、マクロファージは大きな食細胞です。マクロファージはアメーバのような細胞で、積極的に外部の異物をかなり無差別に食べます。異物を膜で包み込んでファゴソーム phagosome として外部から取り込み、内部のリソソーム lysosome と融合させて消化します。この過程が食作用 phagocytosis です。

マクロファージは様々な組織に常駐し、外部からの異物に対して第一線の防衛線として働いています。様々な組織のマクロファージは、その組織によって固有の名称が与えられています。肝臓のクッパー細胞 Kupffer cell や皮膚のランゲルハンス細胞 Langerhans cell などです。マクロファージをはじめとして、補体系 complement system の第二経路やナチュラルキラー細胞 natural killer cell などの免疫系は、進入相手を特定せず、とにかく侵入者に対して即時的な攻撃をします。これらの免疫系を総称して**先天免疫系** innate immune system と呼びます。脊椎動物を除く多くの動物は、先天免疫系のみで、十分に外敵から身を守ることに成功しています。

一方、脊椎動物に発達しているのが**適応免疫系** adaptive immune system です。「適応」とは、外敵の多様性に対応して免疫系も多様性をもって対応するということを意味します。敵の変化に対応してこちらも変化していくということで

す。適応免疫系のほうが、個々の外敵に適応することができるため、その特異性は高いのですが、適応系が侵入者に対して効果を持つようになるまでには、侵入者の侵入後、日単位での時間が必要です。一方、先天系はすぐに何にでも対応できるという性質があります。適応免疫系の主役がB細胞およびT細胞です。先天免疫系と適応免疫系は決して別々のものではなく、密接な情報交換が行われています。それを理解する前に、まずはB細胞が生産する抗体について以下に説明します。

（3） 抗体の構造

　外部から進入してくる物質のうち、**抗体** antibody をつくらせる物質を**抗原** antigen と呼びます。抗原としては、細菌、蛋白質、多糖類など、様々なものが想定されますが、あまりに小さな有機化合物だけでは抗原としては作用しません。特定の抗原に対してつくられた特定の抗体は、抗原に結合することで、抗原の除去のプロセスを駆動します。この**抗原抗体反応** antigen-antobody reaction は非共有結合 noncovalent bond による特異的反応です。代表的な抗体が免疫グロブリンG immunoglobulin G（IgG）です。この「G」というのはクラス class を指し、Gのほかに M、A、E、D があります。

　抗体がどのような機能を持つのか、また、どのようにつくられるのかという点については後回しにして、最初に蛋白質分子としての抗体の構造を眺めてみましょう（図11-1）。抗体は一般的にY字型の蛋白質として描かれます。1個の抗体分子は4本のポリペプチド鎖から成り立っています。そのうち2本は長く、重鎖あるいはH鎖 heavy chain と呼ばれます。残りの2本は短く、軽鎖またはL鎖 light chain と呼ばれます。**抗原結合部位** antigen-binding site はY字型の先

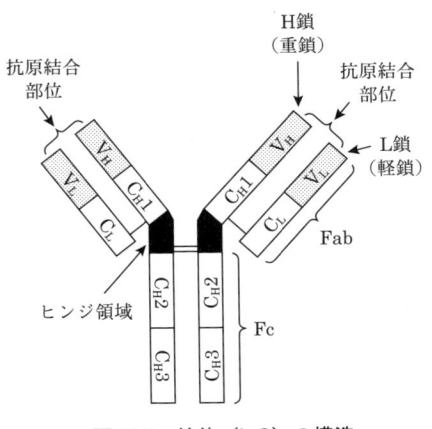

図11-1　抗体（IgG）の構造

端に2箇所対称に存在します。そして、Y字型の分かれ目の部分は蝶つがいhingeのように柔軟に動き、角度を変えることができます。この部分をヒンジ領域あるいはヒンジ部hinge regionと呼びます。1分子の抗体に2箇所の抗原結合部位がありますから、2分子の抗原を1分子の抗体で捕らえることができ、その結果、抗原の**凝集反応**agglutinationを起こすことができます。

抗体の構造は、過去にポーターが研究しました。彼は抗体を蛋白質分解酵素の一種であるパパインで消化して分析してみました。すると、ヒンジ部位はその柔軟性のため、抗体の立体構造上、外部に露出されており、パパイン消化の標的となります。結果として、抗体分子は3個の断片（フラグメントfragment）に分かれてしまいます。Y字型の手の部分からそれぞれ同じものが2個、Y字型の足の部分から1個のフラグメントが生じます。前者はF_{ab}（antigen-binding fragment）、後者はF_c（crystallizable fragment）と命名されました。

面白いことに、F_{ab}は抗原結合部位を1個しか持たないので、抗体に結合することはできますが、凝集反応を起こすことができません。また、F_cがないので、後述するような先天免疫系の活性化などの抗体の正常な機能を遂行することができません。たとえば、マクロファージはF_c受容体を持っており、抗体が抗原に結合すると、マクロファージのF_c受容体がそれを認識し、それを抗原ごと食べてしまうことで抗原が処理されるわけです。しかし、F_{ab}にはF_cがないので、その機能は遂行できません。

抗体の重鎖と軽鎖はそれぞれ**ドメイン**domainに分けられます。ドメインとは、蛋白質の構造的および機能的なまとまりを持つ領域のことです。これはいわば、蛋白質の2次構造の集合体です。蛋白質の鎖全体の3次構造まではいきませんが、局所的な集合体をつくっている場合、ドメインと呼ばれることがあります。抗体の場合は、βストランドbeta strandの集合体と理解しておいてください。重鎖は4個のドメインに、軽鎖は2個のドメインに分けられ、Y字型の先端のドメイン（110個ほどのアミノ酸から構成されている）が**可変領域**variable regionと呼ばれます。その他は**不変領域**constant regionと呼ばれます。重鎖と軽鎖の可変領域は互いに密接に非共有結合で結ばれており、抗原結合部位を構成しています。様々な抗原に対応するためには、この抗原結合部位のアミノ酸配列が多様でなければならないのです。また、大きな抗原分子のうち、抗体が標的と

するのはかなり小さな部分であり、その部分を**抗原決定基** epitope と呼びます。

一方、重鎖の不変領域の違いによって、免疫グロブリンのクラスが決まります。IgM は B 細胞の抗体産生の初期につくられ、その後、IgG などに変化された抗体が生産されるようになります。この場合、不変領域のみが変化させられますから、可変領域は同じままです。この現象はクラス・スイッチ（クラス転換）class switch と呼ばれます。クラスは、様々な生理的要求に対応して変えられると考えられています。たとえば、血清中に多いのは IgG で、分泌物に多いのは IgA、組織内に多いのが IgE などと使い分けられています。

（4） 抗体の機能――補体系と免疫細胞の活性化

抗体は適応免疫の主役を成すものですが、抗体自身には酵素活性もなく、たとえ細菌の表面に取りついたとしても、細菌を破壊することはできません。それだけでは単に抗原に結合するにすぎないのです。つまり、抗体の役割は、外部からの侵入者に印を付けて、その除去作業を効率化させることにあります。抗体が抗原と結合し、印が付けられることを**オプソニン化** opsonization と呼びます。オプソニン化によって抗原が破壊されることはありませんが、抗原が何らかの生理活性を持っている場合、凝集反応によってそれが阻害されることはしばしばあります。たとえば、ウイルス粒子の感染性の低下や酵素の不活性化などです。

抗体という印が付けられると、抗体の立体構造の変化により、様々な免疫分子や免疫細胞が活性化されることになります。それには F_c 領域が威力を発揮します。F_c による作用は、**補体系** complement system と呼ばれる一群の血清蛋白質によるものと、F_c 受容体を持つ免疫細胞群によるものに分けられます。

補体系とは、抗体の抗原への結合によって引き起こされる一群の連鎖反応を行う約20種類の血清蛋白質を指します。主に肝臓 liver でつくられ、血液中や組織中に非常に高濃度で存在します。補体系自身は抗原を識別することは基本的にできませんから、抗体と協力して働きます。抗体が抗原に結合すると、C1 と呼ばれる蛋白質が F_c 領域を認識し、活性化されます。抗体が進入してきた細胞の細胞膜の表面抗原を認識している場合、C1→C4→C2→C3→C5→C6→C7→C8→C9 と連鎖的に反応が進行します。この連鎖反応において補体蛋白質は様々

な蛋白質分解活性を持つようになります。そして、ある補体分子が別の補体分子を分解していきます。その結果、補体系は細胞膜に穴をあけて破壊するような構造体を膜表面に構築するに至ります。そして、膜表面に構築された補体の構造体に対する受容体（補体受容体）を持つマクロファージなどが、これらの外来細胞を最終的に処理することになります。また、補体系の活性化経路で放出されたポリペプチドの一種はアナフィラトキシン anaphylatoxin と呼ばれ、血管壁などを構成している平滑筋 smooth muscle を収縮させて毛細血管 blood capillary の透過性を増大させる作用や、肥満細胞（マスト細胞 mast cell）からヒスタミン histamine を放出させる作用などを持ちます。

一方、F_c 受容体を持つ細胞群は大きく分けて2種類あります。一つは、食作用によって抗体が結合した抗原を食べて消化してしまう細胞群です。その一つがマクロファージです。マクロファージは補体受容体も持っていますが、F_c 受容体も持っています。この受容体は抗原と結合した抗体に対して強く結合することができます。マクロファージのほかにも、単球 monocyte、好中球 neutrophil、好酸球 eosinophil がこのような作用を示します。

もう一つは、肥満細胞（マスト細胞 mast cell）と好塩基球 basophil で、これらは F_c によって活性化されると、ヒスタミン histamine やセロトニン serotonin といった化学伝達物質 chemical mediator を分泌します。これらの物質は毛細血管を取り巻く平滑筋を収縮させることで、毛細血管の透過性を高めることができます。ヒスタミンは好酸球の走化性因子 chemotactic factor としても働き、好酸球を呼び寄せることによって、抗原の除去を促進します。

(5) 抗体の多様性の基盤を求める

外部から侵入してくる無限ともいえる抗原に対して、特異的な結合能力を持つ抗体は、**B細胞** B cell（B リンパ球 B lymphocyte）においてつくられます。B 細胞の「B」は骨髄 bone marrow という英語の頭文字です。B 細胞は骨髄の中でつくられるため、このように呼ばれています。では、一体どのようにして B 細胞は多様な抗体分子をつくり出すことができるのでしょうか。抗体は蛋白質ですから、DNA に刻まれている遺伝情報に従って生産されるはずですが、哺乳類の

遺伝子はゲノム当たり 22000 種類ほどしかありません。ゲノム全体の遺伝子を抗体の生産に投資したとしても、抗原の多様性に対応できるほど多様な抗体をつくり出すには、数が不足してしまいます。

　この不思議な事実に注目した研究者の一人にライナス・ポーリングがいました。余談ですが、ポーリングは本当にいろいろな研究分野に幅広く顔を出していることには驚かされます。そして、彼の業績は、多くの分野において歴史的に見ても秀でたものです。化学結合 chemical bond の本質の解明、分子病 molecular disease の概念の提唱、蛋白質の 2 次構造 secondary structure の発見、生物分子の特異的相互作用 specific interaction の概念の提唱、遺伝子配列の分子時計 molecular clock への応用など、輝かしい業績ばかりです。ただし、彼は大きな誤りもおかしています。DNA の 3 重らせん構造の提出とこれから述べる鋳型説 template theory は、現在では単なる誤りであることが分かっています。

　抗体が種々の抗原に特異的な結合能力を持つためには、異なる抗原に対する抗体分子のアミノ酸配列が異なるはずです。当時の技術では化学的にアミノ酸配列を区別することは困難だったこともあり、同一のアミノ酸配列を持った抗体のペプチド鎖が折り畳まれるときに、抗原が存在すると、抗原の形を鋳型として抗体が折り畳まれ、抗原によって異なった高次構造ができるのではないかとポーリングは考えました。これがポーリングの鋳型説です。これは蛋白質化学の立場では可能かもしれませんが、実際の免疫学的実験にはまったく合致しません。抗体は抗原が存在しなくても、適切に折り畳まれるからです。

　この説をたたき台として、免疫学者のバーネットは、間接鋳型説 indirect template theory を唱えました。抗体がつくられるときには何らかの酵素が必要なはずですが、抗原はその酵素の活性に影響するのではないかという説です。けれども、そのためには、多様な抗原分子が B 細胞内に入り込むことが必要となってくるでしょう。それは非常に考えにくいことです。そのような思想過程を経て、バーネットは 1959 年、**クローン選択説** clonal selection theory を発表しました。この説は基本的に正しいことが現在では判明しています。

　クローン選択説の概要は以下の通りです。B 細胞の発生段階におけるそれぞれの**クローン** clone（同じ親の細胞から生まれた遺伝的に同一の集団）は、ある 1 種類の抗原だけに対する親和性 affinity を持つ 1 種類の抗体を膜蛋白質

membrane protein として保持しています。これは膜結合型の抗体であり、受容体 receptor としての役割を果たしますから、**B細胞受容体** B cell receptor（BCR）と呼ばれます。B細胞のそれぞれのクローンは、多様なB細胞受容体をはじめから持っているということがポイントです。つまり、B細胞受容体は発現される前には決してそれが結合する抗原に出会ったことはないのです。抗原なしの状態で、われわれの体内には多数のB細胞受容体を持つクローンがあらかじめ存在しているわけです。このクローンの種類が極めて多い（10^6〜10^8種類！）ため、現実的にどのような抗原が侵入してきても、そのうちのどれかがその抗原に対して特異的な結合能力を持っていることになります。すなわち、あらかじめつくられている多様なクローンの中から、進入してきた抗原に対する特異的な結合能力を持つクローンのみが選択され、そのクローンが増殖されるのです。その時点で、膜結合型であった抗体は、遊離の抗体として分泌されるようになり、血液中の特異的な抗体の濃度が上昇するわけです。

　このクローン選択説が提唱された当時は、B細胞に関する具体的な知識に乏しく、そのようなことが本当に可能なのか、かなり信じがたい説だったようです。けれども、考えてみれば、生物が無限の抗原に対応できるという事実自体が信じがたいことですので、免疫系が何かしら信じがたいメカニズムでこれに対応しているというのは、ある意味では当然のことのようにも思えます。

（6）　多様性を生み出すための遺伝子発現

　B細胞にはもともと様々なB細胞受容体（膜結合型抗体）を持つクローンが存在すると述べましたが、そのような分子多様性を生むメカニズムはどのようなものでしょうか。上述のように、単に1種類の抗体ごとに1個の遺伝子を割り当てていたのでは、遺伝子の数がいくらあっても足りません。

　免疫グロブリン（抗体）の重鎖の遺伝子のうち、蛋白質の可変領域 variable region に対応する遺伝子は、可変部遺伝子断片 variable gene segment（V）、多様性遺伝子断片 diversity gene segment（D）、および結合部遺伝子断片 joining gene segment（J）から構成されています（図11-2）。蛋白質の不変領域に対応する遺伝子は、その後方に位置づけられています。それぞれのV、D、

J断片は数種類から数十種類の遺伝子断片から構成されています。つまり、V断片が数十種類連続的に並んでいて、その後にD断片が十数種類並んでいます。さらに、その後にJ断片が数種類並んでいます。免疫グロブリンの遺伝子が発現される前に、それぞれV、D、J断片からランダムに1種類ずつ選び出されて、V-D-Jというふうにゲノム上に直線状に再編成されます。この過程は**体細胞組換え** somatic recombination と呼ばれ、これが抗体の多様性を生み出す基本となっています。たとえば、V断片が200種類、D断片が15種類、J断片が5種類あるとします。すると、その中から1種類ずつランダムに選択されるわけですから、生産可能な抗体の種類は 200 × 15 × 5 ＝ 15000 となります。

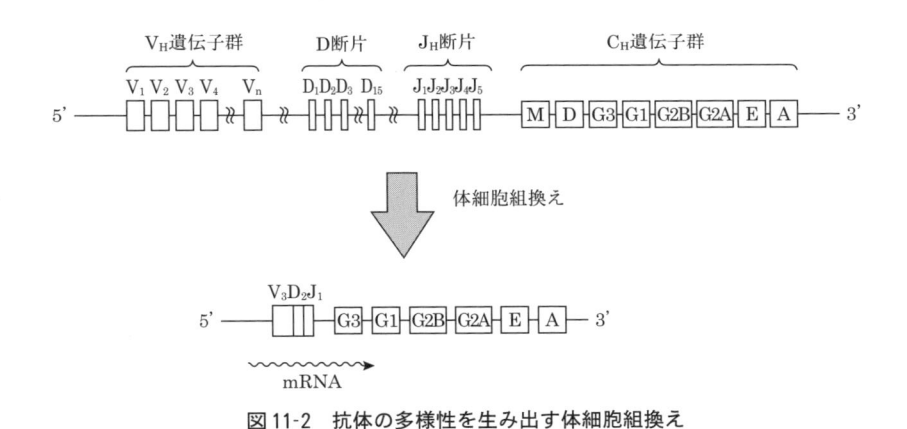

図11-2　抗体の多様性を生み出す体細胞組換え

このメカニズムを発見したのが利根川進で、その業績により、利根川は1987年のノーベル生理学医学賞を単独で受賞しています。彼はその研究をスイスのバーゼルで行い、その後もアメリカを永続的な根拠地としていますから、これを「日本人の受賞」と位置づけてよいかどうかは分かりませんが、現在のところ、彼以外にノーベル生理学医学賞を持つ日本人はいません。

V-D-Jの組換えだけでもかなりの多様性が生まれますが、ほかにも、多様性を増すための工夫が見られます。断片同士をつなぎ合わせる際に、そのつなぎ目は厳格なものではなく、つなぎ目にはDNA塩基の付加 addition や削除 deletion が起こります。また、軽鎖においても類似の組み換えが起こりますが、抗体は重

鎖と軽鎖の組み合わせで成り立っていますから、これだけで莫大な多様性の増大になります。さらには、**体細胞超突然変異** somatic hypermutation と呼ばれるメカニズムにより、DNA配列に積極的に突然変異が導入されることで多様性が増します。結果として、抗体の可変部位には1億種類くらいのバリエーションができることになります。面白いことに、クラス・スイッチ class switch も、同様の遺伝子組換えによって起こります。

このようなわけで、成熟B細胞と未成熟B細胞ではゲノムDNAの構成が異なることになります。前講では、ほとんどすべての体細胞は同一のゲノムを持つと説明しましたが、B細胞（および類似の組換えが起こるT細胞）はその例外として位置づけられます。

ほかに分子レベルの多様性が要求される系として嗅覚系 olfactory system があります。嗅覚系は外界からの多様な匂い物質に対応せねばなりません。嗅覚系では、遺伝子組換えは行われておらず、約1000種類の受容体が発現していることで、様々な匂い物質に対応しています。1000種類というのは、外界からの匂い物質の数（1万種以上）に比べれば少ないのですが、それでも、ゲノムの4.5%ほどを占める生物界最大の遺伝子ファミリーとなっています。一つの受容体の匂い物質に対する特異性が比較的低いことや、同一の匂い物質と相互作用する受容体が複数存在することによって、1000種類の受容体でも、多様な匂い物質に対処できるようになっています。

いずれにしても、B細胞クローンの種類は莫大な数になりますから、その中には、自己組織を構成する分子に対する抗体を持つものも当然現れてしまいます。それでは都合が悪いので、自己抗原を認識した細胞は禁止クローン forbidden clone となり、排除されます。この排除機構に不備が起こると、**自己免疫疾患** autoimmune disease となります。一方、外部からの非自己抗原を認識した細胞は選択され、クローンを拡大していくのです。その多くが抗体を分泌する**形質細胞** plasma cell となり、一部が**記憶細胞** memory cell となります。記憶細胞は、もう一度同じ抗原にさらされた場合に素早くクローンを拡大していくための細胞のことです。抗原にさらされてから適切な抗体が血中に高濃度に分泌されるようになるまでには日数がかかりますが、記憶細胞の存在はその時間を短縮し、抗体産生をより強化するためのものです。

（7） B細胞の活性化

　B細胞は適切な抗原に出会うと、活性化され、細胞数を拡大し、抗体を放出するように分化しなければなりません。適切な抗原に出会わなかったB細胞は決して活性化されることはありません。このメカニズムこそが、クローン選択過程の基盤となっています。
　まだ抗原に出会ったことのない未分化なB細胞は**ナイーブB細胞** naïve B cellと呼ばれ、この細胞が抗体をつくるようになるには外部からの刺激によって活性化されなければなりません。ナイーブB細胞の活性化には、基本的には抗原との相互作用および**T細胞** T cell（T白血球 T lymphocyte）との相互作用が必要となります。

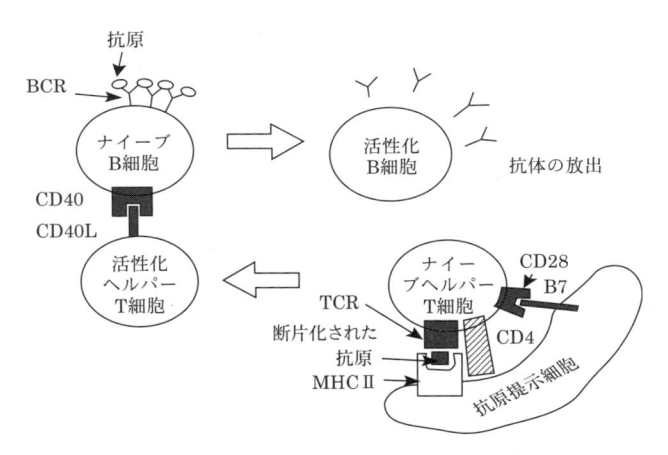

図11-3　B細胞活性化のための細胞間相互作用

　第一に必要なのが、抗原との相互作用です（図11-3）。抗原への結合によってB細胞受容体が膜上で集合し、クラスター clusterを形成します。クラスター化されたB細胞受容体は、細胞内の情報伝達経路をオンにし、細胞核へとその情報を送り込みます。そして、第二に必要なのが**ヘルパーT細胞** helper T cellとの相互作用です。活性化されたヘルパーT細胞の表面にはCD40リガンド

（CD40L）が存在します。一方、ナイーブB細胞の表面にはCD40と呼ばれる受容体が存在します。このCD40LとCD40の相互作用によって、ナイーブB細胞内への情報伝達が起こります。そして、B細胞受容体からのシグナルとCD40からのシグナルが同時に満たされるときに、ナイーブB細胞は活性化されます。

　ここで、CDとはcluster of differentiationの略です。免疫細胞、特にリンパ球は、大きな核を持つ丸い細胞にすぎず、形態からはその種類や機能はまったく分かりません。リンパ球は、その発達段階や機能に応じて特定の膜蛋白質を細胞表面に保持していることが明らかになっています。それらの細胞を区別differentiateするための膜蛋白質という意味でCDという名称が使われるようになりました。英語では、細胞の分化differentiationも同じ単語ですから、そのような意味合いも込められているのかもしれません。CDの後に適当な数字が付加されます。過去には様々な名称で呼ばれていた表面抗原分子も、最近ではCDで呼ばれることが多くなりました。逆に、どのようなCDを持っているかということで、細胞が定義されることになります。たとえば、ヘルパーT細胞helper T cellはCD4陽性細胞、細胞傷害性T細胞cytotoxic T cellはCD8陽性細胞、B細胞はCD19陽性細胞です。

（8）　T細胞の活性化と二次リンパ器官

　このように、B細胞を活性化させるには、活性化されたヘルパーT細胞が必要です。ヘルパーT細胞自体も最初から活性化されているわけではなく、最初は**ナイーブ・ヘルパーT細胞** naïve helper T cellとして存在します。では、どのようにしてナイーブ・ヘルパーT細胞は活性化されるのでしょうか。

　T細胞は見かけはB細胞とほとんど同じで、核が大きく、細胞質がほとんどない丸い細胞です。T細胞は、B細胞受容体に類似したT細胞受容体を発現しています。B細胞の場合と同様に、それぞれのT細胞は1種類のT細胞受容体を発現しています。B細胞受容体と同じように、T細胞受容体も体細胞組換えによって産生されます。T細胞もクローン選択説に従うことで、多様性をつくり上げているわけです。しかし、T細胞受容体は、いくつかの点でB細胞受容体と大きく異なっています。T細胞受容体は膜から遊離した形で放出されることはありませ

ん。B細胞受容体はあらゆる種類の有機分子の抗原に対応できますが、T細胞受容体は蛋白質にしか対応できません。その理由は、T細胞受容体は遊離した抗原を認識することができず、別の細胞に「**抗原提示 antigen presentation**」されたものだけを認識することができるからです。そして、抗原提示されることができる抗原は蛋白質でなければなりません。一方、B細胞受容体は提示されていない抗原を認識することができます。ここが機能的な大きな違いです。

　抗原提示という免疫系のメカニズムは、非常にユニークなものです。この抗原提示ができる**抗原提示細胞 antigen presenting cell**（APC）として、**マクロファージ macrophage** および**樹状細胞 dendritic cell**（DC）があります。たとえば、マクロファージは、様々な抗原を食べますが、それを完全に消化してしまうのではなく、断片化した状態で維持し、それを細胞表面に提示します。その提示された抗原の断片は、T細胞受容体によって認識されます。それによって、T細胞受容体は細胞内の情報伝達経路を活性化し、細胞核に抗原の存在を知らせるのです。ただし、その認識の際にはCD4という共受容体 coreceptor も必要となります。CD4は後述するMHC蛋白質を認識するのに使用されます。T細胞受容体と同時にCD4も活性化されなければなりません。そのような意味で、CD4は「共」受容体と呼ばれるわけです。

　さらに、ヘルパーT細胞の活性化はそれだけでは十分ではありません。ヘルパーT細胞はCD28という共受容体も表面に持っており、T細胞受容体と同時にこれも活性化されなければなりません。CD28の活性化には、マクロファージや樹状細胞の表面に存在するB7がリガンドとして働きます。B7がCD28に結合すると、CD28は細胞内情報伝達経路をオンにするのです。

　抗原提示の際には、抗原のペプチド断片は、**主要組織適合性遺伝子複合体 major histocompatibility complex**（MHC）の遺伝子産物によって保持される形で提示されます。この名称は、学習者には混乱を招きがちですが、移植組織の拒絶反応に関わる遺伝子として特定されたという歴史を反映しています。MHC蛋白質はちょっとしたはさみのような形をしていて、ペプチドを挟み込むようにして細胞表面に提示するのです。MHCには2種類あり、**MHC I**（クラスI class I）および**MHC II**（クラスII class II）に分けられています。ヘルパーT細胞が提示を受けるのは、MHC II（クラスII）による提示です。

このような一連のT細胞の活性化およびB細胞の活性化のためには、様々な免疫細胞や抗原の出会いの場が必要です。それが、**二次リンパ器官** secondary lymphoid organで、その代表が**脾臓** spleenと**リンパ節** lymph nodeです。言い換えると、適応免疫系の外敵侵入者の認識過程が起こる場所が二次リンパ器官で、ここには多くの免疫細胞が集まっています。風邪のときに首の下あたりが腫れることがありますが、これは、二次リンパ器官であるリンパ節において免疫細胞の増殖が起こり、その結果、腫れ上がったものです。これに対して、**一次リンパ器官** primary lymphoid organとは、免疫細胞群を生産する**骨髄** bone marrowとT細胞の初期的な分化を促す**胸腺** thymusを指します。

（9）　細胞傷害性T細胞とヘルパーT細胞

　B細胞を活性化し、抗体によって特異的な抗原に印を付けていくという戦略は、多くの侵略者の排除に貢献していますが、それだけでは十分ではありません。抗体による戦略をかわしてしまう敵としてウイルスがあげられます。ウイルスは抗体の攻撃は受けますが、いったん細胞へと感染してしまうと、抗体は細胞内には入れませんから、細胞内でぬくぬくと増殖することができます。

　ウイルスに感染した細胞を助けることは不可能ですから、細胞ごと破壊してしまう必要があるでしょう。そこで重要になってくるのが**細胞傷害性T細胞** cytotoxic T cell（cytotoxic T lymphocyte, CTL）です。キラーT細胞 killer T cellとも呼ばれています。このT細胞もT細胞受容体を持ちますが、その活性化には、MHC Iによる抗原提示とCD8による補助が必要となります。抗原提示は、ヘルパーT細胞への提示と同じように、ウイルスを食べたマクロファージや樹状細胞によって行われます。活性化されれば、細胞傷害性T細胞はウイルス感染細胞を破壊するように働きます。その破壊には、補体C9と類似の構造と機能を持つ**パーフォリン** perforinという蛋白質で細胞膜に穴をあける方法が用いられます。これは感染細胞の他殺であり、このような細胞死は**壊死** necrosisと呼ばれます。

　そのほか、感染細胞の**アポトーシス** apoptosisを誘導する方法も用いられます。アポトーシスとは、細胞の自殺です。つまり、直接的な他殺ではなく、感染

細胞に自殺プログラムを開始させるように外部から促すのです。その方法には2種類あります。第一の方法では、細胞傷害性T細胞はグランザイムB granzyme Bと呼ばれる酵素を標的の感染細胞に投げつけます。この酵素は感染細胞の受容体を介して細胞内に取り込まれ、アポトーシスを引き起こします。第二の方法では、細胞表面の膜蛋白質同士の相互作用を利用する方法です。細胞傷害性T細胞の表面には、**FasリガンドFas ligand**と呼ばれる膜蛋白質が存在します。これが感染細胞の**Fas蛋白質Fas protein**と結合すると、感染細胞内の自殺プログラムが開始されるのです。

細胞傷害性T細胞の増殖には、活性化されたヘルパーT細胞の助けも必要です。活性化されたヘルパーT細胞は**インターロイキン2**（IL2, interleukine 2）と呼ばれるサイトカインの一種を分泌します。このインターロイキン2がなければ、細胞傷害性T細胞は増殖することができませんから、任務を遂行することはできません。実は、ヘルパーT細胞はそのほかにも様々なサイトカインを生産し、免疫系の細胞増殖や細胞分化を司っています。ヘルパーT細胞は、細胞同士の結合によるB細胞の活性化にも重要ですが、サイトカイン工場であると考えても大きな誤りではありません。一方、B細胞は、もちろん、抗体工場です。

(10) 免疫寛容とサプレッサーT細胞

このように、免疫系は非常に複雑な細胞間ネットワークを用いて、絶えず侵入者から自己を守るために活動しています。ここで、「自己 self」という言葉を用いましたが、免疫系は、まさに自己と非自己 nonself を見分けなければ、攻撃対象を見誤ってしまいます。侵入者だと思って攻撃したものが実は自分の味方であったというのでは、自己破壊に至ってしまいます。では、免疫系にとって「自己」とは何でしょうか。いや、「自己」の定義が最初にあって、その定義に従って免疫系が攻撃対象を区別しているというよりは、免疫系こそが自己と非自己の区別を決定しているといえます。「自己」とは、正常な状態において免疫細胞が攻撃を起こさない対象であると定義することができます。言い換えると、**免疫寛容 immunological torelance**が成立している対象が自己であるということになります。

免疫寛容に関しては、1953年に提出されたメダワーによる実験が有名です。普通はマウスの異なる系統間では、皮膚移植は成立しません。移植片は免疫細胞には「非自己」とみなされ、拒絶反応が起こるからです。ところが、ある系統のマウスの細胞を別の系統のマウスの胎児に注射したところ、生まれてきたマウスは、注射された細胞が得られた系統の皮膚移植を拒絶しなくなるのです。これは、胎児のときにはまだ「自己」の定義が確立しておらず、その時期に遭遇した細胞の表面抗原（MHC）を自己として認識しているため、別系統のMHCに対しても免疫寛容が成立したと説明できます。つまり、体内に豊富にある「抗原」に対するT細胞およびB細胞のクローンは、免疫寛容の過程で消滅するのではないかと考えられます。さらに、自己抗原に対して攻撃をしかけるT細胞およびB細胞の活性を抑制する**サプレッサーT細胞**（抑制T細胞）suppressor T cell の存在が明らかにされています。

　自己抗原に対する免疫寛容状態が何らかの理由で破壊されると、いわゆる**自己免疫疾患** autoimmune disease となります。たとえば、サプレッサーT細胞の機能が低下した場合、むやみに自己抗原に対する抗体が生産されるようになるかもしれません。自己免疫疾患には様々な病気が含まれますが、実際に自己の蛋白質に対する抗体が産生される結果、細胞・組織の破壊が起こってしまう事例も多く知られています。**重症筋無力症** myasthenia gravis（MG）の患者では、筋肉の収縮に必須のアセチルコリン受容体が自己抗体によって破壊されてしまいます。その結果、筋肉の機能が衰えてしまうのです。

第12講

神経——動物行動の基盤

（1） 高等動物の分子生理学——免疫系と神経系

　免疫系においては、外部からの侵入者から身を守るために細胞間の複雑なネットワークが機能していることを前講で紹介しました。免疫細胞は血液やリンパ液に乗って動く細胞ですから、それらの細胞間でのコミュニケーションの方法は複雑です。第一に液性因子 humoral factor であるサイトカイン cytokine が重要な役割を果たします。細胞外に放出された化学物質によるコミュニケーションです。一方、免疫細胞同士が互いに接触し合い、膜蛋白質である受容体 receptor および共受容体 coreceptor を介しながらコミュニケーションをとる場合も紹介しました。

　一方、神経細胞の場合は、免疫細胞のように活発に動き回ることはできません。神経系の基本素子は、基本的に固定された神経細胞です。いくつかの重要な例外はありますが、神経細胞は個体発生の初期におおむね構築されてしまい、その後、新しい神経細胞が追加されることはありません。古いものが死んでも新しいものに置き換えられたりすることはほとんどありません。その代わり、後述するように、神経細胞の間のコミュニケーションの仕方はリアルタイムで変化していきます。

　免疫系が身体の防御系であることは明らかですが、神経系はどのような機能を持つ系でしょうか。われわれの思考や記憶や行動のための系であることは確かですが、実はそれだけではありません。個体としての恒常性維持 homeostatis がその最も重要な根幹であるといっても過言ではありません。そのための中心的な役割を果たしているのが、交感神経系 sympathetic nervous system と副交感神

経系 parasympathetic nervous system から構成される**自律神経系** autonomic nervous system です。「自律」というのは、個体の意志とは関係なく、自律的に活動を展開するという意味です。心臓、肺、胃、腎臓など、それぞれの器官には交感神経と副交感神経がつながっています。この二つの神経系は互いに拮抗的に働きます。たとえば、心臓の拍動は交感神経によって活性化され、副交感神経によって抑制されます。

また、身体の酸素 oxygen、水 water、二酸化炭素 carbon dioxide、グルコース glucose、ナトリウム・イオン sodium ion、水素イオン hydrogen ion などの濃度 concentration を適切にモニターし、必要であればそれを補足あるいは除去するような生理的対応や行動を促すことも、恒常性維持における神経系の役目です。視床下部 hypothalamus にある脳下垂体 hypophysis には**神経分泌細胞** neurosecretory cell があります。神経分泌細胞とは、神経細胞でありながら、同時にホルモンの分泌細胞であり、刺激を受けると血中にペプチド性のホルモン（**神経分泌ホルモン** neurosecretory hormone）を分泌するというユニークな細胞です。この細胞は体内環境の変化に応じて、必要なホルモンを分泌します。

これらは、まさに神経系の保健的な機能です。保健的な機能を持つ系としては免疫系が注目されがちですが、神経系も重要な働きを果たしているのです。つまり、神経系も個体の健全性を保つべく、活動しているのです。また、神経系は性行動も支配していますから、個体の健全性を保つためだけでなく、種あるいは個体のゲノムの存続をも保つべく、活動していることになります。

いずれにしても、神経系は体内環境をモニターし、必要に応じて行動を促すわけです。そのような意味で、神経系が動物行動の基盤となっていることは明らかです。それと同時に、生体外の環境もモニターします。体外あるいは体内の環境をモニターし、意識にまで上らせる神経系を**感覚系** sensory system と総称します。

神経生物学 neurobiology あるいは神経科学 neuroscience は、分子生物学から心理学までをも包含する多岐にわたる学問分野です。神経と言えば神経学 neurology に代表されるように医学の領分とされてきましたが、現在では神経生物学あるいは神経科学という統合的な分野に成長してきました。そのため、全分野を概観すること自体が容易ではありませんし、それは本書の内容をはるかに越

えてしまいます。本講では、特に私の専門である感覚系、その中でも特に嗅覚系に焦点を当てて話を進めていきます。

　神経系の摩訶不思議なところは、神経系の最終出力が情動、論理、過去の記憶など、非常に概念的な雲をつかむようなものである場合があることです。そのような非常に高次の機能は、言うまでもなく、特にわれわれヒトで発達しており、心理学 psychology や精神医学 psychiatry の研究対象となっています。神経生物学でも、徐々に心理現象の解明に臨む研究者も出てきています。しかし、分子レベルでシステムの基盤が解明した神経系としては視覚系 visual system と嗅覚系 olfactory system がその代表例であり、まだまだ他の神経系（特に高次の情報処理段階）の分子レベルの解明には至っていません。

（2）　身近な神経系——感覚世界

　すべての動物はある環境に棲息していますが、それぞれの動物が認識する世界は異なります。動物行動学 ethology ではこれを「環境世界 Unwelt」あるいは「主体的環境 subjective environment」と呼びます。もう少し動物の立場から言えば、それぞれの動物は自己の感覚器官を通して「外界」を認識し、それを脳内で再構成します。つまり、感覚 sensation、それを深めた知覚 perception、さらに総合した認知 recognition を通して、それぞれ独自の「神経世界 neural world」あるいは「感覚世界 sensory world」をつくり上げています。環境世界あるいは神経世界・感覚世界はそれぞれの生物種によって異なることは明らかです。特に哺乳類や昆虫類では、嗅覚こそが生物種や個体のアイデンティティーそのものになっていると言っても過言ではありません。このことは動物における神経世界がその動物の種の定義にまで拡張できることを意味しています。このような考え方のもとに、種の定義の一つとして「種の認知概念 recognition species concept」が提唱されています。これについては第13講に譲ります。

　このことは、私たち自身に当てはめて考えると分かりやすいでしょう。各個人は感覚系を使って自分に適した情報を取捨選択し、そのような経験を通してそれぞれ個人のパーソナリティーができ上がります。逆に言えば、その個人が認識している神経世界そのものがその個人のアイデンティティーであるといえるわけで

す。
　いずれにしても、個人あるいは生物種の「神経世界」を描くための材料のほとんどすべてともいえるものが、広義の「感覚系」です。そして、多くの動物では感覚系全体に占める嗅覚系の寄与する部分がかなり大きいわけです。
　もちろん、一般的には、私たち人間にとっては、嗅覚系 olfactory system よりも視覚系 visual system や聴覚系 auditory system のほうが、行動上、重要であることは否めません。われわれ人間は一般に「視覚の動物」であると言われます。実際、人間にとって最も重要な感覚が視覚であることは言うまでもないでしょう。光の受容能力を失ってしまったら、文字どおり心身ともに世界が真っ暗になってしまいます。そのため、光受容器官である眼の生物学的・医学的研究は非常に活発に行われてきました。神経科学は、歴史的に見ると眼を中心に回ってきたと言えなくもないくらいです。一方、嗅覚に関してはどうでしょうか。われわれ現代人は匂いを認知できずとも、一通りの生活には大きな問題は生じません。そのため、嗅覚系の医学的研究の意義は低いとされ、研究にはあまり力点が置かれてこなかったのです。
　しかし、それは医学的観点からは正しいかもしれませんが、実は生物学的観点からは大きな誤りです。われわれ現代人が嗅覚なしでも一通り生きていけるのは、文明のおかげであることを忘れてはなりません。つまり、われわれはもはや食べ物を自分の嗅覚によって判別する必要はありませんが、それは、売られている食べ物や出された食べ物だけを受動的に食べれば生きていけるからです。原始文明の人間ではそうはいかないでしょう。自分の嗅覚で食べられるものとそうでないものを判別しなければならないのですから。嗅覚こそが、文字どおり命をつなぐ感覚であったはずです。たとえば、毒性のある植物などを食べてしまうと、最悪の場合には命取りにもなりかねません。このように、雑食性であるヒトにとって嗅覚は一般に考えられている以上に生存に必須な感覚であったと考えられます。
　そして、嗅覚行動は、マウスやラットなどの哺乳類においては、ヒト以上に生存にとって重要な役割を果たしていることは言うまでもありません。特に光が乏しい状態で行動するマウスやラットなどの夜行性 nocternal の動物にとっては、嗅覚は視覚と同様かそれ以上に重要であることは容易に想像できます。

（3） 嗅覚系は生殖活動に必須

　食物の探索はもとより、個体間のコミュニケーションにも嗅覚が必須です。広義の嗅覚系である**フェロモン** pheromone の受容は、自己の遺伝子を子孫に残していくという生物学的に非常に重要な性行動を支配しているといっても過言ではありません。もちろん、現代人の婚姻は所得や職業などの社会的な判断基準が大きな要因となることは明らかですが、現代人においても無意識のうちに相手の匂いによって相性を判断していることは十分に考えられます。

　子孫を残していくうえでは、相手の遺伝子構成は自分のものとは異なるほうが有利です。これは近親相姦が多くの動物で禁止行動となっているばかりでなく、人間の社会においても法律的に禁止されていることから、誰もが知っていることだと思います。自分との遺伝的距離が多少離れている人と婚姻し、子供をもうけることが遺伝子を残していく上で有利なのです。相手の遺伝子型 genotype が自分のものとどれほど類似しているかという情報は匂いを通して得られることが、少なくともマウスの実験から明らかになっており、人間においても多少とも当てはまるであろうと言われています。

　そして、もちろん、人間以外の哺乳類では、その生存・生殖を嗅覚系に頼る割合がかなり高いことはすでに述べたとおりです。マウスなどの夜行性動物では人間と違って眼はほとんど役に立ちません。昆虫をはじめとした他の節足動物にもそれは当てはまるでしょう。ハエの化学感覚の鋭さに閉口した経験は誰しもが持っているのではないでしょうか。彼らの生存は嗅覚に負っているわけです。オスの蛾 moth がメスのフェロモンに群がる様子はファーブル昆虫記以来かなり有名ですが、それも代表的な嗅覚行動です。一方、蝶 butterfly は一般に昼に活動するため、遠距離から視覚を使って交配相手の翅の色彩パターン color pattern を認識しますが、近距離では嗅覚や味覚を使って相手を確かめます。

　匂い物質は当然のことながら化学物質ですから、匂い物質の受容は、味物質の受容とともに、**化学物質受容** chemoreception の特別な形態として捉えることができます。化学物質受容を動物の個体レベルで行うための器官が動物の嗅覚系だと考えてよいでしょう。では、細胞レベルで考えてみるとどうでしょうか。化学

受容の重要性はさらに顕著となります。細胞は膜によって外部から仕切られており、外部からのほとんどすべての情報を化学受容として常に取り込みつつ、自己の遺伝子発現を調節しています。これはすべての細胞において成り立つことです。われわれの身体を構成するすべての細胞がそれぞれ広義の「嗅覚」を持っているといえるのです。他方、当然ではありますが、細胞は視覚や聴覚などの感覚は持ちません。細胞レベルの化学受容——つまり嗅覚——はすべての細胞の情報処理システムの基本ともいえるのです。嗅神経細胞は外部からの化学物質に対する個体レベルでの認識のための専門的な化学受容細胞です。

（4） 感覚系の種類

一般的に「感覚受容 sensory reception」という場合、身体の外の環境からの情報入力（外部受容 exteroception）のことを指します。本講でもその意味の範囲で使用しますが、これとは別に、血圧や二酸化炭素レベルなど、体内の生理・生化学的状態の受容（内部受容 interoception）や自己の手足の位置や間接の曲がり具合などをモニターする受容（深部感覚 deep sensation、自己受容 proprioception）も存在することは心にとめておきたいものです。深部感覚は、皮膚感覚 cutaneous sense と総合して体性感覚 somatic sense とも呼ばれます。このような「感覚」は必ずしも意識されるとは限りませんが、個体の生理状態を適切に保つという保健的役割を果たしています。通常の意味の「感覚」はいわゆる「五感」と総称され、一般に5種類（見る、聞く、匂う、味わう、触る）だと思われているようですが、私たち人間が持つ感覚だけでもそれ以上は存在します。

外部環境の情報は、物理学的・化学的なエネルギーとして存在します。エネルギーという専門用語の意味については第3章で説明しましたので参照してください。ここでは、エネルギーは外部情報として存在すると考えれば十分です。実際、どのようなエネルギー形態を受容するかという視点から、感覚系をおおまかに分類することができます。重力に起因するエネルギー（平衡感覚）、空気や水の振動エネルギー（音波の受容）、電磁エネルギー（電磁場の受容）、熱エネルギー（分子振動の受容）、光エネルギー（特定波長の電磁場の受容）、化学エネ

ギー（化学物質の受容）が、外界に存在する情報です。
　ほとんどすべての感覚神経細胞 sensory neuron には、**受容特異性** receptor specificity があります。特定の刺激に最も感受性が高いという意味です。その理由は、それぞれの感覚神経細胞は、環境中のある特殊化した情報を特異的にキャッチする「**受容体分子** receptor molecule」を持つからです。その分子の性質によってどのような環境情報を捉えるかが決まります
　また、それぞれの感覚細胞は特定の**受容範囲** receptive field を持ちます。この言葉は、触覚神経が皮膚上でカバーする範囲（実際の表面積）という意味から派生していますが、他の受容細胞や受容体分子においても用いられます。この言葉は主に細胞レベルで使用されてきたものですが、受容体分子が明らかになってきた現在、特定の受容体の受容範囲というように、分子レベルでも使用されるようになりました。

（5）　神経細胞は情報伝達用の特殊な細胞

　すべての細胞に存在する膜電位をうまく利用して瞬時に遠くまで情報を伝えることができるように特殊化した細胞が**神経細胞（ニューロン）** neuron（図 12-1）です。言い換えると、神経細胞は情報伝達用の特殊な細胞です。その形態を見ればその特殊性は一目瞭然でしょう。細胞の膜が突出し、非常に複雑な外見をつくり上げています。神経細胞には形態学的に見ても多種多様であり、どれが典型的なものであると特定することはできません。たとえば、顆粒細胞は樹状突起は持っ

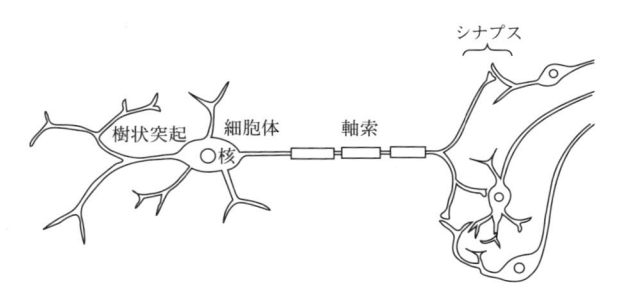

図 12-1　神経細胞の模式図

ていますが、軸索は持たない抑制性の神経細胞です。このように、神経細胞はその機能によってさまざまな形態をしており、一般化することは誤解を招く危険もあるので注意が必要です。一方、神経細胞は情報伝達用の特殊な細胞ですが、その特殊性は膜構造が著しく突起として突き出していることにあります。膜に様々な細工を凝らすことは真核生物一般にみられる特徴であることを考えると、神経細胞の突起の多様化もその一例であると捉えることができます。

核が存在する部分を**細胞体** cell body（soma）と呼びます。細胞体の周辺には膜の突出が多数あります。これは**樹状突起** dendrite と呼ばれます。樹状突起は情報入力の場所で、感覚受容細胞の場合は刺激によって**受容器電位** receptor potential が発生する場所です（第9講参照）。樹状突起は一つの細胞体から多数出ているのが普通ですが、細胞体から一つだけ非常に長い突起が出ています。これは**軸索** axon と呼ばれます。情報は樹状突起で受容器電位として受け取られ、それは**活動電位** action potential として軸索を伝わっていきます。これは単なる拡散では達成できない迅速な情報伝達の方法です。神経細胞は刺激をある一定方向へと伝達する機能があるので、「極性がある細胞」ということもできます。そして、軸索の末端には、多くの場合、次の神経細胞にシグナルを受け渡す場所である**シナプス** synapse があります。

（6） 活動電位の発生機構

活動電位の発生メカニズムを見てみましょう（図12-2）。静止電位 resting potential がカリウム・リーク・チャネル potassium leak channel によって形成されているのと同じように、活動電位という電位変化（つまり静止電位の状態からのイオン分布の変化）もイオン・チャネルによって起こされま

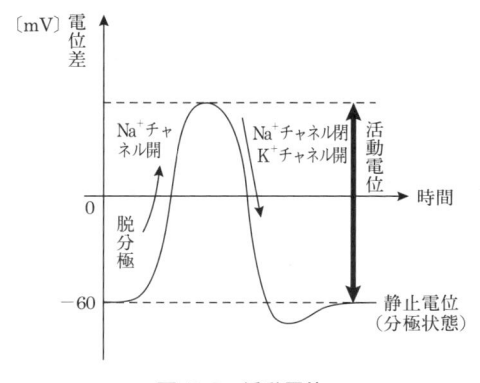

図12-2 活動電位

す。より正確に言うと、**電位依存性ナトリウム・チャネル** voltage-gated sodium channel および **電位依存性カリウム・チャネル** voltage-gated potassium channel によって引き起こされています。

神経細胞への最初の刺激がどのように受け取られるかは第9講を参照してください。刺激を受け取る前は、神経細胞は静止電位 resting potential を維持しているわけですから、この状態は分極状態 polarized state であると表現してもよいでしょう。つまり、膜の内外に電位差 voltage（electrical potential）を持つ状態です。しかも、この分極状態はカリウム・イオン potassium ion の分布におおよそ依存しているわけですから（つまり、カリウム・リーク・チャネル potassium leak channel の働きによるものですから）、すでに仮想の細胞を使ってで説明したように、外部にカリウム・イオン（つまり陽イオン cation）が出ていくため、外部が電気的に正 positive となり、内部が電気的に負 nagative となっています。

そのような分極状態に刺激が来ると、その刺激の電気変化に反応して、電位依存性ナトリウム・チャネルが開きます。すると、ナトリウム・イオンが外部から流入してきます。なぜなら、外部のほうがナトリウム・イオンの濃度が高いため細胞内へと拡散してくるのです。もちろん、電気化学的な力も働きます。そうすると、細胞膜を挟んだ内外にはナトリウム・イオンの分子の数およびイオン電荷の数の逆転が起こってしまいます。今まで外部が正に内部が負に帯電していたわけですが、ナトリウム・イオンという正電荷の移動によって、それが打ち消され、分極状態が「脱される」ので、これを**脱分極** depolarization と呼びます。ただし、実際には電位ゼロの状態を大きく超えて、今度は一瞬ではありますが、相対的に内部が正に外部が負になってしまいます。刺激が来るとともに、軸索に沿って分布したこのチャネルが次々と開いていくことで、電気的情報が伝わっていくことになります。

ただし、このチャネルが開きっぱなしでは、細胞内にナトリウム・イオンが充満し、細胞は死んでしまいます。電位変化を起こすのは膜付近の限られた領域において局所的にナトリウム・イオンが流入するだけで十分ですから、すぐにこのチャネルは閉じなければなりません。実際、電位依存性ナトリウム・チャネルはナトリウム・イオンを通すとすぐに閉じるという性質を持っています。そのため

に、活動電位はもとに戻ろうとしますが、これだけでは、静止電位に素早く戻ることはできません。

さらに、膜の電位変化を感知して開くもう一つのイオン・チャネルがあるのです。それが電位依存性カリウム・チャネルです。このチャネルもナトリウム・チャネルと同様に軸索に沿って分布しており、電位依存性ナトリウム・チャネルと共役して働きます。膜電位をもとに戻すために電位依存性カリウム・チャネルが遅れて開きます。ナトリウムという正電荷のイオンが内部に流入してきたのですから、同じく正電荷を持つカリウムがチャネルを通って外部に流出していくことで、活動電位は静止電位に向かって素早く戻ることになります。

流入してくるナトリウム・イオンは非常に少量なので、この程度の対応（つまり、ナトリウム・チャネルがすぐに閉じることとカリウム・チャネルが遅れて開くこと）で静止電位に戻ることができるわけですが、長期的に見ると、細胞内部のナトリウム濃度は上昇してしまうことになります。これを阻止しているのがポンプの役割です。ナトリウム・ポンプはATPのエネルギーを使ってナトリウム・イオンを細胞内から細胞外へ汲み出すと同時に、カリウム・イオンを細胞外から細胞内へと汲み入れています。これが、いわゆる**能動輸送 active transport**です。

ところで、なぜ活動電位は一方向性なのでしょうか。活動電位を発した直後には、次の活動電位を急に発することができません。一度開いて閉じたばかりのナトリウム・チャネルは、別の刺激によって急に開くことはできないのです。さらに、活動電位が発せられた直後にはまだカリウム・チャネルが多少開いており、外部へイオンの流れが起こっています。これに対抗してさらなる活動電位を発することは大変困難なことです。このような時期を**不応期 refractory period**と呼びます。この不応期の存在のために、今来たばかりの方向へ活動電位を逆流させることはできず、結果として一方向性となるわけです。

（7）　シナプスの構造と機能

刺激を受け取って発せられた活動電位は、神経細胞の軸索の末端まで来たときに、さらに次の細胞へとシグナルを伝えなければなりません。この部分は**シナ**

プス synapse と呼ばれます（図12-3）。シナプスとは、多くの場合、ある神経細胞の軸索の末端と次の神経細胞の樹状突起の先端とに形成される細胞間で情報を受け渡す部分のことです。実際には、二つの細胞の間（つまり、軸索の末端と樹状突起の先端）は、微小な間隙（**シナプス間隙** synaptic cleft）になっていることが多く、その間隙を最初の神経細胞から次の神経細胞へと「ある分子」が動くことで情報が伝えられます。この「ある分子」は**神経伝達物質** neurotransmitter と呼ばれています。つまり、軸索の先端から神経伝達物質が分泌され、それが拡散することによって次の細胞の樹状突起の先端にある神経伝達物質の受容体が活性化され、それによってイオン・チャネルが開き、樹状突起内に電位変化を起こすわけです。その電位変化が活動電位となって、さらに軸索上で伝導されていきます。

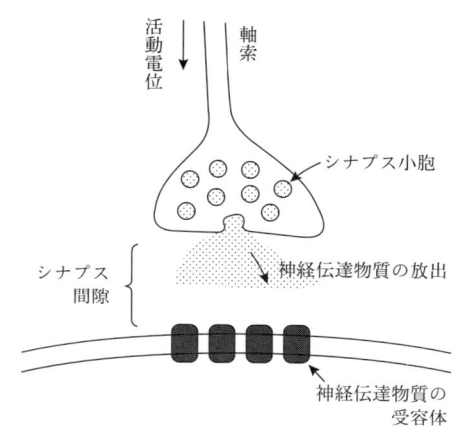

図 12-3　シナプスの構造

　神経伝達物質は、多数の小さな膜構造に収められており、これを**シナプス小胞** synaptic vesicle と呼びます。刺激が来ると、シナプス小胞がシナプス間隙の方へ移動し、膜の融合が起こることで小胞の内容物（つまり、神経伝達物質）がシナプス間隙へと放出されます。放出された神経伝達物質は、分解酵素によって速やかに除去されます。

　一方、シナプスを構成する二つの細胞の膜が直接接し、その間が**ギャップ結合** gap junction と呼ばれる大きな穴でつながれていることもあります。これは**電気的シナプス** electrical synapse と呼ばれますが、それは上述のような**化学的シナプス** chemical synapse よりもずっと低い頻度でしか見られません。

　では、なぜ間隙をつくるような複雑なシナプス構造を持っている必要があるのでしょうか。それは、この部分が様々な修飾を受けることができるようになっていると考えれば理解できると思います。電気的にシグナルを通過させるだけでは情

報を修飾することができません。一方、化学的シナプスは刺激の頻度が高ければ強化されます。化学的シナプスは様々な修飾を受けることができるわけです。たとえば、神経伝達物質の種類も多様ですし、それによってシナプスの機能も異なってきます。刺激当たりの神経伝達物質の放出量、放出後の分解過程、グリア細胞 glial cell との共役、神経伝達物質とイオン・チャネルの種類などに自由度があります。神経伝達物質には、一般に興奮性伝達物質である**グルタミン酸** glutamate や**アセチルコリン** acetylcholine、一般に抑制性伝達物質である**グリシン** glycine や**γ-アミノ酪酸** gamma-aminobutyric acid（GABA）があります。

最もよく研究されている「シナプス」は神経と筋肉の接合部位（**神経筋接合部** neuromuscular junction）です。脊椎動物の神経筋接合部の神経伝達物質はアセチルコリン acetylcholine（ACh）で、非常に早いシナプス伝達機能を持っており、急激な筋肉の収縮を促すことができます。アセチルコリンは筋肉のシナプス部位に存在する**アセチルコリン受容体** acetylcholine receptor（AChR）によって受容されます。この受容体はイオン・チャネルでもあり、アセチルコリンの受容によってチャネルを開きます。これによって、外部からの陽イオンの流入が起こり、最終的には筋肉が収縮します。ちなみに、**自己免疫疾患** autoimmune disease の一種である**重症筋無力症** myasthenia gravis（MG）では、アセチルコリン受容体が自己抗体によって破壊されてしまいます。

シナプスの機能は、神経系の神経回路を電気機器の電気回路にたとえれば分かりやすいと思います。導線や基盤は単に電流の流れる道をつくるだけで、それだけをいくら組み合わせても何の機器もつくれません。神経回路では、導線は軸索に当たるわけです。重要なのは導線ではなく、基盤に埋め込まれている部品です。抵抗、コンデンサ、ダイオードなど、その部品の前後では電流が変わりますね。つまり、情報変換が行われているわけです。これが神経回路におけるシナプスに当たります。

神経系は回路として成立してはじめて機能を果たすことができるため、単なる還元論には限界がありますが、たとえば、記憶の根本原理はこのシナプスに宿っていると考えられています。神経系はシナプスにおける神経伝達物質によってつながれている神経細胞のネットワークであり、このネットワークがどのように配

線されており、そのシナプスがどのように機能しているのかを解明することは、神経生物学の重要なテーマとなっています。

　このように、シナプスにおける神経伝達物質の役割は、活動電位の伝達、つまり、次の細胞のイオン・チャネルを開閉させることにあります。けれども、シナプスあるいは神経の末端から分泌される物質は古典的な神経伝達物質だけではありません。実は様々な物質が分泌され、情報の伝達が行われています。

　シナプスにおける情報伝達には「第二の経路」があります。この経路も、化学物質が小胞に蓄積され、電位変化によって放出され、次の細胞の受容体と相互作用します。しかし、放出される物質はアミノ酸やその類似体ではなく、**神経ペプチド** neuropeptide であることが普通です。しかも、その作用は大変遅く、分泌から反応開始までに何百ミリ秒もかかり、しかも、その効果も、分単位あるいはそれ以上の単位で長期的に持続します。それとは対照的に、神経伝達物質による「第一の経路」では、数ミリ秒のうちに伝達作用が完遂してしまいます。この第二の経路では、受容体としてG蛋白質共役受容体が用いられています。

　この第二の経路は、神経分泌細胞がペプチド性のホルモンを分泌しているのに非常によく似ています。神経ホルモンは、シナプスの第二経路の特殊な場合であると考えることができます。

（8）　感覚系に共通の特徴

　これまでは分子レベルで感覚系の特徴を述べてきました。ここでは、感覚系に共通する特徴について神経生理学的に考えてみましょう。第一に、環境からの刺激の種類にかかわらず、すべての情報は最終的には電気的シグナル electrical signal に変換されることが共通しています。つまり、神経細胞が活動電位 action potential を発することです。軸索を伝播していくすべてのシグナルは活動電位です。逆に言えば、一端シグナルを発してしまったら、もともとの刺激は何であったかは活動電位からは区別できないことになります。ですから、嗅神経細胞の軸索を、たとえば大脳の視覚野につなぎ代えたら、匂いを嗅いだにもかかわらず、何かが見えるはずです。まったく想像できませんが、「バラの匂いが見える」という現象も理論的には可能なはずです。実際、このような共感覚

synesthesia という現象持つ人がある程度いるようですが、これは病気ではなく、正常の範囲内での現象であると考えられます。

　刺激の受容の直後に起こるイオン・チャネルの開閉によって受容器電位 receptor potential が生じます。その発生機構については、嗅神経細胞と光受容細胞の例をあげて第9講で説明したとおりです。受容器電位は刺激の量に応じて連続的な変化（アナログ性）を示します。この受容器電位の大きさは、刺激の強さに直接比例するのではなく、刺激の強さの対数値に比例することが視細胞で分かっています。これは、受容すべき刺激の強さの範囲を広げるための手段であると考えられています。

　一方、活動電位は非常に単調なもので、その強さを微妙に調節することはできません。神経への入力（感覚神経細胞の受容器電位）が一定の強さに達すると活動電位が発せられ、それ以下では発せられません。その境界の値を**閾値** threshold と呼びます。それ以上の刺激でも、活動電位の大きさは同じです。そして、神経細胞のこのような反応の仕方を**全か無の法則** all-or-none law と呼びます。

　感覚刺激は、電気的シグナルとして軸索を通って脳に達しますが、その刺激の強さは、活動電位の頻度によります。これを**頻度コード** frequency code と呼びます。活動電位当たりの強さは一定でも、その頻度を変えることによって刺激の強さへの対応が可能なのです。刺激はいわばデジタル化されているわけです。

　けれども、感覚を直接受容する細胞が活動電位を発するとは限りません。嗅神経細胞には軸索が存在し、活動電位を発しますが、視細胞には軸索はなく、受容器電位が直接シナプスの小胞放出に影響を与えます。

　いずれにしても、脳へと送られてくる信号そのものは、すべての感覚系で同じです。そして、神経細胞を興奮させる方法は一つしかありません。膜に存在するイオン・チャネルを開閉することです。それによってイオンが細胞内へ流入または細胞内から流出し、細胞膜内外の電位差が変化します。つまり、感覚神経細胞のとる道は、最終的にイオン・チャネルを開くまたは閉じることなのです。

（9） 網膜の組織構造

感覚受容の代表的存在であり、最もよく分かっている受容系である光受容系のしくみについてここで解説します。光受容体を介した細胞内情報伝達経路は第9講で説明したとおりです。ここでは、最初に、細胞・組織レベルで光受容器（つまり眼）について見てみましょう（図12-4）。

後述するように、嗅上皮 olfactory epithelium においては、神経細胞は嗅神経細胞 olfactory neuron だけです。一方、**網膜** retina には多数の神経細胞が存在しています。光を受け取る光受容細胞 photoreceptor cell は網膜の最も深部に位置する**桿体細胞** rod cell と**錐体細胞** cone cell です。前者は明暗を、後者は色彩を感知する細胞です。光受容細胞は次々とディスクを成長させていますが、細胞の先端は常に破壊されています。光を受容する細胞が網膜の最も深い部分に位置しているというのは、意外でもあります。つまり、光は網膜の他の細胞層（もちろん、透明ですが）を通過して、光受容細胞に捕えられなければなりません。

桿体・錐体細胞は**双極細胞** bipolar cell とシナプスを形成し、双極細胞はさらに神経節細胞 ganglion cell の樹状突起とシナプスを形成しています。この細胞が高次の脳へと軸索を伸ばしています。さらに細胞間の連絡は複雑です。視細胞の間は水平細胞 horizontal cell でつながれており、双極細胞と神経節細胞にはアマクリン細胞 amacrine cell がシナプスを形成しています。嗅上皮の支持細胞に相当するミュラー細胞 Müller cell もあります。このように、網膜は嗅上皮とはまったく異なり、各種の神経細胞がネットワークを形成し、情報処理を行っているのです。

また、光受容細胞は互いに**ギャップ結合** gap junction で結ばれて電気的に共役しています。これはノイズの減少に貢献していると言われています。嗅覚神経

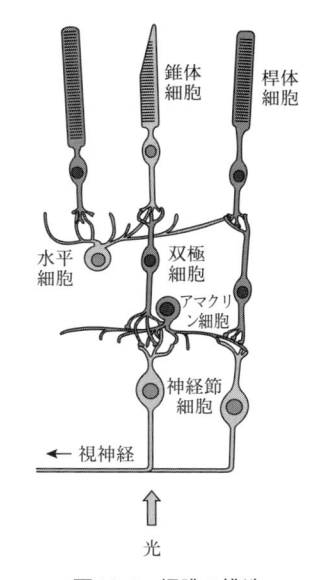

図12-4　網膜の構造
（出典：Neuroscienceより一部改変）

278　第4部　高次現象の分子生理学

細胞でも、ギャップ結合が何らかの機能を持つのではないかと推測されています。

網膜と嗅上皮を比較して、なぜ視覚系は刺激を受容するや否や、こうも複雑な神経ネットワークによる情報処理を行う必要があるのか、嗅覚系の立場から考えると疑問です。光情報には空間関係が伴いますが、匂い情報には空間関係がほとんどないことと関連しているのかもしれません。複雑なネットワークのためか、哺乳類では基本的には網膜は再生しないといわれています。

(10) 嗅上皮の組織・細胞レベルの構造

匂い物質の検知に関わる最初の場所は、鼻の奥の上部にある**嗅上皮** olfactory epithelium（あるいは嗅感覚上皮 olfactory sensory epith-elium）と呼ばれる膜状の組織です（図12-5）。嗅上皮の深部は結合組織 connective tissue（lamina propia）となっており、血管や神経の束が走っています。嗅上皮とその下の結合組織はまとめて嗅粘膜 olfactory mucosa と呼ばれることもあります。嗅上皮の表面は粘液で覆われています。その上を、空気中を漂う匂い物質が呼吸とともに通過することになります。そして、その匂い物質は嗅上皮によって「ある匂い物質がやってきた」という生物学的な情報に変換されるのです。

嗅上皮には大きく分けて3種類の細胞が存在します。実際に匂いの感知に関わる**嗅神経細胞** olfactory neuron（あるいは嗅感覚神経細胞 olfactory sensory neuron、嗅受容細胞 olfactory receptor neuron、嗅細胞 olfactory cell）、嗅神経細胞に適切な環境を提供する**支持細胞** supporting cell（sustentacular cell）、そして嗅神経細胞に分化

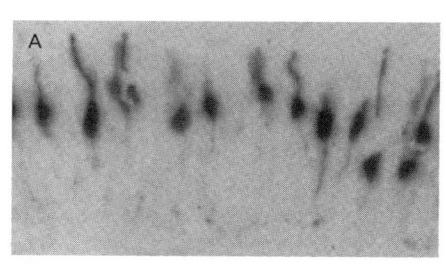

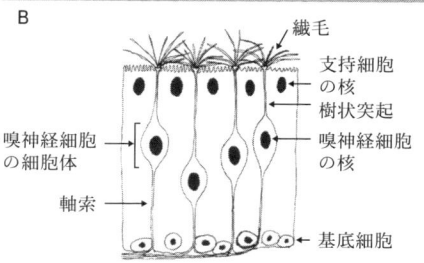

図12-5　嗅上皮の組織染色（A）と模式図（B）

differentiation する能力を秘めている**基底細胞** basal cell です。主にこれら3種類の細胞からなる嗅上皮は、視覚系 visual system の第一段階として機能する網膜 retina の複雑さに比べると、非常に単純な構造です。神経系の「モデル」としての研究意義がここにあります。

　嗅上皮には数種の細胞が存在しますが、匂いの認知という意味で最も重要な細胞は嗅神経細胞です。嗅神経細胞は嗅上皮の細胞の 70% ～ 80% を占めると言われていますから、嗅上皮はほとんど嗅神経細胞の集団とみなせます。嗅神経細胞はその名のとおり、外界からやってくる匂い物質のセンサーとして働くために特殊化した神経細胞です。嗅上皮の断面を見ると、嗅神経細胞の細胞体 cell body（soma）はほぼ中心付近を占めます。とはいえ、細胞体の嗅上皮における位置はばらばらで、一定の平面に並んでいるわけではありません。

　嗅神経細胞はその中心の細胞体から上下に長い突起を延ばしています。嗅上皮の表面に向かって伸びている突起は樹状突起 dendrite（あるいは入力突起）と呼ばれます。嗅上皮の表面に達した突起の先端は多少膨れ上がっており、そこからはイソギンチャクの触手のような繊毛 cilium が何本も放射状に出ており、表面に広がっています。細胞当たりの繊毛の数は一定していないと言われています。嗅上皮の表面は粘液で覆われており、その粘液の中に漂うように嗅神経細胞の繊毛が広がっています。

　この嗅上皮の表面に広がっている繊毛の表面の膜に、匂いの認識に非常に重要な**匂い受容体** odorant receptor などの蛋白質が埋め込まれています。そのため、鼻に入った匂い物質は最初に粘液部分を通過し、繊毛の表面の匂い受容体に出会わなければなりません。

　細胞体から嗅上皮の表面へ向かっては樹状突起を出していますが、その反対の方向へはもっと長い軸索（あるいは出力突起）axon を延ばしています。この軸索は嗅上皮のすぐに深部に位置する結合組織内においてすでに寄り集まって束となります。そして、嗅神経細胞の軸索は、直接、鼻部の頭蓋骨の篩板 cribriform plate と呼ばれる穴を通過し、いわゆる脳 brain へと入ります。嗅上皮の細胞体からは数 mm から時には cm にも及ぶ長い道のりです。脳の外部に位置する感覚神経細胞あるいは受容細胞が直接脳の中に軸索を侵入させるというのは、他の感覚神経系とはまったく異なった特徴です。たとえば、化学物質のセンサーとして

嗅覚系との類似点も多い味覚系においてでさえ、味物質 tastant を検知する味細胞 taste cell は軸索 axon を持たず、舌においてすぐに次の神経細胞と連絡しています。これは視覚や聴覚でも同じことです。嗅覚では、嗅神経細胞は嗅球 olfactory bulb と呼ばれる脳の先端部分へと直接つながっています。

(11) グリア細胞の存在

　嗅上皮には、嗅神経細胞だけでなく、支持細胞が存在します。支持細胞は嗅上皮の細胞の 15% ～ 20% を占めると言われています。支持細胞の核は嗅上皮の表面付近に並んでおり、その付近まで嗅神経細胞の細胞体（つまり核を含む部分）が侵入することはありません。そして、嗅上皮の表面を形成する支持細胞の先端には嗅神経細胞のような繊毛はなく、それよりもずっと短い微絨毛 microvillus があります。

　支持細胞は、その名のとおり、嗅神経細胞の物理的あるいは生化学的な支持にすぎないと思われているため、研究はあまり活発にはなされていません。イオン環境の調節、匂い物質の排除、粘液蛋白質の分泌、死んだ細胞の除去などが主な役割であるとされています。支持細胞にも数種類が知られているため、それぞれ異なった支持細胞が異なった働きをしていると考えられています。

　神経系には一般に神経細胞のパートナーとして**グリア細胞** glial cell（あるいは神経膠細胞 neuroglial cell）が存在します。支持細胞も、グリア細胞の一種であると考えることができます。網膜に存在するグリア細胞はミューラー細胞です。

　グリア細胞の研究も最近になってやっと活発になってきたばかりで、あまり多くのことは知られていません。しかし、神経細胞が機能するうえで非常に重要な蛋白質を分泌したり、神経細胞と直接的に物質をやりとりしたり、神経細胞の電気的活動を修飾したりと、非常に重要な機能が発見されてきています。このような研究が進めば、支持細胞も嗅覚の第一段階を円滑に行うために従来考えられていたよりも積極的な役割を果たしていることが分かってくるのではないでしょうか。

第13講

進化――生物多様性と種分化

（1） 生物の本質としての種

　これまで、物理化学的基礎から高等生物の分子生理学的知見まで、様々な階層レベルから生物を鳥瞰してきました。分子レベルでは、生物の単一性が見えやすくなるとはいえ、その分子レベルですら、かなりの多様性が見られることは疑いの余地がありません。分子・細胞レベルの研究では、ある特定の生物体に着目し、その体内で起こっていることを調べているのですが、その実験対象となった生物はある生物種として、進化の産物として、この世界に存在しているわけです。分子や細胞の多様性の背後には**自然選択** natural selection に代表される集団レベルに作用する力があります。その結果として実在するのは**種** species です。このような立場から考えると、生物学の本質は種の研究であると言っても過言ではありません。

　第2講で論じたように、生物学の目標は「実際に生物において起こっていることを知ること」です。これは、ある個体の体内で起こっている分子・細胞レベルだけに限定されるものではありません。個体の行動や生態的位置など、もっとマクロな現象も重要な対象です。分子・細胞レベルと個体・生態レベルは異なる階層ではありますが、自然界ではつながっていることもまた真実なのです。

　しかしながら、実際の学問分野に目を向けてみると、ミクロな生物学とマクロな生物学とは分断傾向が続いていますし、ある意味ではそれが現在でも加速中ではないでしょうか。実験室で行う分子生物学 molecular biology を中心とした研究と生態学 ecology・行動学 ethology・博物学 natural history を中心とした研究は、同じ生物学とはいえ、まったく異なった哲学 philosophy や方法論

methodology のもとに成り立っていることは確かです。前者は生命の単一原理を求め、後者は多様性を求めてきた学問分野です。DNA の二重らせん構造を発見したワトソンの上司であったルリアは「自然研究は生物学の敵だ」と述べています。博物学的研究に埋没することなく、生命の一般原理を求める気迫が感じられる言葉ではありますが、自然史的な研究を否定する立場は現在ではむしろ時代遅れであることは否めません。

　歴史的な流れを考慮すると、もはや分子生物学が単一性を追及する時代は終わりました。分子生物学は単一性を求めることから出発し、その後、分子・細胞レベルでの多様性に注目するに至りました。2004 年、動物の行動の多様性の基盤となる匂い受容体の発見にノーベル賞が与えられました。この事実は、分子生物学の対象の広がりを如実に示しています。匂い受容体の発見は生粋の分子生物学的手法で行われましたが、匂い受容体の研究から一般原理が生まれてくるわけではありません。ミクロとマクロの融合はすでに始まっていることを認識させられます。種レベルの多様性の分子的基盤が明確になってくるのも、それほど遠くはないと思われます。その意味では、21 世紀の生物学は、分子から生態・進化までを鳥瞰できる、今までにはない面白い生物学になるのではないでしょうか。単一性と多様性の融合するところに、真の面白さがあると私は感じています。

（2）　生物の分類階級

　種について論じる前に、生物の分類体系の概要について述べておきましょう（図 13-1）。現在の生物学の研究の実情はともかくとして、種という概念は生物学の中心的位置を占めるといっても過言ではありません。いかなる生物学的研究においても、それが生態学であれ、行動学であれ、神経科学であれ、分子生物学であれ、対象とした種は明記しなければなりません。**生物多様性** biodiversity について考える際にも、種の多様性が最も一般的な基礎を与えます。

　では、種とは何でしょうか。われわれは、ヒトは一つの種を構成していることを知っています。ヒトは、学名ではホモ・サピエンス *Homo sapiens* と呼ばれる種です。しかし、たとえば私はヒトですが、ヒトという種の個体レベルの一例にすぎないことも確かです。ヒトにはオスもいればメスもいますが、私という個体

はオスであり、それをもって種全体を表すことは不可能というものです。つまり、種の概念は集団レベルに適応される抽象的な概念であることがわかります。

種は抽象概念であるとはいえ、ヒト以外でも種を認知することはそれほど難しいことではありません。生物学の実験に汎用されているキイロショウジョウバエ *Drosophila melanogaster* は一つの種ですし、アゲハチョウもモンシロチョウもソメイヨシノもそれぞれ種です。生物は、少し観察して見れば種を単位として行動していることは自明です。アゲハチョウは、自分がアゲハチョウであることを自我を持って認識しているはずはないのに、アゲハチョウ同士で同種個体を認識し合います。そして、進化は種の形成を実質上の最小単位として起こると考えてよいでしょう。祖先種から新種が形成される過程を**種分化** speciation と呼びます。

界	kingdom	動物界
門	phylum	節足動物門
綱	class	昆虫綱
目	order	鱗翅目
科	family	タテハチョウ科
属	genus	アカタテハ属
種	species	アカタテハ

図 13-1 生物の分類体系

生物の分類は階層構造を成しており、種の上の分類階級を**属** genus と呼びます。二名法で使われている「名字（姓）」に当たるのが属です。種から順に分類群を上っていくと、**種** species →**属** genus →**科** family →**目** order →**綱** class →**門** phylum →**界** kingdom となります。これは基本的に動物分類の場合の階級の名称ですが、異なる生物界では異なる階級名称が使用されることもあります。たとえば、私が研究対象としているアカタテハと呼ばれるチョウは、学名が *Vanessa indica* ですから、*Vanessa* 属→タテハチョウ科→鱗翅目→昆虫綱→節足動物門→動物界という分類学的な位置づけになります（図13-1）。ただし、これはいわば便宜上の枠組みにすぎないと言われても否定できない部分もあります。実際、これだけでは様々な生物を矛盾なく分類するには不足しているため、他の枠組みも頻繁に取り入れられます。**亜科** subfamily や**上科** superfamily などのように、一般的に認められている主要な階級に上下をつけることは、そのよい例です。しかし、それだけでも不足しているため、亜科と属の間には**族（連）** tribe という階級が設けられています。しかも、族と属の間には**亜族** subtribe が設けられる

こともあります。

(3) 種の定義——ダーウィンの形態学的種概念

大雑把に種を把握することは困難ではありませんが、種とは何かを文章として明確に定義することは容易ではありません。種の定義は、現在でも論争の的となっており、学派や研究内容によって種という言葉に持たせる意味が多少異なってきます。余談ですが、種の定義の難しさは生物自体を定義することの難しさと類似しているかもしれません。われわれは生物とは何か、はっきりと知っているつもりですが、実際に定義するとなるとかなり厄介ですね。何を持って生きているとするかということですが、現代社会では、それは生命倫理 bioethics の問題にすら絡んできます。ある著名な研究者（確か、ポーリングだったと思いますが）は「生物は定義するよりも研究することのほうがやさしい」と述べていますが、まったくそのとおりです。

それでも、ある程度は種というものを定義しておいたほうが、実際の研究には便利な場合もあるでしょう。そのようなわけで、現在までにいくつかの種の定義が提唱されています。どの定義を使っても、例外が必ず生じてくるわけですから、完璧な定義はありません。重要なのは、これは生物学であって純粋な哲学ではないということです。つまり、生物学的な研究に「使える」定義でなければ意味がないということです。逆に言えば、実際の観測や実験の際に便利な定義を状況に応じて使用すればよいということになります。これは、量子物理学者が実験と並行してその哲学的意味を考察していったことと本質的には同じことです。不確定性原理 uncertainty principle など、一見すると不思議な原理が量子力学にはみられますが、これは単なる哲学ではなく、多くの実験結果を反映したものです。そして、その原理を用いてさらに多くの実験を試みることができるため、その原理は正しいとみなされるわけです。これについては、第2講で論じたとおりです。

種の定義に話を戻しましょう。研究者によって様々な種の定義が提唱されていますが、進化生物学の創始者であるダーウィンはどのような考えを持っていたのでしょうか。ダーウィンの代表的著作は『種の起源 *Origin of Species*』なの

ですから、種の起源について論じる前に種について定義しているのではないかと考えるのはもっともなことです。

　しかし、実際は、ダーウィンは種を明確に定義せずに種の起源を論じました。これはしばしばダーウィンの批判の拠り所となります。一方、ウォレスは最近の学者たちに推されている、後述するような**遺伝子型種概念** genotypic species concept とほとんど同一なものを提案しています。

　そうは言っても、ダーウィンは決して種について深い考えを持っていなかったのではありません。事実はその逆で、深く考えた末、そのような結果に落ち着いたのです。ダーウィンは種という言葉は、互いに大変類似している個体群に対して、議論を簡便化するために与えられた人工的な名称にすぎないと記しています。ただし、ダーウィンは種の実在を否定しているのではなく、種のエッセンスを提言するような、一般論や理想論を否定しているのです。種は実在していても、種を何かそれ以下のレベルに還元しようとすると、実態がなくなってしまうことを見抜いていたのです。生物分子を原子レベルに還元してしまうと、炭素原子をはじめとして数種類の元素（C、H、O、N、P、S）しか残らないことと似ているかもしれません。もう少し別の言い方をすれば、種はそれぞれの種によって様々であるということです。種の多様性を看破していたわけですね。また、種とは、ある場所とある時間によって規定される存在であって、広大な地理的領域と地学的時間を考慮した場合には定義が不可能になることも認識しておく必要があります。

　ダーウィンは、当時の科学水準を反映し、上述のような種の実在性についての議論の際に形態学的な事例を用いました。種が実在するためには、形態学的な連続性が維持されている集団ではなく、形態学的な断続性（ギャップ）が現れなくてはなりません。つまり、中間的な形態を持つものは、何かの理由で絶滅してしまったと考えるわけです。そのような断続性の中に種が定義されるにすぎないとダーウィンは論じたのです。ダーウィンの断続性の定義は、形態だけではなく、生態や遺伝などの面にも拡張することができますが、それはしばしば**形態学的種概念** morphological species concept と呼ばれることがあります。「形態学的」とはいっても、ダーウィンが形態に固執したわけではなく、むしろ、形態は単なる指標に用いられただけだと考えられます。ダーウィンは種の本質を見抜いていた

のですから。

(4) 交配を基準とした種の定義——マイアの生物学的種概念

　ダーウィン以後、博物学的データが拡充していく中、昆虫学者であるポールトンとウォレスは、ダーウィンの唱える形態学的種概念では判別が困難な多くの事例に出くわすことになります。アゲハチョウ類について詳細に研究したポールトンとウォレスは、**雌雄でまったく異なった色模様をしたアゲハチョウ類が多い**ことに気づいていました。東南アジア島嶼のトリバネアゲハはその代表例で、雄は大変鮮やかな緑や青の金属色を持つのに対し、雌は茶や黒を基本とした地味な色合いです（図13-2）。これを**性的二型** sexual dimorphism と呼びます。他のチョウでも性的二型を示すものは少なくありません。また、オスジロアゲハでは、雄は一つの形態しか持たないにもかかわらず、雌は様々なまったく異なった色模様や翅形を持つことが知られています（図13-3）。これは**性的多型** sexual polymorphism です。雌は別種の様々な毒性のチョウに**擬態** mimicry しているのです。これによって鳥の捕食から逃れることができます。このような例では、形態的に種を定義することは困難になります。チョウは形態が異なるにもかかわらず、互いに種を判別し、交配しているのです。

　ダーウィンの形態学的種概念は、特に形態だけにこだわっていたわけではないはずですが、ここに、形態以上の別の枠組みを求める人々が現れることになります。種は形態によって規定されるのではなく、種とは同一の交配集団であるという点が強調されるに至ります。ドブジャンスキーは形態学的には区別できない2

図13-2　トリバネアゲハの雄（左）と雌（右）の色模様の相違（性的二型）

図 13-3　オスジロアゲハの性的多型

種のショウジョウバエは互いに交配することはないことを実験的に確かめ、交配を基準とした種概念を提唱しました。この考え方を受け継いだのがエルンスト・マイアです。現在でも最も有名な種の定義は、マイアによる定義です。

　マイアはニューギニアの鳥類を中心に研究した進化生物学者で、20世紀の進化生物学において最も影響力が大きかった人物です。1940年に提唱された定義は**生物学的種概念** biological species concept（BSC）と呼ばれています。「生物学的」という表現は、種を形態だけから定義するのではないことを強調しているわけです。その定義によると、「種とは、他の集団から生殖的に隔離されている、実際に交配しているか交配可能な自然集団」となります。

　この定義において重要なポイントは「生殖的隔離機構 reproductive isolation mechanism」にあります。一義的には、それはたとえ交配が起こっても子孫を残せないということを指します。これは、**配偶後隔離** post-zygotic isolation と言われています。たとえば、ロバとウマの合いの子はラバと呼ばれ、子どもは生まれますが、この子どもは不妊であり、後世に遺伝子を残すことができません。このように、生殖による隔離機構があるため、ウマとロバは別種であると結論することができます。生物学的種概念は**種の隔離概念** isolation concept of species

とも呼ばれます。

しかしながら、マイアの種の定義は、「種は一般論として定義可能である」あるいは「種を構成するエッセンスが存在する」という立場を表明することにつながってしまいました。上述のように、ダーウィンの形態学的種概念は、種のエッセンスの存在を表明したものではなく、それを否定したものだったわけです。ダーウィンは「形態で種が定義できる」と主張したのではなく、「形態が異なっている不連続な生物集団にすぎず、種の一般的な定義は存在しない」と主張しているのです。ダーウィンは交配についても考慮しており、交配後に子どもが不妊であるという理由だけで種を定義することは誤りであると明確に述べています。ダーウィンは非常に先見性のある思慮深い科学者であったことがうかがえます。このような中で、20世紀前半には、マイアの生物学的種概念が大きく宣伝され、ダーウィンの警告は忘れ去られてしまいました。

一方、マイアの定義はシンプルで明解なため、多くの人々を引き付けました。マイアの定義を逸脱する種も多数存在しますが、この程度の定義を用いて研究を進めることもできるため、現在でも多くの研究者が参照する概念であることは確かです。ただし、歴史的には、20世紀前半には、マイアの定義を逸脱する種が非常に多いことが認識されないままに、多くの生物学者はマイアの種の定義を鵜呑みにしてきた感があります。マイア自身もこの定義の不完全さに気づいていなかったようです。これ以外の種概念については、以下で説明します（図13-4）。

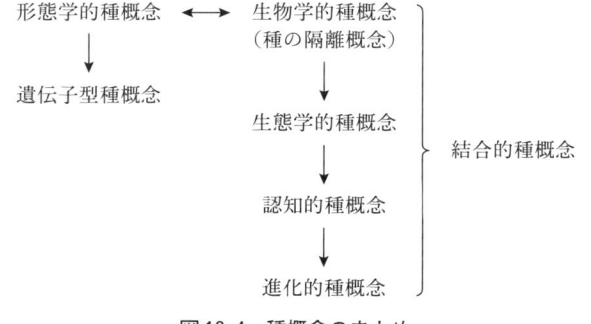

図13-4　種概念のまとめ

（5） 他の種概念の登場

　マイアが広く宣伝した生物学的種概念は、多くの研究者に受け入れられた反面、例外も多いことが、生物学者の間で認識されてきます。ダーウィンに戻るならば、そのように種を定義しようという試み自体が否定されるべきものなのですから、それを知っていた生物学者たちは種の定義に関する論争には首を突っ込んでこないはずです。他方、マイアの定義に満足できない研究者たちは、マイアの定義の代替を模索するようになりました。

　上記のマイアの定義は、種を生殖的に不可能な集団であるという**生殖的隔離** reproductive isolation の概念から定義しています。これは研究者にとっては有用な場合もありますが、不都合な場合も多数生じます。たとえば、有性生殖 sexual reproduction を行わない生物では、種が定義できないことになってしまいます。現実としては、無性生殖 asexual reproduction の生物種を認識することは分類学者にとっては困難ではありません。また、生殖的隔離が厳密に行われていない場合も多く知られていますが、それにもかかわらず種として実在している場合もあります。これについては後述します。このようなことを考慮すると、実際の種とは、同じ**生態的地位**（ニッチ niche）を占める集団であると定義されるのではないかと提案されることになります。これが、**生態学的種概念** ecological species concept です。

　一方、特に動物の種の定義については、その行動様式の研究から別の概念が生まれました。実際の生物自体はマイアの定義のように種を認識しているわけではありません。しかしながら、すべての動物は互いに同種であるか異種であるかを見分けることができ、それによって交配を行うわけです。あるチョウの雄は、自分と同じ種の雌に出会ったときにだけ、配偶行動 mating behavior を起こすわけです。そして、雌が、雄によって行われる一連の配偶行動を受け入れるためには、同種であることが条件となるのです。つまり、特定の配偶者を認知するシステムが重要であるわけです。これは配偶前隔離 pre-zygotic isolation として働くため、配偶後隔離 post-zygotic isolation を基本とするマイアの定義よりも真実に近いと提唱されました。これは**認知的種概念** recognition species concept と

して知られています。種の認知は高等動物では神経系 nervous system、そのうちでも特に嗅覚系 olfactory system と視覚系 visual system、さらには聴覚系 auditory system を用いて行われますから、これは非常に神経生物学的な定義です。私は嗅覚系の研究をしていますが、この定義は嗅覚系の生物学的重要性を再認識させてくれます。

さらに、種の概念に時間軸を導入した**進化的種概念** evolutionary species concept も提唱されています。種は進化の産物であり、同一の歴史的運命をたどってきたものだという立場を強調したものです。しかし、このように長い時間軸などを取り入れていくと、実際の研究には使えない代物になってしまいかねません。進化的概念もたとえば、「歴史的運命」という言葉など、科学的な定義が困難な言葉を用いてしまうため、そのような苦境に立たされてしまいます。

このように、様々な種概念が提出されると、それらをまとめようとする動きが出てきます。**結合的種概念** cohesion species concept です。この概念では、生態的・行動的・遺伝的・進化的な方法をはじめとした様々な手段で集団としての結合を維持しているものが種であると定義されます。

（6） 理想と現実——表現型・遺伝子型を用いる

上述のように、様々な種概念が提出されていますが、このような種概念は非常に哲学的であり、ダーウィンはそれを無用の長物であると厳しく批判しています。おそらく、ダーウィンは本当に偉大な生物学者であり、彼の生物像は20世紀の生物学者のそれを大きく超えていたのでしょう。20世紀の生物学者が行ってきた種概念に関する論争は、もしダーウィンが生きていたなら、それは彼にとって非常に意味のないこととして思えたことでしょう。しかし、20世紀を生きた生物学者たちは、このような論争を経過してはじめてダーウィンの真理に到達することができた（過去形にしてよいかどうかは疑問ですが）のですから、これは必要なステップだったといえるのかもしれません。

けれども、種の定義をまったく放棄したのでは生態学的研究を実施するのに支障が生じることもまた確かです。生態学的な研究では、たとえば、種間の相互作用について論じられるわけですから、現実的に種を定義しなければならなくなり

ます。もちろん、この場合、一般論として種を定義する必要はなく、その現場に基づいて種を定義する必要が生じるわけです。ですから、現場での種の定義は、これまで述べてきた一般論としての種の定義とは性質が異なるものです。いや、生態学的研究において種を厳密に定義する必要はなく、「形態や遺伝的な断続性を持つある特定の集団」の間の関係を研究すればよいわけです。その集団を仮に種とみなしておけば、それでよいのです。それが厳密な意味で定義どおりの種である必然性もありません。

しかしながら、ここにジレンマが生じるのではないかと反論されるかもしれません。「形態や遺伝的な断続性を持つある特定の集団」に対する呼称が二名法で定義されたものであるのなら、それを使ったほうがよりシンプルに論じることができるという事実です。二名法を使うということは、種の名前を使うということですから、暗黙のうちに種を定義していることになっているのではないかと。

いや、それでよいのです。生態学においては、種の定義が何であろうとも、研究自体には大きな支障はもたらしません。ダーウィンの言うように、形態学的（あるいは他の）断続性（ギャップ）が存在する集団を種として認めて研究していけば、ある特定の限られた場所での生態学的研究には支障はないのです。これを裏返せば、種の認識には、限定された場所で研究を遂行する限り、形態に代表される表現型とその基盤となる遺伝子型に関して断続的な集団を種とみなせばよいことになります。これらの断続性の基盤となるのが進化の歴史であったり、生殖的隔離機構であったり、あるいは、個体の認知機構であったりしますが、結果としてこの断続性のみに注目すれば、現在という時点におけるある特定の空間に存在する集団に関する研究には、まったく支障はないはずです。

また、その断続性は、0か1かである必要はなく、統計的に一般的なクラスター解析 cluster analysis などで分離できる集団であればよいでしょう。つまり、2集団の間にある程度の交配が起こることや、ある程度の形態の連続性があっても構わないということです。このような種の捉え方は**遺伝子型種概念 genotypic species concept** という名称で呼ばれることもありますが、他の種概念と並列されるべきものではなく、実際の研究への利用性を主体とした定義であり、種に関する一般的定義ではありません。また、断続性が遺伝子型である必要性もありません。

ここで注意しなければならないことは、遺伝子型種概念では、時空が限定されているということです。時空を超えて一般論を展開しようとすると、種の実在性が崩れていってしまいますし、それはフィールドにおける生態学的研究には使用できません。これはダーウィンが警告したとおりのことです。種は種レベルで論じるときに実在するものであると。ダーウィンの先見性には本当に脱帽です。

　余談になりますが、ダーウィンと一緒に自然選択説を提唱したウォレスは、実は100年以上も前に遺伝子型種概念とほぼ同一のものを提唱しています。つまり、ウォレスも、ポールトンに続く生殖的隔離機構の概念の確立に関与したとはいえ、ダーウィンと同じように、種は個々に定義されるべきものであって、一般論は展開されるべきものではないことを認識していたと思われます。われわれ21世紀に生きる生物学者でも、ダーウィンとウォレスのレベルに達することは楽ではありません。

　ところで、現在でも分類学者は種を形態によって定義しています。現実的には、種の定義が何であろうが、新種かどうかを判断するのに必要なデータは形態以外にはあり得ない場合がほとんどですから、これは当然のことでしょう。

（7）　種の隔離は完璧ではない

　種の一般的な定義が何であれ、実際のフィールドでの研究においては、表現型・遺伝子型の断続性として種を定義すればあまり問題は生じないことを説明しました。この断続性という言葉は生殖的隔離を連想させますから、マイアの定義から研究をはじめても、実は特に支障が出ない場合も多いのです。しかし、その断続性は完璧ではないことが研究によって判明してきました。

　マイアの定義では、別種であるためには、遺伝子の流れが0か1でなければなりません。つまり、まったく遺伝子の流動がないか、完全に遺伝子が流動しているか、どちらかです。しかし、0か1というのは二つの極端な場合にすぎません。実際のフィールドでの調査が進むにつれ、異なった種の間でもある程度の遺伝子の交流がある場合も多いことが分かりました。マイアの定義は、野外における実際の種ではなく、理想化した種の定義であることが浮き彫りにされてきます。実際には、種とは、生態系において動的で柔軟な位置を占めるものであるこ

とが分かってきたのです。

　自然界では、隣接する地域に類似の種が生息する場合が多く見られます。同じ祖先種から分岐して2種に進化した場合、これらの種を**姉妹種** sister species と呼びます。日本のチョウではギフチョウとヒメギフチョウの例が有名です。この2種は形態学的にも生態学的にも非常に類似していますが、ギフチョウは秋田県以南の日本海側から本州南西部にかけて分布しています。一方、ヒメギフチョウは北海道、東北の太平洋側から中部地方にかけて分布しています。これらの境界領域には、両種とも棲息する場所が知られており、しばしば雑種と思われる個体が見つかることがあります。このような姉妹種の例は、チョウに限らず、様々な生物において数多く知られており、種によりますが、混生地では、A種とB種の間のあらゆるタイプの個体が出現することもあります。

　重要なことは、混生地があっても（つまり、遺伝子の流動があっても）、その両側の種は維持されていることです。ある両生類の研究では、雑種個体 hybrid individual は、血縁の交じりのない個体に比べてあまり健康ではありません。雑種個体は、発生初期に死亡したり、奇形となったりする確率が非常に高いのです。そのために、健康でないものは次世代を残す確率が低くなり、ここで自然選択が働く結果、雑種地帯 hybrid zone が拡張することはありません。あるチョウでは、雑種個体では、翅の色彩パターンが両方の種とは異なるものとなってしまいます。チョウの色彩パターンは視覚的な種の認識に使用されるため、雑種個体は両方の種にとって魅力的ではなくなってしまうのです。その結果、その個体が子孫を残すことは不可能となります。このように、2種の間で多少の交配が起こったとしても、種の維持にとって何の問題も生じないわけです。

　さらに進んだ例も知られています。ある蚊では、姉妹種の間でかなりの頻度で交配し、健全な子孫を残します。これらの種はまさにゲノムのかなりの部分を交換することすらできるのです。しかし、それでもそれぞれの種のアイデンティティーは保たれています。種のアイデンティティーを保つ染色体の一部の領域は交換不可能となっています。

　では、経験的に別種として知られている種Aと種Bを人工的・強制的に交配させた場合はどうでしょうか。生殖能力のある子孫が生まれることも稀ではありません。子孫の生殖能力の程度は、種Aと種Bの遺伝的距離の反映であると考える

ことはできますが、雑種に完全な生殖能力があるからといって同種であると即座に判断するのは誤りになります。

生物学的種概念では、遺伝子は縦方向のみに流れていくことが大前提ですが、自然界では横方向の流れも、それなりの頻度で起こっていることが分かってきました。横方向の流れとは、種の壁を越えた遺伝子の受け渡しです。ウイルスのDNAやプラスミドなどは、種の壁を越えて移動可能なDNAとして知られています。また、ある種の高等動物のゲノムに、細菌のゲノムの一部が挿入されているという例すら知られています。

生物学的種概念を逸脱する様々な例について述べましたが、それでもこれらは「種」であると人々は断言しています。ということは、われわれがある集団を種であるとして認識しているという事実が一般論としての種概念云々よりも優先的に存在しているわけです。この事実自体、その直観的、経験的、かつ個別的な種の認識は一般論的な種概念に置き換えられるべきものではないことを如実に示しています。そして、ここで言う「直観的、経験的、かつ個別的な種の認識」は、時空を超えない、限定された時間と場所における野外調査によって得られた場合、問題はほとんど生じません。

(8) 種分化の種類——異所的種分化と同所的種分化

一つの祖先種が二つの種に分岐する過程は**種分化** speciation と呼ばれています。種の形成はある一つの祖先種が二つに分かれることによって起こるだけでなく、ある二つの祖先種の異種間交雑から別種が生まれることもあり得ます。しかし、後者は一般に非常に稀であると考えられています。最近、ある種のチョウでそのようなことが実際に起こったことが立証されましたが、今でも、種の形成といえば、種が一つの祖先から分岐すること(つまり種分化)として捉えられるのが普通です。

種分化(つまり、種の成立過程)には、大きく分けて2種類あると考えると分かりやすいでしょう。その一つは、**異所的種分化** allopatric speciation です。これは、その名のとおり、それぞれの種が別の場所(異所)で分化する過程のことを指します。このモデルでは、祖先種の集団が天変地異などによって二つに分割

されるのが種分化のきっかけです。地理的に隔離された二つの集団の間には、もはや遺伝子の交流はありませんから、それぞれの集団において偶然に生じた**突然変異** mutation などが**自然選択** natural selection もしくは**遺伝的浮動** genetic drift により集団内に広がっていきます。そのように、二つの集団がそれぞれ別の運命をたどっていくと、それぞれの集団は、遺伝的分化の副産物として独自の**生殖機構** reproductive mechanism を発達させます。そして、万が一、その後に二つの集団が接触したとしても、もはや互いに交配相手であると認められないほどに、あるいは、**交尾器** copulatory organ の形状が合致しないほどに変化してしまっています。つまり、ここに種分化 speciation が成立したことになります。

異所的種分化は、物理的に異なる場所によって集団があらかじめ2分割されてしまうため、自然選択の圧力はそれほど高くはなくても、徐々に進行することが可能です。**地理的隔離** geographical isolation は天変地異 catastrophy によって生じるわけですが、ここで言う「天変地異」は、大規模のものから小規模のものまで様々です。

最も大きな天変地異は大陸の分離でしょう。ウェゲナーが唱えた大陸移動 continental drift の概念に従えば、オーストラリア大陸やマダガスカル島は他の大陸から早期に分離しました。これによってオーストラリア大陸やマダガスカル島には他の地域には見られない**固有種** endemic species が生息するようになったわけです。地理的隔離による種分化の促進の好例と考えてよいでしょう。また、南北アメリカ大陸の融合によって太平洋と大西洋が分離されてしまいましたが、その両側には、その昔は同種であったと考えられる海産生物が生息しています。

中規模の天変地異としては、湖や島の誕生が典型例でしょう。その昔に大陸と地続きであった日本列島には、日本が島として隔離されたあとに種分化したと思われる固有種が多く存在します。もう少し小規模の例では、対馬や沖縄島などに固有種が多いことがあげられるでしょう。淡水性生物にとっては、アフリカの大地溝帯にあるビクトリア湖などの大きな湖の水位が低くなってしまうことも一大天変地異です。周辺の小さな湖に隔離されてしまうと、それだけでも環境は以前とは同一ではありませんから、種分化が進行します。

さらに小規模な天変地異もあります。その代表が洞窟 cave の形成でしょう。洞窟内の環境は、洞窟外とはまったく異なります。大きな洞窟は夏でも肌寒いく

らいで、澄んだ水が流れているのが普通です。もちろん、太陽光は入らず、そのため、洞窟内の生物は眼が退化しています。ある洞窟に棲む固有の生物の姉妹種がすぐ外の環境に見つかることすらあるのです。

　このような異所的種分化の状況証拠と思われる例は枚挙に暇がなく、われわれの常識的判断にも矛盾しないためか、このような異所的種分化がほとんどすべての種分化の基礎であると考えられていた時代がありました。偉大な進化生物学者であるマイアが異所的種分化がほぼすべての種分化の機構であると唱えたためでしょうか、それに異を唱える研究者はなかなか現れませんでした。マイアといえば、生物学的種概念の提唱者ですが、その定義は隔離概念とも言われるとおり、集団の隔離（それは一義的には地理的隔離に伴う生殖的隔離）に根ざしたものでした。つまり、生物学的種概念と異所的種分化とは表裏一体の関係にあるのです。

　しかし、ハーバード大学でマイアの大学院生であったブッシュがついに反旗を翻しました。それが**同所的種分化** sympatric speciation のモデルです。これはある遺伝的集団が同じ場所で二つの遺伝的に異なった集団に分かれるというモデルです。マイアはブッシュが同所的種分化について研究したいと申し出たとき、「よろしい。同所的種分化というアイディアの息の根を止めようではないか」と答えたと伝えられています。同所的種分化というアイディアは、実はダーウィンの時代から唱えられてはいたのですが、その証拠はなく、マイアはまったく相手にしていなかったのです。

　同所的種分化では、地理的な隔離の力を借りずに生殖的隔離の仕組みを進化させなければなりません。もともとの祖先種は当然のことながら、一つのまとまった遺伝的集団なのですから、同じ場所にいながら2種に分かれるためには、何らかのトリックが必要となります。

　以下に、異所的種分化の状況証拠とみなされる例をもう少しあげ、その後に同所的種分化について考察したいと思います。

（9）　島による隔離と異所的種分化

　マイアの種の定義が多くの反論を免れないとはいえ、種分化現象が生殖的隔

離とともに起こったことは間違いないでしょう。地理的隔離は結果として2集団の間の生殖を物理的に不可能にします。もし、分断された2箇所の環境が大きく異なれば、結果的にそれぞれの環境に適応する方向で集団が進化していくため、交配システムも大きく異なるように進化していくでしょう。たとえ、分断された2箇所の環境がほぼ同じでも、様々な偶発的な要因が重なり、**遺伝的浮動** genetic drift などのために、異なった交配システムが進化しても不思議ではありません。その結果、集団の遺伝的分化の副産物として、**生殖的隔離** reproductive isolation が生じるわけです。

地理的な隔離が起こった場所といえば島です。島は陸上生物の遺伝子の流れを外部から物理的に遮断します。たとえば、海面の上昇により、大陸の一部が海水によって分断され、島が形成されたとしましょう。島に隔離された集団は大陸のもとの集団と交配することはできません。また、島の集団は大陸の集団と比べて極めて小さいため、偶発的な突然変異が集団内に広まりやすい傾向にあります。その結果、長い時間をかけて、島の生物集団は大陸の集団とは遺伝的に異なる集団として進化していきます。そしてついには、もとの大陸の集団とは、たとえ人工的に交配させようとしても交配不可能なまでに変化し、ここに新種が形成されるのです。

このようなシナリオが過去に起こった証拠として、島にはいわゆる**固有種** endemic species が多いことが知られています。ハワイ諸島には700種を超えるショウジョウバエの固有種が存在するとされています。東南アジア島嶼には、世界でも随一の生物種の多様性が見られます。ガラパゴス諸島のフィンチの多様性は、ダーウィンに進化論を抱かせるヒントとなりました。日本では、沖縄・八重山諸島や小笠原諸島に固有種が多いことが有名です。イリオモテヤマネコ、ヤンバルクイナ、ヤンバルテナガコガネなどは新聞にも登場することがありますので聞いたことがある人も多いと思いますが、これらは西表島や沖縄島の固有種です。

700種を超えるハワイのショウジョウバエ属 *Drosophila* genus はそれぞれ固有の配偶行動や形態などを発達させています。ショウジョウバエは非常に小さなハエなので、ハワイ諸島内においてもミクロな環境下で隔離された結果、様々な進化を遂げたのではないかと言われています。ただし、本当にそうなのかは未だ

に分かりません。ハワイ諸島は火山島ですから、ハワイ諸島ができた直後には、様々な生態的地位（ニッチ）が空白状態であったわけです。そこに偶発的に進入したショウジョウバエの祖先種が、様々な生態的地位を獲得するように進化したわけです。この過程を**適応放散** adaptive radiation と言います。一方、ハワイにはチョウの固有種は2種のみとなっており、貧弱なチョウ相であると言わねばなりません。この違いは一体どこからきたのか、不思議ですね。個人的には、私は、ハワイのショウジョウバエがミクロの地理的隔離だけで進化したというのは考えにくいと思っています。様々な生態的地位に適応するためには、地理的隔離ではなく、生態学的隔離 ecological isoation が必要なはずです。これについては、同所的種分化の項で説明します。

　地理的隔離によって最初は2集団が物理的に分けられていたとしても、その後にさらなる天変地異が起こったり、分布域の拡大などによって、2集団の分布域が重なってくることも考えられるでしょう。その時点ですでに種分化が十分に進んでいれば、2種はもはや同所的に存在することができます。生態的地位が異なったり、雑種が不妊あるいは致死であったり、種に固有の配偶行動が見られたり、交尾器の形態が整合性を持たなかったりという生殖的隔離の壁が立ちはだかるのです。生殖的隔離が完全ではないときに2種が接触した場合は、隔離機構を強化するようなメカニズムが進化します。これは**生殖的隔離の強化** reinforcement of reproductive isolation と呼ばれています。

　このように、現実には、種概念に関する項でも説明したとおり、特に姉妹種間での雑種形成は絶えず起こっています。しかし、多くの場合、たとえ雑種個体が生き延びたとしても、結果として雑種は子孫を残せないような機構があり、種が維持されることになります。

(10) 部分的隔離による輪状種の存在

　異なった場所で種分化が起こったことを裏付けるデータとして、セグロカモメ類の例がよく知られています。ヨーロッパでは、セグロカモメ herring gull とコセグロカモメ lesser black-backed gull が別種として生殖的に隔離されて共存しています。セグロカモメは北アメリカ方面に**亜種** subspecies として分布を広げ

ている一方、コセグロカモメはユーラシア方面に亜種が分布しています。亜種の分類学的定義は大変曖昧ですが、地域的な変種のことだと理解しておけば十分でしょう。つまり、北極圏を取り巻くようにしてセグロカモメ類の亜種が多く分布しているのです。それぞれの場所に棲むセグロカモメは、隣の地域に棲むセグロカモメと比較して、羽の灰色部分の違いや嘴のサイズや眼や足の色の違いなどの微妙な違いで亜種とされています。そのため、ヨーロッパ以外の地域では、2種を明確に分けることは不可能となります。

　このような事実は、北極圏を取り巻く特定の場所の集団が、完全ではないけれどもある程度の地理的隔離のために亜種レベルにまで分化し、それぞれが隣接亜種と微妙な違いを持つように進化したと説明されます。そして、地球は球形ですので、その両端が接するヨーロッパでは、セグロカモメとコセグロカモメという2種が同じ場所に棲息してしまいますが、生殖的隔離機構の発達のためにそれぞれ独立種として共存できるわけです。このような連続的な形質の変化を**地理的形質傾斜**あるいは**地理的クライン** geographical cline（あるいは単にクライン cline）と呼び、クラインを形成しつつリング状に分布を示す種を**輪状種** ring species と呼びます。ある生物が広範囲に生息している場合で、場所によって自然選択圧が異なってくる場合、あるいは、別方向の選択圧がかかる場合にクラインが形成されます。

　輪状種の例は、分類学者を大変悩ませます。人為的に2種に分けるか、あるいは、1種として取り扱うかという無意味な選択に迫られてしまいます。たとえば、シベリアで捕獲された個体は、セグロカモメなのでしょうか、それとも、コセグロカモメなのでしょうか。分類学者はある個体標本について、あくまで「分類体系」に当てはめて種を同定したいわけですから、このような中間段階が多いものはどう処理すべきか判断不可能となります。要するに、分類体系そのもの、あるいは、種という強固な概念そのものが、人為的であることを如実に示しています。他方、進化生物学者から見れば、このような例は歓迎すべきものです。それは異所的種分化が起こっている途中経過を示す例と考えられるからです。進化生物学の立場からは、このような種分化途上と思われる集団を**半種** semispecies、半種から構成される集団を**上種** superspecies という概念で捉えます。

　このセグロカモメの例では、北極圏という広範囲な空間を対象として議論して

います。この場合、セグロカモメ自体にとっても、そのような広い範囲の空間は意味をなさないものであることは明白です。ダーウィンの主張や遺伝子型種概念が示すように、種が実在性を持つのは時空を限定した場合に限られています。このセグロカモメの議論では、種は分類学的な実在性を持つものではなく、ダーウィンが述べているように「議論の便宜上与えられた名称」として捉えることが無難でしょう。いずれにしても、セグロカモメ類の例は、地理的隔離が種分化に影響を与えたという状況証拠を提供する最適の例であるとされてきました。

(11) 昆虫の多様性と同所的種分化

　生物多様性 biodiversity というとき、皆さんはどのような生物を想像するでしょうか。現在、地球上で最も繁栄しているのはヒトだという答えが返ってきそうですが、種の数で考えれば、ヒトは1種にすぎません。他方、生物多様性と聞いて昆虫 insect を想像する人も少なくないと思います。われわれの周囲は、良かれ悪しかれ、奇怪な昆虫たちに満ちあふれているからです。実際、種の多様性で群を抜いているのが無脊椎動物 invertebrate、その中でも昆虫類であることが分かっています。私自身、種分化研究の主役は昆虫ではないかと思います。昆虫は世代交代が速く、種分化の速度が速く、実際に、この地球上のほとんどの種は昆虫なのですから。

　1970年代後半にニューヨーク自然史博物館の研究者が行った昆虫の種数の評価について紹介しましょう。地球上にどれくらいの数の種がいるのでしょうか。パナマの熱帯雨林という大変生物多様性に富んだ地域でこの研究は行われました。特定の樹木を選び、短時間だけ有効な殺虫剤を使ってその樹に取りついている昆虫類をすべて落下させ、すべての鞘翅目（カブトムシに代表される甲虫類）の昆虫を同定しました。植物食の種が682発見され、そのうちの20%に当たる140種はその植物種のみに取りついている単食性 monophagy の種でした。ゾウムシをはじめとした多くの昆虫は特定の1種類の植物だけを食べるのです。熱帯の樹木の種は5万種ほどだと考えると、固有種は140×5万種＝700万種になります。これは熱帯だけ、しかも、単食性昆虫だけの数値です。この数値が甲虫全体を表すと近似すると、甲虫類はすべての昆虫の40%近くを占めていますか

ら、昆虫類全体では、700 ÷ 0.4 = 1750万種という計算になります。現在知られている昆虫は100万種から200万種程度といわれていますから、この数値が正しければ、新種の発見はそれほど困難なことではないはずです。もちろん、この数値には議論の余地があり、研究者によってはこれ以下あるいはこれ以上の数が主張されます。

　このような事実を考えると、すべての種分化が異所的であると考えるのは困難なのではないかと考えても不思議ではありません。もちろん、昆虫は小さいので、以前に紹介した洞窟の形成やハワイのショウジョウバエに見られるミクロな環境など、非常に小さな「天変地異」による地理的隔離が存在した結果、このように莫大な種が存在するようになったという議論もあながち誤りであるとはいえません。しかしながら、昆虫には立派な翅がありますから、それなりの移動力を持っています。植物の果肉や種子に潜り込むなどして、鳥とともに移動することもできるでしょう。そもそもショウジョウバエの祖先種は、地球上で最も隔離されているハワイ諸島に飛んできたはずなのですから。哺乳類などよりも移動力はずっと旺盛だと考えて間違いないでしょう。

　また、ある固有の植物に取りつく種があまりにも多いという事実は、過去に地理的隔離が起こったことだけで説明するには不十分ではないかと想像されます。ある種の樹木にはA種が、そして、すぐ隣の別の種の樹木にはA種と類似したB種が存在することも決して稀ではありません。このA種とB種は、過去に地理的に隔離されたのでしょうか。そうではなく、植物の種の嗜好性の違いによって別集団として隔離されたのではないかと考えることができます。ここに、**同所的種分化** sympatric speciation という考え方が出てきます。同じ空間を共有しているとはいえ、**生態的地位**（ニッチ niche）の違いのために2集団が隔離されることによって起こる種分化のことです。同じ場所とはいえ、2集団を分ける何らかの隔離機構が必要であることは言うまでもありません。ただし、ニッチが異なっていても、基本的にはいつでも交配可能な同じ場所に生息しているのですから、このような状況を打破してまで種分化が起こるには、自然選択の力が大変強く働く必要があります。

　異所的種分化がほとんど唯一の種分化のメカニズムであるとして、マイアは過去に強く提唱してきました。マイアは鳥類学者でしたから、同所的種分化は考え

られなかったのではないかと批判されることもあります。一方、昆虫を対象に研究している研究者たちには異所的種分化は自然に受け入れられるようです。

確かに、現在でも同所的種分化について厳密な意味で調べられた例は多くはありません。ですから、同所的種分化が異所的種分化と比較できる程度一般的に見られる現象であるかどうかについては、すべての研究者を納得させるには至っていないようです。同所的種分化の実在性を疑う研究者も未だに多くいます。同所的種分化であるという証明には、厳密な意味では「異所的種分化ではない」という証明が要求されますが、それは実際問題として無理な要求というものでしょう。同所的種分化に関する研究がいくら進んでも、それに反発する研究者は少なからず存在し続けることでしょう。

(12) 同所的種分化の例——サンザシミバエからリンゴミバエへの種分化

同所的種分化の最初の例となったのはサンザシミバエ *Rhagoletes pomonella* でした。このミバエ fruit fly は北米東海岸に分布していますが、同じく北米に自生するサンザシ（ホーソン hawthorn）の実に取りつくハエです。サンザシは赤い小さな実を付ける低木です。サンザシミバエ howthorn fly は、われわれに身近なイエバエよりも小型で、翅に黒い斑点があります。このハエはサンザシの果実の上あるいはその周辺だけで交配します。その後、果実に産卵し、幼虫は実を食べて成長するのです。余談ですが、ミバエ類は世界的に脅威とされている農業害虫です。地中海ミバエ Mediterranean fruit fly が有名ですが、日本にも、ミカンミバエやウリミバエなどが生息しています。

リンゴは19世紀にハドソン川周辺の北米に農作物として導入されました。リンゴはアメリカの原産種ではありません。ところが、いつの頃からか、リンゴにミバエが取りつくようになりました。それはサンザシミバエとよく似ていますが、生態的に棲み分けていることが分かりました。食草による棲み分けは草食性昆虫に広く見られるため、棲み分け自体は驚くべきことではありませんが、リンゴは以前は北米には存在しなかったのです。つまり、リンゴが北米に導入される前には存在しなかったリンゴミバエが、サンザシミバエから進化したのではないかという仮説が浮上してきました。

サンザシが好きだったものの中に突然変異体が生じ、リンゴを好むものが現れたとします。そして、このハエの一般的性質として、果実の上で交配しますから、リンゴを好む集団がサンザシを好む集団から生態的に隔離されたと考えることができます。リンゴがサンザシよりも約3週間早く熟するため、リンゴミバエとサンザシミバエが現実的に遺伝子を交換する機会はほとんどありません。リンゴがサンザシよりも早く熟するということは、リンゴミバエのほうがそれだけ早く生育し、果実から出てきて土の中にもぐって蛹になり、冬を越すために早めに休眠状態に入らなければなりません。リンゴミバエとサンザシミバエでは、休眠状態に入るための適切な温度条件が異なることが示唆されています。

　このような種分化のきっかけをつくった突然変異遺伝子とは、一体どのようなものでしょうか。様々な可能性が考えられますが、特定の植物への嗜好性は嗅覚によるものであると思われますから、リンゴミバエの進化には、嗅覚関連遺伝子の突然変異が絡んでいたのではないでしょうか。

(13) 染色体倍数化による種分化

　上述の同所的種分化の例は、生態的地位の違いによる隔離機構が働いた例ですが、場所を同じくして比較的短期間に種分化する別の例が知られています。**染色体倍数化** polyploidization による種分化です。そのきっかけはおそらく環境ストレス environmental stress などに起因する偶発的なものですが、倍化した個体はもはや祖先種とはうまく交配しない「別種」としての立場を確立することがあります。これは動物では両生類を除いてあまり見られませんが、植物では比較的頻発する種分化機構です。染色体倍数化による種分化は広い意味では同所的種分化ですが、単に同所的種分化と言う場合は、染色体倍数化による種分化は含まれないことが多々あります。

　染色体倍数化の例として、タンポポをあげましょう。タンポポを知らない人はいないと思います。タンポポには非常に多くの種類があることをご存知でしょうか。ある植物学者はタンポポ類は2000種ほどにもなると言います。もはや専門家でも厳密な同定は不可能なほどです。その原因は、多くのタンポポが**無性生殖** asexual reproduction をしているからです。多くのタンポポは2セットではな

く、3セットの染色体を持っています。つまり、三倍体 triploid ですね。これでは減数分裂 meiosis の際に染色体を均等に分配することができませんから、生殖細胞 gamate をつくることができません。一応花粉はできますが、その花粉には生殖能力はありません。そして、そのまま卵細胞から減数分裂なしに種子 seed ができます。その種子から生まれた個体は、親と遺伝的に同一、つまり、**クローン** clone であることになります。

タンポポにも**有性生殖** sexual reproduction を行うものがありますから、無性生殖種は何かのきっかけで有性生殖の祖先種から生まれたと考えられます。何かのきっかけでひとたび無性生殖個体が生まれてしまえば、その祖先の有性生殖種とはもはや遺伝的に交配しません。ですから、無性生殖の集団は、マイアの種の定義に従えば、無性生殖クローンをつくり出した瞬間から新種として定義できることになってしまいます。

では、すべてのタンポポは同一のクローンなのかというとそうではありません。DNA配列を調べると、少なくとも何十回も独立にクローン化が起こったことが分かります。それが、多くの別種が存在するように見える理由なのです。祖先の個体がどのような遺伝子セットを持っていたかが、それぞれのクローンに直接反映されているわけです。もし、安定な遺伝子クラスターを種とみなすのなら、植物学者が言うように、2000種以上のタンポポがあることになります。しかし、それぞれの種は単に祖先の個体が持っていた遺伝子セットのクローンにすぎません。

実は、染色体倍数化による種分化は、植物のみならず、動物でも知られています。アメリカのある2種のアマガエルは形態的に類似した**隠蔽種** cryptic species の関係にあります。両者は明らかに染色体数が異なります。一方は 2n = 48、もう一方は 2n=24 です。形態的にはかなり類似していますが、鳴き方が異なり、生態的に**棲み分け** habitat segregation をしています。これは倍数化による種分化の良い例です。このような種分化では、極端な場合は、単一世代で種分化が起こったのかもしれません。しかも、過去に独立に何回も倍数化が起こった例がミトコンドリア DNA の塩基配列から示されています。

では、染色体倍数化による種分化はどのような過程を経て起こるのでしょうか。たとえば、近縁種 AA と BB について考えてみましょう。これらの雑種 AB

は基本的には不妊となるために、これら AA と BB は独立種を形成しています。しかし、この雑種 AB は不妊ではありますが、決して急に死に絶えるというわけではありません。植物には有性生殖以外にも生き残る道が多数残されています。ジャガイモのように地下茎 subterranean stem を使ったりして、栄養繁殖 vegetative propagation を営むことができます。ここで、何らかのきっかけで染色体の倍化が起こると、倍化個体 4 倍体 AABB は、不妊とならない可能性があります。つまり、有性生殖を取り戻すわけです。ここに、4 倍体 AABB は有性生殖可能な新種となります。祖先種である AA や BB と受精しても、3 倍体の個体ができてしまうため、配偶子へ均等に染色体を分配することが不可能となり、それは不妊となります。つまり、祖先種 AA や BB とは交配しない新種が生まれたことになるのです。

　染色体倍数化が起これば、種分化が急激に進むことになります。それは裏返せば、ほとんど区別できない同一と言ってよい新種が別の場所と別の時間に独立して出現する可能性が高いことを意味します。ほとんどの場合、種分化はその場所と時間の歴史を反映しますから、ある特定の種の起源は一つです。種はほとんどの場合、単一の起源を持っています。しかしながら、このような染色体倍化による種分化はある程度どこででもいつでも同じような過程が再現される可能性が高いのです。種分化の過程で大きな自然選択圧や長い時間が働く必要はありませんから。その結果、独立に生じた新種は、それぞれまったく区別できない一つの種となってしまう場合もあります。これは種が多起源である珍しい例です。

　染色体の倍化のみならず、染色体が欠落することや二分されることも、種分化のきっかけとなるでしょう。ヒトと他の近縁の霊長類（ゴリラ、チンパンジー、オランウータン）では、染色体の数が異なります。ヒトは、22 対の常染色体（44 本）と X および Y と呼ばれる 2 本の性染色体を持っており、染色体は合計 46 本です。チンパンジー、ゴリラ、オランウータンはすべて常染色体が 23 対 46 本からなり、2 本の性染色体を含めて合計 48 本です。しかしながら、ヒトの第 2 染色体は、チンパンジー、ゴリラ、オランウータンの特定の 2 本の染色体に対応しています。つまり、ヒトでは 2 本の染色体が融合された形で維持されているわけです。これが種分化の原因となったわけではないでしょうが、そのきっかけをつくったのかもしれません。

(14) 分子進化の中立説と分子系統解析

どのようなメカニズムで種分化が起ころうとも、結果として祖先種が2種に分化した場合、その2種の間には遺伝子レベルで何らかの変化が起こっていることは間違いありません。ある遺伝子に突然変異が起こり、その突然変異遺伝子が自然選択の下に集団内に広まった結果、種分化が起きたと考えられます。ただし、比較的ゆっくりとした種分化（異所的種分化）の場合、突然変異は急激に蓄積される必要はありません。既存の遺伝子の組み合わせを変化させただけでも種分化に結びつくことは大いにありうるでしょう。

さらに、どこかに突然変異が起こったとしても、機能的に大きな変化をもたらす突然変異は限られています。蛋白質の機能にとって重要な部分はそれほど多くはなく、それ以外の部分に起こる変化はその分子の機能にはまったく何の変化も与えない場合も多いのです。しかも、そのような塩基レベルの変化が集団内に偶然にいきわたり、固定される確率もそれほど低くありません。この過程を**遺伝的浮動** genetic drift と呼びます。遺伝的浮動によって固定された突然変異は、機能的な変化を伴いませんから、自然選択に対して中立です。しかも、一定の時間に一定の割合で中立的な変化が起こることは十分に考えられます。たとえば、アミノ酸コドンの3番目の塩基には大きな自由度がありますから、ここに変化が起こってもアミノ酸さえ変化しない場合もあり得るのです。中立的な突然変異が種分化にどのように貢献するのか、具体的なことは謎に包まれていますが、生存価について正でも負でもないのですから、自然選択圧と関わりなく、結果として集団内に広まっていくこともあるでしょう。これを**分子進化の中立説** neutral theory of molecular evolution と呼びます。中立説は「分子進化」であって、種分化過程と同一ではないことに注意する必要があります。

つまり、一定の時間に一定の割合で中立的な変化が蓄積されるのなら、DNAの塩基配列を比較すれば、その比較しているDNAあるいは遺伝子（あるいは個体や種）がどのくらい類似しているかを定量的に打ち出すことが可能となるのです。その類似度から、分化がどの程度過去に起こったかを推測することができるようになります。これを**分子時計** molecular clock と呼びます。この方法によ

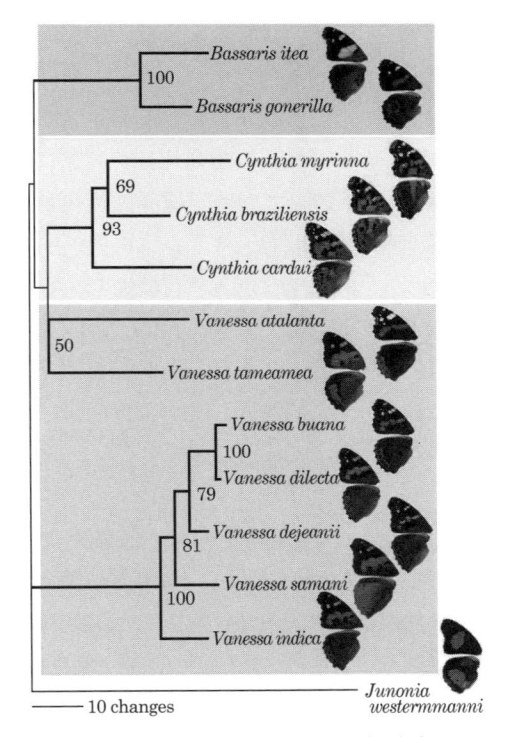

図 13-5 アカタテハ属の分子系統解析

り、化石記録からしかできなかった分岐年代推定が可能となりました。分子時計の概念を用いて系統関係を明らかにしようという試みを**分子系統解析** molecular phylogenetic analysis と呼びます（図 13-5）。

　分類学者は、生物の種を同定し、標本の形態的情報を基盤として分類体系を構築してきました。そのときに用いられる形態的情報は、アナログ的なものであり、定量化しにくい場合が多くあります。その結果、研究者によって分類基準が大きく異なってくることも稀ではありません。どの形質にどの程度の重みを置くのか、それはまったく人為的です。分子時計の概念は、その代替として役に立つのです。DNA はいわば、デジタルな情報ですから、定量的比較は容易です。ただし、このような分子情報は形態的情報よりも議論しやすい客観的なデータに基づいているとはいえ、系統解析はやはり歴史の再現ですから、必ずしも何が正解

であるという絶対的な答えを出すことはできません。種によっても遺伝子によっても変化速度にかなりの違いがあります。

大きく異なる生物同士について、界をまたいで広範囲の生物を比較するような場合には、リボソーム RNA（rRNA）の配列比較が頻繁に行われます。リボソーム RNA はすべての生物が持っており、機能的進化の対象にはなりにくいからです。一方、近縁種間の比較には、ミトコンドリア DNA がよく使われます。その理由は、ミトコンドリアでは DNA 修復機構 DNA repair mechanism がないこと、多くの種で必須の遺伝子であることなどです。ミトコンドリア遺伝子が母性遺伝 maternal inheritance であることは有利にも不利にも働きます。一般的には、1遺伝子に頼る分子系統解析を種の系統樹として認めることは無理がありますので、いくつかの遺伝子を同時に解析することで信頼性を高めるように工夫されます。

分子系統樹 molecular phyloge-netic tree と形態系統樹 morphological phylogenetic tree は一致する場合もあれば、一致しない場合もあります。また、分子系統樹自体も、解析法が異なればかなり異なった結果が得られることが知られています。現時点でも、その方法論には議論の余地が残されています。このようなことを考えると、分子系統解析において一律の規則のもとに種間関係を「絶対的なもの」として論じることには無理があることが分かります。

(15) 種分化の分子的基盤を求めて

種は生物学的に基本的な集団単位であるにもかかわらず、その存在様式は多様です。ですから、種分化のメカニズムもやはり多彩であるはずです。種分化メカニズムの一般論をもし述べるとするならば、**自然選択** natural selection と**隔離** isolation による進化としか言えないでしょう。どのような場合であれ、何らかの隔離機構が働き、その隔離の程度に反比例して自然選択の力が働くとき、種分化が起こります。しかし、種分化の機構について、これ以上の一般化は困難だと思います。

そのような中で、私は種分化の分子的基盤 molecular basis を求めたいと願っています。ミバエに代表される単一植物食の昆虫類の種分化には、特定の植物種

への嗜好性を規定付ける神経回路の発達が決定的に重要となるでしょう。それは嗅覚系の変化（あるいは、匂い受容体遺伝子の変化）に基づく行動の変化によるものと思われます。同所的種分化機構を唱えたブッシュのグループは、まさにその路線で研究を進めています。

　チョウの場合、互いに同種であるか異種であるかを決定する際には、翅の色模様 wing color-pattern が重要な役割を果たします。その色模様を変化させることは、その発生プログラムを変化させることにつながります。視覚系による色彩パターンの認識とそれに伴う嗜好性の変化も起こったかもしれませんが、色模様の変化はチョウの種分化にとっては決定的なイベントであったに違いありません。ですから、チョウの種分化について研究する場合は、翅の色模様変化について研究するのが、その分子的基盤を得る早道であると考えられます。

　このように、種分化の分子的基盤を得るためには、多くの分野にまたがった知識と技術が必要となってきます。また、種分化というのは結局は歴史的なイベントであり、完全に歴史を再現することはできないかもしれません。そのような限界はありますが、種分化研究には生物学の真髄が隠されているような気がします。

第 5 部

生物学の実験技術と現代社会

第14講

分子生物学と組換え DNA 技術

（1） 分子生物学の独自性

　何をもって「分子生物学 molcular biology」と定義するかはやさしいことではありません。生化学 biochemistry の教科書にも分子生物学の話は出てきますから、分子生物学は生化学の一派であるという位置づけもできないわけではありません。クリックは「分子生物学とは曖昧な言葉である」、「分子生物学者が興味を持つことならあらゆることが分子生物学であると定義できる」と述べています。これは論理的には分子生物学の定義を持って分子生物学を言い換えているトートロジー tautology にすぎませんが、その意味するところは深長です。分子生物学は多くの学際的な分野から成っており、その可能性は絶大であることを指摘しているのです。第6講でも論じましたが、ここで、分子生物学が古典的な生化学とは大きく違う点をいくつかあげてみます。

　最も顕著な相違点は、分子生物学は、遺伝子 gene とそれに含まれる遺伝情報 genetic information をその中心概念として据えているという点です。DNAは純粋に化学的には単純な分子にすぎません。しかし、そこに含まれる生物学的情報は莫大なものです。単なるモノの化学的性質だけでは遺伝情報は読めません。遺伝情報には化学的な必然性はなく、それは生物学的なものであるからです。遺伝子は蛋白質の配列の情報を遺伝暗号 genetic code として記しています。この暗号が読み取られ、蛋白質ができるわけです。つまり、情報が分子に刻まれていると言ってもよいでしょう。この遺伝情報という概念こそ、分子生物学を特徴づけるものです。この情報という概念から、遺伝子 DNA や蛋白質という情報分子のデータをコンピュータを使って処理する方法という意味で生物情報学

bioinformatics という分野も近年発達してきました。そして、細胞は情報処理機械であるという概念に達します。つまり、ジャコブとモノーによって明らかにされたように、細胞は外部からの情報を得つつ、細胞内部でそれを適切に処理し、生理的な変化を起こして対応するわけです。

確かに、自然界には化学 chemistry とか生物学 biology とかいう境界線はありません。それは研究のため人為的に持ち込まれた境界線です。しかし、研究哲学として、生物学と化学は元来異なるものであることも認識しておく必要があります。化学はモノを取り扱います。化学ではモノの歴史には興味は注がれません。むしろ、モノにおける電子 electron のやり取りあるいは結合 bond に興味があるのです。現代化学を一人でつくり上げてきたポーリングはこの化学結合 chemical bond という化学の永遠のパラダイムを提示したわけです。しかし、モノを扱いつつもそのモノが進化してきた歴史やモノによっていかに生体が秩序化されているかという点にこそ興味があるのが生物学です。その一つの研究視点がジャコブとモノーが提示したパラダイム、遺伝子発現調節 gene expression regulation なのです。

（2） 方法論としての分子生物学の発展——組換え DNA 技術革新

分子生物学は、その初期にはすべての生物における共通原理 common principle あるいは単一性 unity を求めた学問分野として発展してきました。ですから、最も単純な生物系、つまり原核生物 prokaryote である大腸菌 colon bacterium とバクテリオファージ bacteriophage を対象として研究が進められてきました。そして、方法論的には、誕生当初の分子生物学は生化学 biochemistry、細菌学 bacteriology、遺伝学 genetics、結晶学 crystallography などを駆使して遺伝子の実体および機能を探っていく学問分野であり、独自の方法論に根ざしたものではなく、様々な方法論の組み合わせという形で発展してきました。逆に言えば、分子生物学を分子生物学たるものにしているのは研究者の思想によるところが大きかったわけです。

ところが、1955 年のコーンバーグによる DNA を複製する酵素である DNA ポリメラーゼ DNA polymerase の発見、1962 年のアーバーによる DNA を特定の

位置で切断する**制限酵素** restriction enzyme の発見、ネイサンズとスミスによる制限酵素の利用など、DNA の複製や切断に関与する酵素が判明してくると、研究者が試験管内で任意の DNA を切ったりつないだりできるようになりました。そして、人工的に切り継ぎした遺伝子を大腸菌へ導入（**形質転換** transformation）して増幅させることも可能となりました。これが、**分子クローニング** molecular cloning です。**組換え DNA 技術** recombinant DNA technology や**遺伝子工学** genetic engineering とも呼ばれます。

　このような技術革新とともに、分子生物学は独自の方法論を確立しました。古典的な生化学とはまったく異なった分野となりました。DNA を中心とした人工操作によって生命現象を解明しようという手法です。これこそ分子生物学の方法論的基盤なのです。

　組換え DNA 技術の開発に伴って、分子生物学を結びつけているものは思想的なものではなく、方法論であるという立場が色濃く出てくることになります。分子生物学が方法論としての立場を確立するにつれ、分子生物学者からは思想が脱落してきたように思えます。それは職業科学者の増加と同調しているように思われます。これは悲しむべきことです。

　生物の単一性についてはもはや判明したので、多様な生物世界を分子生物学の方法論を用いて切り開いて行こうという考え方も出てきます。その対象は、発生現象や神経現象にまで及びました。発生、分化、再生、進化、神経の機能などの現象も研究対象となりました。この場合、分子生物学はもはや生物の単一性ではなく多様性を研究対象としているわけです。

　分子生物学の技術的発展は、良かれ悪しかれ、経済効果もつくり上げました。要するに新しいものをつくる技術ですから、これは医薬品開発 drug development や品種改良 breeding に応用することができるわけです。そして、分子生物学は巨大化し、ゲノム・プロジェクト Genome Project に代表されるように、巨大科学となってしまっています。現在ではゲノム・プロジェクトも終焉し、分子から細胞への構築、あるいは多分子同時解析や一分子解析へと進んでいます。

(3) 制限酵素の発見

　DNAはヌクレオチドの長いひもです。その骨格（バックボーン backbone）は糖 sugar と燐酸 phosphate から成り立っていますが、遺伝情報が刻まれているのは**塩基配列** base sequence です。塩基は互いに水素結合 hydrogen bond を形成することによってDNAの二重らせん double helix を保持しています。そして、アデニン adenine、チミン thymine、グアニン guanine、シトシン cytosine と呼ばれる4種類の塩基の配列順序に蛋白質の**アミノ酸配列** amino acid sequence を指定する暗号 code が書かれているのです。

　ですから、遺伝子を特定する場合、その塩基配列を正確に読み取ることが必須です。そのためには、長いDNAの特定の部分だけに焦点を当てる必要がありますが、そのためには特定の部分だけを断片 fragment として切り出して増幅させる技術が必要でした。つまり、特定の塩基配列だけを認識してDNAを切るような酵素が必要だったわけです。DNAを切る酵素とはいっても、それは配列特異的 sequence specific でなければなりません。1960年代に知られていたDNA分解酵素 DNase は配列とは無関係にDNAをばらばらに切るものだけでしたから、配列特異的にDNAを切る酵素など、この世に存在するかどうかさえ疑わしい状況だったのです。

　ところが、そのような酵素はすぐに発見されました。ある系統の大腸菌のDNAを別系統の大腸菌へ導入すると、ほとんどすべてのDNAが小さな断片に分解されてしまうという現象が知られていました。この現象は、宿主の大腸菌が外部からのDNAの進入を制限するため、つまり、DNAを切る酵素が存在するために起こる現象だと分かりました。そこで、この酵素は外界からのDNAの進入を制限する酵素という意味で**制限酵素** restriction enzyme と名づけられました。しかし、最初に発見された制限酵素は、認識部位は特異的ではあっても、切断部位は認識部位から離れたランダムな場所であったため、DNAの分析に使うことができるような酵素ではありませんでした。

　しかし、同様の研究は別の研究室でも行われていました。ある種の細菌 *Haemophilus influenzae* がファージの感染を受けたとき、ファージのDNAを速

やかに分解する活性を持っていることが分かっていました。つまり、ファージへの感染防止策としてこのような酵素を進化させたのでしょう。この酵素こそ、特定の部位を認識し、その認識部位を切断する最初の制限酵素となりました。この酵素は、抽出された細菌の種名から、*Hind* II と命名されました。この酵素は現在ではそれほど使われていませんが、その後続々と様々な制限酵素が発見されるに至りました。

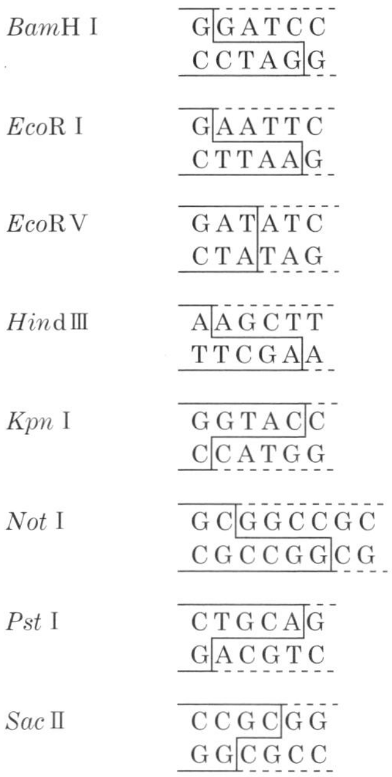

代表的な制限酵素をあげておきます（図14-1）。制限酵素は慣例として、採取された細菌の学名の頭文字をとって命名されます。さらにその後に系統名や番号が続きます。たとえば、大腸菌 *Escherichia coli* の系統RY13株から最初に採取された制限酵素は、*Eco*R I（エコアールワン）と命名されています。これらの制限酵素は、特異的なDNAの塩基配列（4塩基から8塩基）を認識し、その部位を特異的に切断します。そのため、抽出されたDNAを制限酵素で切断し、それらの断片をサイズによって分けることで、特定の配列を持つ均一なDNA断片の分子集団を得ることができるわけです。分子の解析は、基本的には集合体（分子集団）として行われますから、制限酵素が発見されたことで、DNAの物理化学的解析への道ができたことになるのです。

*Bam*H I	G GATCC / CCTAG G
*Eco*R I	G AATTC / CTTAA G
*Eco*R V	GAT ATC / CTA TAG
Hind III	A AGCTT / TTCGA A
Kpn I	GGTAC C / C CATGG
Not I	GC GGCCGC / CGCCGG CG
Pst I	CTGCA G / G ACGTC
Sac II	CCGC GG / GG CGCC

図14-1 制限酵素の認識配列と切断部位

切断されたDNAの断片をはじめとして、PCR産物など、DNAをサイズによって分ける方法として一般的に用いられているのが**ゲル電気泳動** gel electrophoresis です（図14-2）。電気泳動は、**アガロース・ゲル** agarose gel あるいは**ポリアクリルアミド・ゲル** polyacrylamide gel を用いて行われます。ちなみにアガロースは、われわれが食べている寒天を高度に精製したものです。一

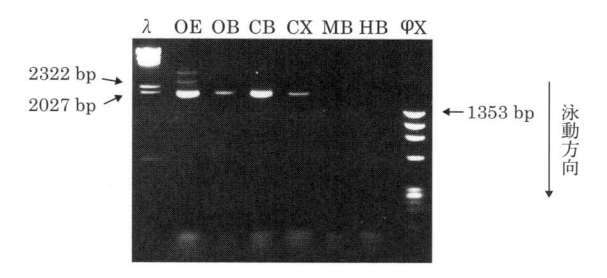

図14-2　アガロース電気泳動によるPCR産物の解析

方、アクリルアミドは有毒物質です。これらは、微細な穴が開いたゲル状の物質で、このゲルの中を電圧をかけることでDNAを泳がせることができます。すると、DNAは負に帯電しているため、正極に向かってゲルの中を泳いでいくことになります。その際、ゲルの微細な穴を通っていくわけですが、穴はランダムに開いているため、穴の壁にぶち当たりながら変形しつつ、何とか通り抜けることになります。つまり、移動の際に抵抗resistanceがあるわけです。結果として、長いDNA（分子量の大きいDNA）ほど遅く、短いDNA（分子量の小さいDNA）ほど早く泳ぎますので、長さによって断片を分離できます。泳がせた後はゲルから回収し、さらなる分析にかけることができます。

（4）プラスミドへの挿入と形質転換

プラスミドplasmidというのは、大腸菌などの細菌が持つ「動かせるDNA」です（図14-3）。ゲノムのDNAとはまったく別物として存在する環状のDNA鎖です。時に**薬剤耐性** drug resistanceや毒性 toxicityに関する遺伝子をコードしています。プラスミドDNAの複製replicationはゲノムDNAの複製とも時期を一にしておらず、まったく独立に行われます。プラスミドにはDNA複製のための配列などが備えられており、まるで、細菌の寄生体のようです。細菌1個体の中にプラスミドは1個ではなく、数千個以上になる場合も稀ではありません。細菌はある特殊な環境に置かれると、その環境への耐性遺伝子を持つプラスミドを交換しあうようになるといいます。また、そのような交換は種を超えて行われることもあります。

318　第5部　生物学の実験技術と現代社会

　プラスミドは、遺伝子工学の基盤を提供しました（図14-3）。現在では、プラスミドは様々な目的のために改良されています。たとえば、pBluescript（ピー・ブルスクリプト）と呼ばれるプラスミドには（図14-3）、抗生物質の一種**アンピシリン** ampicilin への耐性を付与する遺伝子が搭載されています。また、以下に説明するように、他のDNA断片のクローニングのために、**マルチプル・クローニング・サイト** multiple cloning site（MCS）が装備されています。この部位には多数の制限酵素部位が隣接しており、研究者が任意の制限酵素を選んでプラスミドを開環することができます。そして、以下に説明するように、目的のDNA断片をその場所に挿入するのです。

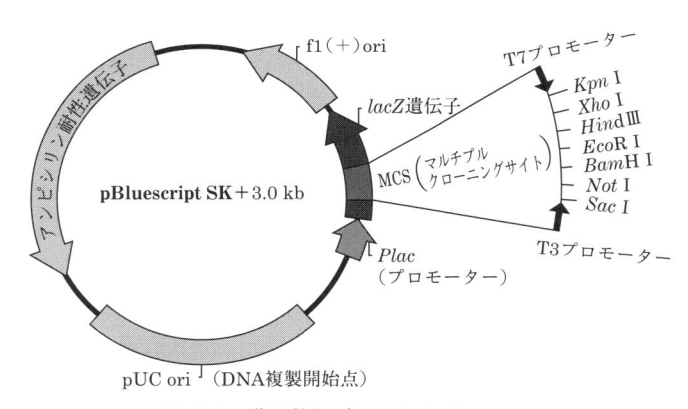

図14-3　典型的なプラスミドpBluescript

　目的のDNA断片をプラスミドに挿入するには、まず、精製したDNAを制限酵素で切断しておきます（図14-4）。たとえば、*Eco*R I で切断しておくとしましょう。その断片の末端は**粘着末端** cohesive end をつくり上げます。これに対して、*Hind* II や *Sma* I などは**平滑末端** blunt end をつくり上げます。粘着末端が特に有用なのは、同じ粘着末端を持つ別のDNA断片と相補的塩基対 complementary base-pairing を形成するという点です。つまり、あるDNAを *Eco*R I で切断することで、*Eco*R I で処理された末端を持つDNAの断片を用意しておきます。それをあらかじめ *Eco*R I で切断しておいた別のプラスミドと混ぜ合わせると、プラスミドの *Eco*R I 部位にDNA断片が挿入されるような形で

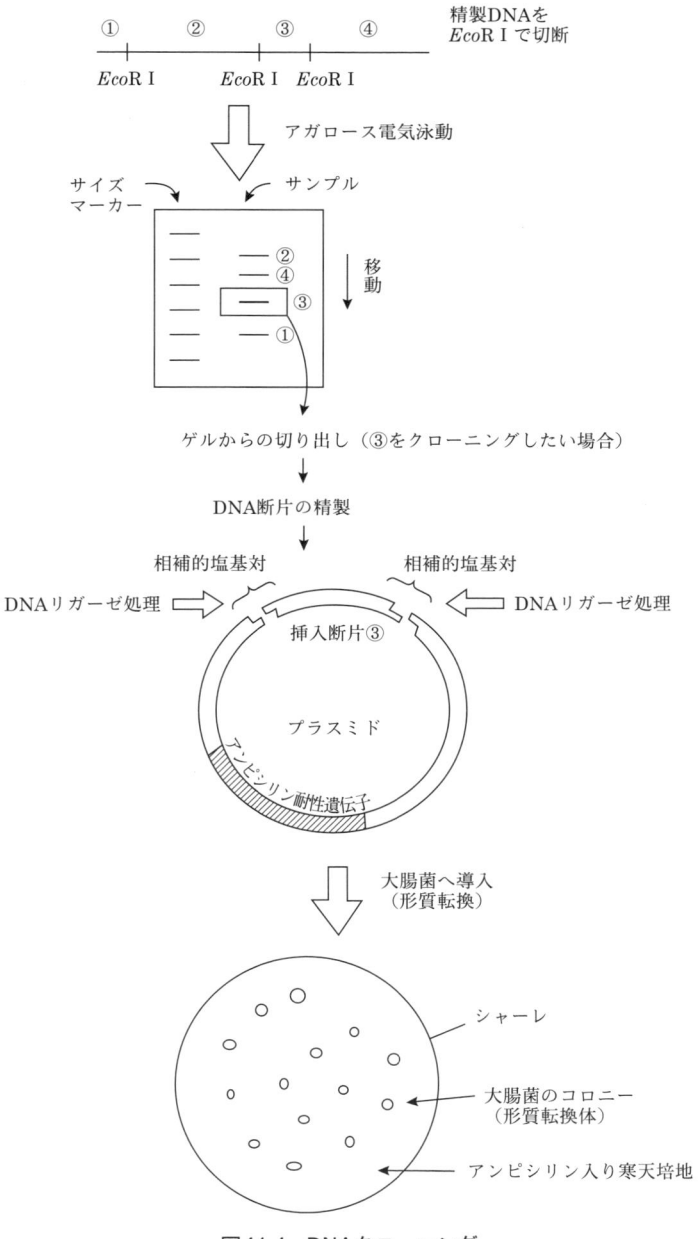

第 14 講　分子生物学と組換え DNA 技術　*319*

図 14-4　DNA クローニング

塩基対を形成することができるのです。

　この時点では、プラスミドと挿入された DNA 断片の間は塩基対形成の水素結合 hydrogen bond のみでかろうじてつながっているだけです。ここに **DNA リガーゼ DNA ligase** を加えてみましょう。この酵素は DNA の鎖を共有結合 covalent bond で結合させる酵素です。すると、結果として、プラスミドは、研究者の意図通りの DNA 断片を取り込むことができるわけです。

　ただし、このような DNA 組換えが試験管内で推進される確率は非常に低く、実際には、うまく組換えが行われた分子を選択し、それだけを増殖させる必要があります。そのために、DNA リガーゼで処理された反応物全体を大腸菌に導入（形質転換）します。DNA リガーゼの反応液全体には、低い確率で、研究者の意図した通りに DNA 断片が挿入されたプラスミド（組換え体）が存在します。そのプラスミドを取り込んだ大腸菌だけがうまく生育できるようなトリックを仕掛けておくことで、そのプラスミドを選択することができます。

　たとえば、プラスミドに抗生物質耐性遺伝子を保持させておき、その抗生物質を入れた培地で形質転換した大腸菌を生育させると、適切に形質転換された大腸菌だけが生育してきます。さらに、プラスミドの DNA 挿入部位を工夫することによって、適切に DNA 断片が挿入されたプラスミドを保持する場合だけ大腸菌が生育してくるような条件を整えることができます。そして、その組換えプラスミドを大腸菌の中で増殖させ、挿入 DNA の性質を調べる実験に利用することができます。このような一連の実験過程を**遺伝子クローニング** gene cloning、**DNA クローニング** DNA cloning あるいは**分子クローニング** molecular cloning と呼びます。**組換え DNA 技術** recombinant DNA technology とも呼ばれます。これは、分子生物学において最も重要な実験手法の一つです。「クローニング cloning」とは、そもそも同一のもののコピーをつくることを指す言葉です。遺伝子のクローニングとは、遺伝子組換えを人工的に行い、その目的の組換え遺伝子を増やして同定する過程を指します。簡単に言えば、遺伝子をコードしている DNA を単離することを遺伝子のクローニングと呼びます。

　この技術が非常に重要なのは、プラスミドに挿入されるべき DNA は、適切な制限酵素で処理された DNA であれば由来は何でもよいということです。細菌の DNA である必要はなく、ヒトの DNA でも、昆虫の DNA でも、植物の DNA で

も、人工合成したDNAでも何でもよいわけです。いったん挿入されてしまえば、プラスミドは挿入部分のDNAも区別なく維持し、プラスミドの複製の際に同時に複製していきます。プラスミドがなければ、挿入されたDNA断片だけでは増殖できませんが、プラスミドのおかげで、挿入DNA断片は増殖することができるようになったわけです。つまり、この技術によって、研究者の意図どおりにDNA組換えをし、特定のDNA断片を増殖させることができるようになりました。プラスミドのように、宿主（この場合は大腸菌）に異種のDNAを運搬する役割を持つDNAを**ベクター** vector と呼びます。

この技術は分子生物学の研究に新しい方法論を提供し、大きな革命をもたらしました。一方、研究者が自由に遺伝子を操作できるとなると、誤ってモンスターのような生物をつくってしまうのではないかという懸念が表明されるようになりました。これについては、次講（第15講）で説明します。

（5） 遺伝子組換えとクローニングの現状

「遺伝子組換え genetic recombination」というと、人工的に遺伝子を切り出したり組み合わせたりする技術を指すことが多いのですが、遺伝子組換えは自然状態でも起こっています。生殖細胞 germ cell（卵子 egg と精子 sperm）の生産過程では普通に起こっています。これが同じ父親と母親の間に生まれる子どもたちがすべて異なっている理由です。生殖細胞以外でも、**B細胞** B cell という抗体 antibody をつくる細胞では、抗体生産に関わる遺伝子において組換えが起こることは、すでに第11講で説明しました。この過程は、抗原 antigen に対する抗体の多様性 diversity を増すために必須です。その結果、成熟したそれぞれのB細胞は抗原認識部分が異なる独自の抗体遺伝子を持つことになります。そればかりではなく、多様性を増すために抗体遺伝子に積極的に突然変異 mutation を導入するしくみもあります。

ところで、科学者が分子の話をするときには、いかにもDNAを1分子ごとに顕微鏡下で見ているような印象を受けるかもしれませんが、実際の解析においては1分子を観察することは現在でも非常に稀です。実際にDNAを解析するときには、技術上、1分子ではなく、分子の集団を解析します。その場合、その集団

に含まれるすべてのDNA分子が1分子に由来するまったく同一の分子の集団（クローン集団）であると解析が信頼できるものになります。反対に、解析対象が均一の分子集団ではない場合は、解析結果は様々な分子種の平均となってしまいます。そのため、遺伝子のクローニングは分子生物学上、必須の技術です。

最近は羊や豚などの動物全体のクローニングが盛んに行われていますが、それはもとの動物と遺伝的にまったく同一の動物をつくることを意味します。単なる遺伝子のクローニングとはレベルが異なります。同じように、細胞のクローニングとは、ある単一細胞を同定し、その細胞を増やすことを意味します。

ちなみに、動物のクローニング animal cloning は農業や医薬品生産などの実用目的で行われている面も強いのですが、遺伝的にまったく同一の個体をつくれば、生物学における個体レベルの実験を完全に標準化できるという科学的な価値もあります。これについては、第10講で説明しました。ただ、ヒトのクローニングも理論的には可能となるので、倫理問題 ethical issue に発展してしまうことになります。

（6） DNA配列決定法

DNAの研究に必須の技術が**塩基配列決定法 DNA sequencing method**であることは議論の余地がありません。この技術の開発には、サンガーの貢献が目立ちます。サンガーという人は20世紀に現れた「生物分子の配列決定」の神様のような人です。サンガーは、豊富な有機化学的知識を生体分子の性質の解明に投資しました。サンガーは結晶解析による立体構造の特定には興味を向けませんでしたが、蛋白質（対象としたのはインスリン insulin）内の化学結合やアミノ酸配列を決定しました。つまり、全化学構造が最初に判明した蛋白質はインスリンです。このような業績で、1958年にノーベル化学賞を受賞しています。サンガーはその後、RNAの配列決定法を開発しました。そして、その後、DNAの配列決定法の確立に力を注ぐことになります。1980年には、DNA塩基配列決定法の確立によって、もう一度、ノーベル化学賞を受賞しています。

サンガーのDNA配列決定法のポイントは、**DNAポリメラーゼ DNA polymerase**によってDNAを延長させていく際に、DNA合成の基質として単な

るデオキシリボヌクレオチド三燐酸 deoxyribonucleotide triphosphate（dNTP）だけでなく、**ジデオキシリボヌクレオチド三燐酸** dideoxyribonucleotide triphosphate（ddNTP）をその中に混ぜておくことにあります。これらの ddNTP（つまり、ddATP、ddTTP、ddGTP、ddCTP）は DNA 合成の際に dNTP と区別なく取り込まれます。しかし、取り込まれると、その 3' の位置には水酸基 hydroxyl group －OH が欠如しているため、さらなるヌクレオチドを取り込んで合成反応を続けることができません。偶発的に取り込まれた ddNTP によって反応は停止します。当時は反応液に DNA ポリメラーゼと 4 種類の dNTP（dATP、dTTP、dGTP、dCTP）とある 1 種類の ddNTP を混ぜ、それを各 ddNTP ごと合計 4 種類つくっていました。そして、それを大きな**ポリアクリルアミド・ゲル** polyacrylamide gel を使って**電気泳動** electrophoresis することで配列が決定できます。現在では、A、T、G、C それぞれに別々の色の蛍光色素を付加したヌクレオチドを用い、読み取りにもレーザーを用いることによって、より簡便に迅速に配列決定することが可能となりました。

　これよりも少し早い 1977 年、ハーバード大学のマキサムとギルバートによって、**マキサム・ギルバート法** Maxam-Gilbert method と呼ばれる方法が確立されました。この方法はサンガーのように DNA 合成を基本とするのではなく、塩基特異的な化学的な分解を基本としています。この方法によって、SV40 と呼ばれるウイルスのすべての DNA 配列 5243 bp、pBR322 と呼ばれるプラスミドのすべての DNA 配列 4362 bp がすぐに決定され、その方法の力が示されました。しかしながら、現在ではほぼすべての塩基配列決定は**サンガー法** Sanger method を用いて行われるようになりました。

　DNA 分子を分析するときは、1 分子だけでなく、多数の同一分子の集団が必須です。同一配列を持つ DNA の集団が得られなければ、その配列決定などできるわけがありません。そのような理由で、遺伝子クローニングの技術の確立以前は、簡単に同一分子が得られるプラスミドやウイルスの DNA が分析の対象となっていました。しかし、クローニング技術のおかげで、その制約は一切なくなりました。プラスミドへ挿入してそのプラスミドを大腸菌内で増幅させれば、あらゆる DNA を増幅させ、配列決定の対象とすることができるようになりました。そして、現在では、配列決定はもはや特殊な技術ではなく、科学者というよ

（7）　核酸のハイブリダイゼーション

　DNAは2本の**相補鎖** complementary strand から成り立っています。この2本の鎖は、**水素結合** hydrogen bond によって結びついています。水素結合は37℃では安定ですが、共有結合 covalent bond に比べたら極めて弱く、90℃程度の熱で2本に分かれてしまいます。これを**熱変性** heat denaturing と呼びます。そして、熱変性させたあとに徐々に温度を下げていくと、もとの2本の鎖に戻ります。このとき、ある配列に特異的な別のDNA断片を混ぜておくと、そのDNA断片は非常に数多くのDNA配列の中から特異的に相補的な結合ができる場所を探し出し、その特定の場所に結合することができるのです。これを**ハイブリダイゼーション** hybridization と呼びます。ほぼ同じ意味で、**アニーリング** annealing という言葉も使用されます。炭素原子 carbon atom の原子軌道 atomic orbital が混成することも英語ではハイブリダイゼーションと呼びますが、原子軌道とDNAのハイブリダイゼーションはまったく別の事象です。

　DNAのこのような性質を利用すると、様々なDNA断片の中から、特異的なDNA配列を含むものを検出することができます。たとえば、ゲノムDNA genomic DNA を制限酵素 restriction enzyme で消化し、アガロース・ゲル agarose gel でDNA断片の分子量 molecular weight（長さ length）に従って分離します。ゲル内で分離されたDNAをそのままナイロン膜 nylon membrane やニトロセルロース膜 nitrocellulose membrane に写し取ることができます。この過程を**ブロッティング** blotting と言います。その膜を特定のDNA断片と一緒に混ぜ合わせると、そのDNA断片は膜表面のある特定の場所のDNAとハイブリダイゼーションします。DNA断片をあらかじめ放射性同位体 radioisotope などで標識しておけば、ハイブリダイゼーションを行った膜をX線フィルムに感光させることで、特定のDNA配列を持つゲノムDNAの存在とその配列が含まれる断片の長さを知ることができます。放射性同位体などで標識されている小さなDNA断片は、結合相手を探して回る「探索子」という意味で、**プローブ** probe

と呼ばれます。この方法はサザンという研究者が開発したため、**サザン・ブロッティング** Southern blotting と呼ばれています。

たとえば、あるゲノム領域に DNA の再編成が起こっているとしましょう。B 細胞の場合は、まさにこれが起こっているわけです。その特定の領域の DNA 配列をプローブとしてサザン・ブロッティングを行うことができます。すると、もし、その領域が再編成されている場合は、DNA プローブが教えてくれる特定の配列を含む DNA の位置が再編前とは異なってくることが予想されます。実際に、このようにして、B 細胞の体細胞組換え somatic recombination の証拠が積み上げられました。

サザン・ブロッティングの場合は DNA サンプルをアガロース・ゲルを使って電気泳動しますが、この方法自体は、DNA サンプルだけでなく、RNA サンプルでも使用できるはずです。組織から抽出した RNA を対象サンプルとして同じようなハイブリダイゼーションによる分析を行うこともできます。これを**ノザン・ブロッティング** Northern blotting と呼びます。これがノザンと呼ばれる理由は、もともとサザンが開発した方法を改良したものだからです。ちょっとしたジョークですね。

ノザン・ブロッティングでは、たとえば、様々な組織から RNA が抽出され、それらがサンプルとして使用されます。その場合、ある遺伝子に対応する DNA がプローブとして使用されるとします。すると、その DNA の結合相手が存在する組織に、その遺伝子が発現していることが分かります。また、発現産物（mRNA）の大きさも分かります。たとえば、匂い受容体 odorant receptor の遺伝子配列をプローブに用いた場合、嗅上皮から得られた RNA サンプルからはハイブリダイゼーションのシグナルが X 線フィルム上に検出されますが、肝臓や心臓から得られた RNA サンプルからはシグナルが検出されません。つまり、匂い受容体遺伝子の発現は、嗅上皮という組織に特異的であることが示されます。つまり、これはノザン・ブロッティングによって**組織特異的発現** tissue-specific expression が示された例です。

ハイブリダイゼーションという技術は、どのコロニーの大腸菌が目的の DNA を保持しているかを知るためのコロニー・ハイブリダイゼーション colony hybridization、同様に、どのファージが目的の DNA を保持しているかを知る

ためのプラーク・ハイブリダイゼーション plaque hybridization にも応用されます。また、以下で説明するPCRでも、原理としては同じことを行っています。

（8） ポリメラーゼ連鎖反応──PCR

　分子の操作は、基本的に分子集団単位で行います。遺伝子の性質を調べる際には、非常に多くの同一の分子を集めて解析しなければなりません。研究者は決して1分子を操作しているのではありません。もちろん、教科書的な説明の場合には、研究者がいかにも1分子を見ているように説明されますが、これは大きな誤解を招きます。特定の遺伝子は細胞の中に非常に少数しか存在しないことを考えると、ある遺伝子を増幅させる技術は特に重要であることが納得できます。

　さて、同一のDNA断片を増やすためには、それをプラスミドへ挿入し、そのプラスミドを大腸菌に戻し、その大腸菌を培養して増やし、その大腸菌からプラスミドを精製するという作業を行います。現在でもこれは重要な方法ですが、過去にはそれがDNAを増幅させるほぼ唯一の効率的な方法でした。

　そのような中、革命的な方法論が発明されました。**ポリメラーゼ連鎖反応（PCR）** polymerase chain reaction です（図14-5）。PCRを用いれば、非

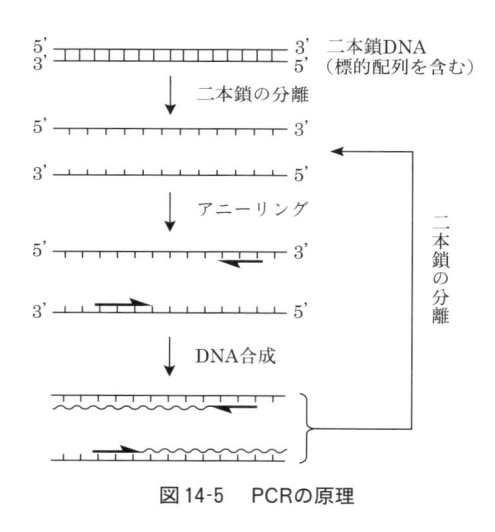

図14-5　PCRの原理

常に少数の特異的なDNA配列を、短時間のうちに試験管内で分析可能なほどまでに増幅させることができます。

　PCRは**DNAポリメラーゼ** DNA polymeraseの機能を応用した技術です。DNAポリメラーゼは**プライマー** primerがなければDNAの合成を開始することができません。これは逆に言えば、プライマーで任意の場所を指定してやれば、DNAポリメラーゼはその場所からDNA合成をはじめることを意味します。プライマーは15〜30 bp程度の**オリゴヌクレオチド** oligonucleotideであれば、比較的特異的な配列に結合することができますし、その程度のDNAの化学合成は簡単に行うことができます。

　たとえば、あるゲノムDNAから特定の配列の遺伝子を増幅したいとします。増幅すべき特定のDNAの配列は既知である必要があります。その既知の情報を使って、プライマーをデザインします。そして、そのデザインされた配列どおりに人工的にDNAを合成し、プライマーを得ます。PCR反応液中には、鋳型templateとなるゲノムDNA、プライマー、耐熱性DNAポリメラーゼ、dNTP（デオキシリボヌクレオチド三燐酸）を混ぜます。

　このDNAを最初の段階として94℃で30秒ほど熱変性させます。その後すぐに特定の温度（たとえば60℃）まで冷却し、30秒ほど保持します。すると、その間にプライマーが特定のDNA配列を探し出して結合します。その後すぐに、72℃へ変化させ、その状態で数分待ちます。72℃というのは、耐熱性DNAポリメラーゼの至適温度ですので、この状態でDNA合成が起こります。DNAポリメラーゼはプライマーの3'-OHにdNTPを付加していきます。つまり、プライマーで指定された場所の配列のみが合成されることになります。プライマーは合成方向が向き合うように2種類つくられており、このプライマーで挟まれた配列のみが増幅されるわけです。DNA増幅後は、もう一度、94℃へ戻し、同じような反応サイクルを30回ほど続けます。前のサイクルで生成したDNA断片が次のサイクルでの鋳型となりますから、標的のDNA断片は2の累乗で増幅されます。1個の分子が、30回程度の連鎖反応で1億個以上にも増幅されるのです。

　PCRが開発された当初は、3種類の恒温槽を用意しておいて手動でサンプルを移動させたのですが、現在では、PCRマシーンが温度の移動を迅速に行ってくれ

るため、研究者の苦労はなくなりました。さらに、当初使用されていたDNAポリメラーゼは耐熱性ではなく、一度温度を上げてしまうと活性が破壊されてしまうため、サイクルごとに、新しいDNAポリメラーゼを付加せねばなりませんでした。その後、アメリカのイエロー・ストーン国立公園の温泉に存在する耐熱性細菌 *Thermus aquaticus* よりDNAポリメラーゼが単離されました。細菌の名前をとり、このDNAポリメラーゼは、単に *Taq*（タック）ポリメラーゼと呼ばれています。この酵素がPCR用に汎用されるようになり、旧来のポリメラーゼの熱変性問題は解決しました。PCRを用いれば、数時間で迅速に特定の配列を増幅できるようになったのです。

PCRの欠点は、増幅された配列にDNA複製の誤りが生じやすいことです。大腸菌内でDNAが複製される場合、**DNA修復** DNA repair の酵素群の働きもあるため、DNAは鋳型に忠実に複製されます。少なくとも平常の状態では、複製の誤りが起こる確率は極めて低く抑えられています。一方、PCRでは、*Taq* ポリメラーゼ自体が頻繁に誤りをおかし、また、DNA修復酵素群も存在しないため、本当に正確な配列は得にくいという欠点があります。しかし、誤りの確率が *Taq* ポリメラーゼよりもずっと低い別の熱耐性DNAポリメラーゼも発見されており、以前ほど大きな問題ではなくなりました。

PCRは非常に感度がよく、かつ、簡便な方法であるため、ありとあらゆる分子生物学的手法に応用され、現在に至っています。たとえば、ノザン・ブロットやサザン・ブロットの代替としても頻繁に用いられます。DNA配列の一部が既知であれば、どのような遺伝子でも簡単に増幅し、プラスミドにクローニングすることができます。微量のDNAサンプルから一部の配列を増幅することもできますから、博物館の標本や病理組織の標本、あるいは、犯罪現場の髪の毛など、貴重なサンプルすらPCRの対象となります。実際、歴史的に見ると、分子生物学は、PCRの出現後に大きく変貌しました。

（9） 遺伝子の機能解析

DNAの遺伝情報の流れに注目する分子生物学が、DNAの配列解析を重視するのは当然のことです。けれども、現在では、それはむしろ生物学者にとって研

究のスタート時点の情報であって、最終目標ではありません。対象とする生物がヒト、マウス、ショウジョウバエなどの**モデル生物** model organism の場合は、ゲノムの遺伝子配列はすべて決定されているのですから、データベースにアクセスするだけで特定の遺伝子の配列 sequence を知ることができます。

　生物学者が最も知りたいのは、遺伝子の**機能** function です。配列は機能を予測するための手段といっても過言ではありません。いや、もともと生物学者は、特定の生物の機能に注目して研究を進めてきました。そして、それに対応する遺伝子を同定するというのが本来の方向です。たとえば、匂いを感じるという現象に興味を持つ場合、匂い物質を受け取る「匂い受容体 odorant receptor」の遺伝子は匂い物質に反応するとされている嗅神経細胞 olfactory neuron に発現しているはずであると予想し、嗅神経細胞に発現されている遺伝子の中から、匂い受容体蛋白質をコードしていると思われる遺伝子の候補を絞っていく必要があります。

　候補の遺伝子を絞り込む過程では、遺伝子配列に注目し、膜蛋白質の配列を持つことなどが選定基準になり得ます。けれども、最終的に残った匂い受容体遺伝子候補の DNA 配列をいくら眺めていても、どのように分析しても、その遺伝子が本当に匂い受容の機能を持つ蛋白質をコードしているのかは分かりません。いわゆる「遺伝子配列レベル」は、細胞レベルや個体レベルとは自然界の階層を異にするため、これは当然のことです。それを証明するためには、配列情報ではなく、細胞内、組織内、個体内でどのように働いているかという、細胞、組織、あるいは個体レベルでの**機能解析** functional analysis が要求されます。

　遺伝子の機能解析に用いられる実際の実験系は、その遺伝子の機能を調べるものですから、予想される遺伝子の機能によって様々となります。ここでは、匂い受容体遺伝子の例を示しながら、一般論を述べるにとどめておきましょう。

　ある遺伝子（たとえば、匂い受容体遺伝子候補）がある機能（たとえば、匂い受容の機能）を持つことを証明したいとします。その機能を細胞レベルで証明したい場合、たとえば、**細胞培養系** cell culture system を用いることができます。株化されている培養細胞は癌化した細胞で、何度も細胞分裂を続けることができます。このように安定に継代されているある培養細胞には、対象となっている遺伝子（たとえば、匂い受容体遺伝子候補）が発現されていないため、その遺伝子

の予想される機能（たとえば、匂い受容の機能）をその培養細胞は持っていないと考えられます。このことを最初に実験的に示しておきます。そして、その細胞に、対象となっている遺伝子（たとえば、匂い受容体遺伝子候補）を強制的に導入し、発現させます。すると、その培養細胞は新しく導入された遺伝子の機能を持つようになるはずです。匂い受容体遺伝子候補が強制的に導入され、発現された場合、その細胞は匂い物質に感受性を持つようになることが予想されます。もしそのようなことが実験的に証明されれば、少なくとも細胞レベルでは、その遺伝子の機能が判明したことになります。

その逆に、ある遺伝子の機能を知りたい場合、その遺伝子をあらかじめ発現している培養細胞に注目することもできます。そして、その遺伝子発現を何らかの方法で抑制したとき、その細胞は、その遺伝子の機能を失うことになります。もし匂い物質に感受性のある培養細胞が匂い受容体遺伝子候補を発現しているのなら、その遺伝子発現を抑制すれば、細胞の匂い感受性も消えてしまうはずです。これは遺伝子の**ノックアウト** knockout あるいは**ノックダウン** knockdown と呼ばれます。

実際の分子生物学でも、遺伝子機能の付加実験と削除実験を同時に行うことを要求される場合も多くあります。さらに、抑制した遺伝子をもう一度もとに戻すことで、元来の機能が回復されるかどうかも調べる必要がある場合もあります。なぜなら、遺伝子発現の抑制によって見られた細胞機能の変化は、その遺伝子発現抑制の直接の結果ではなく、何らかの副作用 side effect にすぎない可能性もあるからです。生物体は基本的にブラックボックスですから、このくらい厳密な実験が要求されるのです。

さらに、細胞レベルでの実験が、必ずしも組織レベル、個体レベルの結果と同一であるとは限りません。培養細胞への遺伝子導入や発現抑制実験だけでは、実験生物学者は満足するわけにはいきません。このような理由で、組織・個体レベルを目指した様々な遺伝子導入法が開発されることになります。

(10) 真核生物への遺伝子導入法

遺伝子組換え実験の最初に用いられたベクターはプラスミドで、宿主は大腸菌

でした。けれども、生物学者は、その後、研究対象を真核生物にまで拡張しました。プラスミドに挿入する遺伝子をマウスからとってきても、それを大腸菌の中で解析するだけでは、その遺伝子の生物学的な機能は分かりません。その遺伝子はマウスで機能しているのであれば、それをマウスの別の細胞へと導入して発現させ、その機能を調べる実験がどうしても必要となります。

　そこで、プラスミドが改良されました。大腸菌において増幅可能であるだけでなく、真核生物の細胞内でも増殖できるプラスミドです。このようなベクターを**シャトル・ベクター** shuttle vector と呼びます。シャトル・ベクターは、真核生物の細胞で働くプロモーター promoter を備えているのが普通です。そのプロモーターの下流にマウスの遺伝子を挿入し、哺乳類の培養細胞へとそのプラスミドを入れると、その培養細胞は挿入されたマウスの遺伝子を発現することができるのです。プロモーターを備えたベクターを**発現ベクター** expression vector と呼びます。また、培養細胞にプラスミドを導入することを**トランスフェクション** transfection と呼びます。これに対して、細菌へと導入する過程は**形質転換（トランスフォーメーション** transformation）と呼んで区別しています。

　このようなベクターの開発により、培養細胞への遺伝子導入による実験は比較的容易になりました。けれども、それは培養細胞にすぎません。培養細胞は、一般に癌化した細胞です。普通の正常細胞も一時的には培養することはできますが、長期的に分裂させ、その系統を維持していくことはできません。培養細胞は癌化した細胞なので、正常組織の正常細胞の中で本当に何が起こっているかを知りたい生物学者にとっては、培養細胞を用いた研究には不満が残ります。たとえ正常組織の正常細胞を培養したとしても、それはもはや分離され、人工環境に置かれた細胞であるため、本当の生物の状態からはほど遠いものであるかもしれません。

　このような背景のもとに、たとえば生きたマウスの特定の組織に外部から遺伝子を導入し、その遺伝子の機能を調べるという実験系の開発需要が高まりました。その目的で開発されたのが、**ウイルス・ベクター** virus vector を用いる**外来遺伝子導入法** foreign gene transfer です。たとえば、アデノウイルス adenovirus は、神経細胞 neuron をはじめ、様々な細胞に感染しますが、感染後、ウイルスの遺伝子は感染細胞へと放出されます。この現象を利用すれば、つまり、ウイル

スの遺伝子の一部に目的の遺伝子を挿入しておけば、ウイルスと一緒にその遺伝子を特定の細胞に送り届けることができるはずです。実際に、アデノウイルス adenovirus、レトロウイルス retrovirus、ヘルペスウイルス herpes virus など、多彩なウイルスがこの目的で加工され、ベクターとして開発されています。

このような遺伝子導入法は、必ずしも基礎科学的な需要だけから生まれたわけではなく、**遺伝子治療** gene therapy の開発の一端として研究が進められてきました。アデノウイルスを用いた遺伝子治療は、すでに何例か「成功例」が報告されています。それについては、第15講で再度触れます。

（11） 遺伝子操作動物の作製

動物個体に外部から遺伝子を導入する場合、その導入効率などに問題が生じる場合があります。そのような煩雑な問題を回避する別の方法もあります。特定の遺伝子をゲノムにあらかじめ挿入したり、あるいは、ゲノムの特定の遺伝子をあらかじめ破壊し、動物個体自体をそのゲノムから発生させれば、非常に自然な形でその遺伝子の機能を知ることができるのではないかと考えられます。

実際、組換え DNA 技術を使って遺伝子操作動物をつくることができます。ある新規の遺伝子があるとします。この遺伝子の機能を個体レベルで知るためにはどうすればよいでしょうか。一つの方法として、その遺伝子をゲノムに挿入して強制発現させたときにどのような異常を示すかを見ることが考えられます。あるいは、ゲノム中にあるその遺伝子を叩き壊してみるという方法も考えられます。遺伝子操作 genetic engineering の方法は生物種によって様々ですが、特にマウスにおいて高度に発達しています。遺伝子操作されたマウスの表現型 phenotype を観察することで、その遺伝子の機能 function を知ることができるわけです。

まったく外来の遺伝子をプロモーター promoter 付きの状態でゲノム中に挿入する**トランスジェニック法** transgenic method が簡便な方法として知られています。この操作で作製されたマウスを**トランスジェニック・マウス** transgenic mouse と呼びます。トランスジェニック・マウスの作製の際には、卵細胞へ特定のDNAをマイクロインジェクション microinjection し、それをメスのマウスの

子宮に戻す操作を繰り返します。すると、いくつかの個体では、ゲノムにDNAが挿入された状態で発生します。そして、そのマウスの表現型を調べることで、注入した遺伝子の機能を組織・個体レベルで調べることができるわけです。

ただし、トランスジェニック・マウスでは、ゲノムのどの位置にその遺伝子が挿入されたかどうかは分かりません。挿入位置によっては本来のゲノムの遺伝子調節を狂わせたかもしれないという危険性があります。また、付属させるプロモーターも人為的なことが多いですし、発生過程において多くの細胞でその遺伝子が非特異的に活性化された可能性もありますから、トランスジェニック法では、得られた異常な表現型がその遺伝子の機能と直接関係があるのかどうかという判別が困難であるという欠点があります。

そこで、的確にゲノムの特定の位置の特定の遺伝子を操作する**遺伝子ターゲッティング法** gene targeting が開発されました。この方法では、特定の遺伝子を叩き壊す**ノックアウト** knockout や、ゲノムの特定の位置に任意の遺伝子配列を挿入する**ノックイン** knock-in ができます。そのようにして作製された**ノックアウト・マウス** knockout mouse や**ノックイン・マウス** knock-in mouse では、基本的にゲノム上の特定の位置のみが操作されているため、その操作の結果として異常な表現型が現れたと解釈することが、より正当化されるわけです。

ただし、トランスジェニック・マウスでも同じことですが、ノックアウト・マウスやノックイン・マウスでも、個体を構成するすべての細胞のゲノムが操作されているため、すべての細胞の発生過程に影響が出てしまいます。もちろん、それが知りたいがためにウイルスなどによる遺伝子導入ではなく、遺伝子ターゲティングを行っているわけですが、実際には、多くの遺伝子が発生過程で何度も繰り返し使用されるため、最初の使用の時点で異常が生じると、その副作用として以後の発生過程が複雑化してしまうため、遺伝子ターゲティング・マウスの表現型異常が必ずしも対象としている遺伝子の機能を直接反映しているのではないかもしれません。特に、成熟した特定の組織におけるその遺伝子の機能を知りたい場合、普通のノックインやノックアウトでは原因と結果が必ずしも明確化されません。そこで、たとえば、ある薬剤を投与するとそのときにだけ特定の遺伝子がノックアウトされるような遺伝子操作を施しておくことができます。そのように遺伝子操作されたマウスを正常に成熟させ、そのマウスにある薬剤を投与する

と、投与された薬剤の感受性により、特定の細胞においてのみ遺伝子組換えが起こります。その細胞においてのみその遺伝子がノックアウトされるのです。逆に、薬剤を投与することにより、その時にその細胞においてのみ遺伝子を発現させることもできます。

　マウス以外で遺伝子操作が力を発揮する生物はショウジョウバエ fruit fly です。ショウジョウバエの場合は、特定の遺伝子を**Pエレメント** P element という「動く DNA」に乗せて卵細胞にマイクロインジェクションすることにより、ゲノム中に挿入することができます。さらに、最近は特定の遺伝子配列だけを操作することも可能になりました。また、マウスとは異なり、ショウジョウバエは多くの卵を生み、短時間に世代交代を繰り返すため、遺伝学的な手法も容易に組み合わせることができます。

　このように、とりあえず倫理的な価値観を置いておくとして生物学の現状を述べると、遺伝子操作動物をつくることを抜きにして現在の生物学は語れません。われわれ現代の生物学者は、遺伝子が個体レベルに与える影響について最終的に知りたいのですから、個体レベルの実験を行う以外には解析方法はありません。自然界は階層構造を成しています。遺伝子レベルや細胞レベルだけで議論しても個体レベルでの情報を得ることはできません。

(12) 緑色蛍光蛋白質とイメージング技術の進歩

　遺伝子操作では、任意の DNA を任意の生物の中で発現させることができます。しかしながら、その遺伝子が本当に機能的に発現しているのか、しばしば確信が持てないことがあります。蛋白質は目に見えません。研究対象となっている遺伝子の産物（蛋白質）が本当に機能しているのかを調べるためには、発現させている細胞を破砕して分析しなければなりません。破砕してしまえば、その細胞はもはや機能解析には使えなくなります。煩雑な機能解析を行わなければならないときに、目的の遺伝子が本当に発現しているのか確信が持てないというのは困りものです。何とか、生きたままの状態で、簡便に、遺伝子発現の有無を判断する方法はないものでしょうか。

　そこで考案されたのが、**緑色蛍光蛋白質（GFP）** green fluorescent protein

です。この蛋白質はもともとオワンクラゲが持っているもので、特定の波長の青い光を照射すると緑色の蛍光を放ちます。緑色蛍光蛋白質が蛍光を発するためには、補助物質は必要ありません。たとえば、ホタルの発光物質であるルシフェラーゼ luciferase は酵素ですから、発光にはルシフェリンという基質が必要となります。緑色蛍光蛋白質はそれ自体で蛍光を放つことができるわけです。しかも、生きた生物の中で蛍光を放つことができますから、その検出のために細胞を殺してしまう必要はありません。蛍光顕微鏡で観察するだけで、緑色蛍光蛋白質の存在の有無が判定できるわけです。

　たとえば、緑色蛍光蛋白質の遺伝子を他の遺伝子に融合させることができます。そして、その融合蛋白質をある細胞に発現させ、その遺伝子の機能を調べたいとします。本当にその遺伝子が発現されているのかを調べるため、蛍光顕微鏡で緑色蛍光蛋白質の蛍光を確認します。緑色蛍光蛋白質の蛍光が確認できれば、研究対象となっている蛋白質の部分も必ず発現されているはずです。そのうえで、その細胞を遺伝子の機能解析に用いることができるわけです。このように、特定の遺伝子発現の指標として使用されるものを**マーカー遺伝子** marker gene あるいは単にマーカーと呼びます。融合された緑色蛍光蛋白質が研究対象となっている蛋白質の機能に影響を与えないとは限りませんが、このような実験系の開発は生物学に革命を起こしました。なぜなら、リアル・タイム real time で生きた細胞内で特定の分子の動態を追跡する方法へとつながっていくからです。現在では、類似の蛍光蛋白質がサンゴなどの海産生物から単離され、緑色だけでなく、赤色や青色の蛍光を発するものが知られています。これらを同時に使用すれば、単一の細胞の中で数種類の分子の動きを同時に追うことができます。

　ちなみに、緑色蛍光蛋白質は1990年代に実用化されましたが、それ以前に汎用されていた代表的なマーカー遺伝子は**β-ガラクトシダーゼ** beta-galactosidase でした。これは大腸菌のラクトース・オペロン lactose operon の構成遺伝子です（第7講参照）から、半世紀近くこの方法が汎用されてきたことになります。この遺伝子の活性を調べるには、ガラクトシドの分解がこの酵素により触媒されるかどうかを検討すればよいわけです。ガラクトシドの類似体 analog である X-gal（エックス・ギャル）と呼ばれる物質を基質として用いれば、その分解産物は不溶性となり、青色を呈するようになります。このようにし

て酵素活性を定量化することによって、たとえば、β‐ガラクトシダーゼとの融合蛋白質の存在の有無を判断することができます。しかし、この酵素反応を生きた生物でリアル・タイムに検出することはできません。

　緑色蛍光蛋白質の技術的応用と同じ時期に、細胞内へ取り込まれる蛍光色素 fluorescent dye を巧みに利用して細胞内の生理状態を観察する技術が急速に進歩してきました。たとえば、生理的に重要な働きを示すカルシウム・イオン calcium ion の動態や膜電位 membrane potential の変化などを細胞の蛍光レベルの変化として動画で捕らえると同時に定量的に分析することが可能となりました。このような**バイオイメージング** bioimaging の技術革新によって、リアル・タイムで生きた細胞内の分子の動きを観察することが可能となったのです。

第15講

組換え技術の社会的利用

（1） 思想なき現代社会

　現代科学は日進月歩です。とはいっても実際に進歩しているのは、その技術的側面であることが多く、その思想的側面についてはなかなか進歩がありません。高度科学技術社会である現代では、思想家が技術自体を深く理解できないばかりか、技術自体にまったくついていけないことが頻繁に起こりますから、事情は大変深刻です。一方、科学者は本来思想家でも何でもありませんから、社会的なことについては幼稚な意見しか持っていないことも多くあります。しかし、他者から社会的な意見を求められると「知らない」と答えるわけにはいきませんから、「可能性」という言葉を用いて偽りとはいえないまでも誤解を誘導するような発言をしてしまう傾向があります。事態は深刻です。

　特に科学技術の中でも現代の分子生物学 molecular biology に関する技術の進歩には目を見張るものがあります。コンテクストによって呼び方は様々ですが──バイオテクノロジー biotechnology、組換え DNA 技術 recombinant DNA technology、遺伝子工学 genetic engineering など──基本的には DNA の人工操作を主体とした技術革新は、20世紀後半のわれわれの世界観をゆるがせてきました。このような DNA の操作ばかりでなく、医療技術の精密化と歩調を合わせ、いわゆる生命操作技術は大きくマスコミで取り上げられるため、時にはわれわれの想像を絶するものをもつくり出してしまうのではないかとさえ思わされてしまいます。

　思想なき社会において、社会全体の世論を大きく左右するのは、テレビに代表されるマスコミです。これは有名な社会学者ロバート・K・マートンが先鞭をつ

けた分野です。マートンは科学社会の体制を研究し、**科学社会学** sociology of science を確立したことでも有名な学者です。いずれにしても、マスコミを牛耳る人々にはあまり深い思想はなく、マスコミはその存在理由として金銭的利潤が絶対条件ですから、マスコミによって発せられる情報は、表面的なものが多く、批判的な意見や少数派の意見は反映されにくくなってしまいます。

最近は、**生命倫理学** bioethics という分野も確立され、多くの議論が盛んに行われていますから、状況は良いほうに転じているようにも思えます。実際、生命倫理学の論文の中には、かなり考えさせられる立派なものもあります。しかし、この生命倫理学分野の専門家の需要が増大している今日、それは人文系出身の方々の就職先確保枠として実際には機能しているという話を聞いてがっかりしたことがあります。そして、私自身、生命倫理学にまつわる法文や事例に明るいわけではありませんが、生命倫理学の論文を読んでみると、「ああでもないこうでもない」式でしっかりとした方向性や結論を打ち出しているものは非常に少ないことに気づきます。そのような曖昧な結論しか打ち出すことができない理由は、分野の内容そのものにも起因することは理解できますが、原因はそれだけではないでしょう。われわれが職業科学者であるのと同様に、彼らも職業思想家であるわけですね。職業思想家には、自分の職業を否定するような見解は基本的にはタブーとなりますし、生命倫理学研究の助成金は医療関連会社やバイオテクノロジー関連会社から得られますから、それらの枠組みを否定することはなかなか困難なことになります。つまり、生命倫理学という学問において、本当の意味で自由な議論が交わされているわけではないように私には思われてなりません。

本講の「組換え技術の社会的利用」というタイトルから、いかに組換え技術が社会の役に立ってきたか、あるいは、社会を素晴らしいものに変えてきたかという話題を期待した方も多いことでしょう。残念ですが、本講ではそのような話はできません。組換え技術が社会的に利用できることは事実です。バイオテクノロジー産業をうまく進めれば多くの利潤をあげることは現実的です。「科学は役に立たない」などという話を第1講でしましたから、私の主張は矛盾しているように聞こえるかもしれません。

私の主張は、簡単に言えば、こういうことです。私は、科学の社会的利用によってより良い社会がつくられるという立場には、大変懐疑的です。もちろん、

私は科学者として科学の知識的普及には賛成です。科学することは本来、人生の愉しみであり、論理的な思考法は人生の糧であり、それを分かち合うことは重要であると信じています。しかし、一方では、科学の産業的応用は、かなり真面目に深く考えた結果行われるべきだと信じています。つまり、科学を利潤目的に使用することは現代ではそれほど難しいことではありませんが、その結果として、社会の状態は以前よりも悪化する場合がほとんどであるという事実を重視しているのです。

　逆説的ではありますが、だからこそ、生物学の履修者にはその技術的内容や現状を適切に理解しておいてほしいと思います。本講では、私は科学・医療に関する一人の思想家として、そして、実際の科学者として、遺伝子組換えにまつわる社会現象について論じます。議論の多い生命倫理という分野についても触れます。ここで取り上げるのは遺伝子に関する生命倫理だけですので、それだけでは生命倫理学のほんの一端を垣間見るのが精一杯です。さらに詳細に興味のある人は他書を参考にしてください。

（2）　分子生物学の発展と組換え技術の社会的応用

　前講でも述べたように、1960年代以降の分子生物学の技術的進歩は、本当に目を見張るものがあります。その基本的技術が、「研究者の意図した通りのDNAの切り貼り」にあることは述べてきたとおりです。1962年の制限酵素 restriction enzyme の発見と利用、1966年の遺伝暗号 genetic code の解読、1967年のDNAリガーゼ DNA ligase の発見に続き、1972年から1973年にかけて遺伝子組換えの技術が確立されました。この時点では、遺伝子導入は大腸菌をはじめとした原核生物 prokaryote に限られていたのですが、1981年には遺伝子導入マウス transgenic mouse と遺伝子導入ショウジョウバエ transgenic fly が作製されることになります。1975年にはDNA配列決定法 DNA sequencing method が確立され、その後、この技術自体も飛躍的に改良されてきました。1985年になるとPCR法（polymerase chain reaction）が発明され、それまでの分子生物学の手法を飛躍的に加速化し、方法論的な革命を巻き起こしました。1987年になると、それまでの遺伝子導入生物のようにゲノムへのランダムな遺伝子導入ではなく、

遺伝子ターゲッティング gene targeting と呼ばれる方法で、特定のゲノム領域へ特定の DNA を挿入できるようになりました。そして、2001 年には、ヒト・ゲノム human genome がおおよそ読み終わりました。また、動物クローニング技術 animal cloning technology と融合され、最近では終末分化 terminal differentiation した神経細胞の核から、個体全体をつくり出すことすら可能となりました。分子生物学は、まさに怒涛のように、20 世紀後半を走り抜けていったのです。

　遺伝子組換え技術は、大きく分けると社会的に二つの方面へと応用され得ます。一つは農業分野、もう一つは医療分野です。これらへ応用された場合、潜在的には、核爆弾ほどとは言いませんが、世界的に大変な騒動を引き起こす可能性があります。組換え技術の応用分野は多種多彩ですから、私自身がすべてを把握しているわけでは毛頭ありませんが、このような主張は妥当性のあるものです。

　もちろん、科学技術が社会的に平和利用された例も、それなりにあります。たとえば、太陽電池の発明、有機農業技術の促進、病気の早期診断技術、救急医療技術などがあげられるでしょう。遺伝子組換え技術も、それなりに平和利用ができるものでしょうか。もちろん、それは可能ですが、概して難しいというのが私の結論です。そして、平和利用が普及する前に、社会悪への利用がはびこってしまうのは避けられません。

　本質的には、分子生物学自体は生命の本質を探るという大目標のために走っているのであって、医療面や農業面への応用はその余波にすぎず、社会的問題を起こしてきたのはその副作用であることは一応、断っておきます。ただし、それは生物学者の言い訳にすぎないと批判されても仕方ないという側面はあります。物理学者たちが核爆弾を製造したことが過去にはありました。それにもかかわらず、それは学問の進歩のための副作用にすぎないとして社会問題に関わらずに生きてきた物理学者は多くはありませんでした。ほとんどの著名な物理学者たちはその問題を真剣に捉えてきたのです。

　もちろん、分子生物学者は地球上を一気に破壊してしまうような恐ろしい技術を持っているわけではなく、遺伝子組換え技術など、それに比べればとるに足らぬものであると私自身は考えています。現在までに、学問的研究のための遺伝子組換え生物の作出によって非常に大きな社会問題が起こったことはほとんどあり

ませんから。しかし、利潤目的で行われる組換え技術の応用は、長期的に見るとかなりの悪性を持つような応用でも、一見すると核爆弾ほど明確に悪性を帯びたものであるとは思われないため、経済効果のために奨励させる傾向にあるのです。そのような意味では、遺伝子組換え技術に関する社会問題は実はかなり深刻なものなのです。

（3）　組換え実験の規制

　遺伝子組換え技術を発明し、推進してきたバーグは、その技術の発明遺伝子組換えによって有害な生物をつくり出す潜在的危険性を感じるようになりました。それまで誰も行ったことがないような遺伝子の組み合わせを任意につくり出すことができるからです。たとえば、バーグは当時、哺乳類の癌ウイルスの遺伝子を大腸菌に入れて調べるという実験を計画していました。そのような組み合わせは自然界では決して起こったことがないでしょうから、そのような新生物が研究者の予想をはるかに超えて奇怪な性質を示した場合、そして、その新生物が環境へと放出された場合、地域生態系が乱されるばかりでなく、生物界全体に取り返しのつかない悪影響が及ぼされることも考えられないわけではありません。このような危険性を考慮し、バーグは1975年、カリフォルニア州のアシロマで組換え実験の規制に関する会議を招集しました。この会議は**アシロマ会議** Asilomar conference と呼ばれ、研究者自身が自主的に実験を一時中止し、実験の社会的な規制を提言したという点では画期的なものでした。

　その成果は、1976年、アメリカの国立衛生研究所 National Institute of Health（NIH）より、組換えの**実験指針** guideline として発表されました。この実験指針には、組換え生物を外部へと放出しないための二つの方策が提言されました。一つは、実験室を遮断し、内部実験生物が外部環境へと漏れ出さないようにする工夫です。具体的には、ドアを確実に取りつける、必要ならば、二重のドアにする、安全キャビネットを取り付ける、空気フィルターを取りつけるなどです。これらの方策は**物理的封じ込め** physical confinement と呼ばれます。さらに、万が一、組換え生物が外部に漏れた場合でも、外部環境では生きていけないような品種を改良することが提唱されました。これが、**生物学的封じ込め**

biological confinement です。たとえば、大腸菌では、DNA 修復に関する遺伝子に突然変異が入っており、紫外線照射に弱い細菌などを使用することがこれに当たります。物理的封じ込めおよび生物学的封じ込めにはそれぞれレベルがあり、前者の場合、P1、P2、P3、後者の場合、B1、B2、B3 とレベルに応じて呼びわけられています。

さらに、アメリカでは、当時、医療に関する不祥事が相次ぎました。患者の尊厳を無視し、患者に内緒で偽薬を与えて実験台にしてしまうような、いわゆる人体実験が相次ぎ、大きな社会問題となりました。その反省から、生物医学（バイオメディカル biomedical）関連の実験を行う際には、その実験実施機関において倫理審査および安全審査を行うことが義務づけられました。これは、いわゆる人体実験を行う場合だけでなく、基本的に同様な安全審査が組換え実験を行う際にも適応されることになります。さらに、マウスやラットなど、高等哺乳動物を用いる動物実験に関しても、同様の倫理審査の過程が義務づけられるようになりました。

ところが、当初つくった NIH の実験指針は、規制が厳しすぎ、自由な研究ができないという不満が相次いで出てきました。また、組換え実験を行っているうちに、大腸菌などの系統が改良され、生物学的封じ込めもよりよくできるようになってきました。さらに、他の生物の遺伝子をたとえば大腸菌に入れても、その外来遺伝子の発現には適切なプロモーターが必要であるため、普通はまったく発現されないことが分かってきました。当然のことですが、単に遺伝子を組換えただけでは、新生物にはならないのです。このような背景から、NIH の実験指針は、その後、規制緩和の方向へと動き出し、現在では、大腸菌を使った一般的な遺伝子組換えは日常的に行われるようになりました。

日本では、1979年3月に文部省より、組換えに関する実験指針が発表され、同年8月には内閣総理大臣の名で実験指針が発表されました。これらは基本的に NIH の実験指針を全面的に受け入れたものです。この指針もその後、規制緩和されてきました。

結果として、遺伝子組換え生物の拡散によって生物がモンスターのように変貌してしまい、人類に直接的な害を与えることはほとんどないことはすでに経験として分かっています。ですから、規制緩和には確かに意味があり、それはわれわ

れ研究者にとっては自由な研究環境を維持するためにも重要なことです。現在では、大腸菌を用いた遺伝子のクローニングは、高校ですら行われているくらい、日常的になりました。しかしながら、組換え技術は、やはり純粋な研究目的か、少なくとも、平和利用のために用いられなければなりません。意図的に生物兵器をつくることは十分可能ですから、遺伝子組み換え技術が潜在的な恐ろしさを持つことは否定できません。

　このような中で、遺伝子組換え生物の取り扱いに関する国際的な文書が、コロンビアのカルタヘナにおいて2000年に作成されました。これは、それ以前の「生物の多様性に関する条約」の下で、遺伝子組換え生物などの安全な取り扱いなどに関する事項を規定したのです。この文書は、正確には「生物の多様性に関する条約のバイオセーフティに関するカルタヘナ議定書」と呼ばれます。簡略化して、「**カルタヘナ議定書**（カルタヘナ法）Cartagena Protocol」と呼ばれるのが普通です。2003年、この議定書が発効し、日本もこの議定書に従うことになりました。同時に、約25年にわたって組換え実験に関する文書として位置づけられてきた「実験指針」は廃止されました。つまり、国際的に一本化された議定書のもとに組換え実験の取り扱いが行われることになりました。

　カルタヘナ法は過去の「実験指針」といくつかの点で大きく異なっています。たとえば、カルタヘナ法では、培養細胞は組換え生物には該当しない代わりに、ウイルスは組換え生物に該当します。また、カルタヘナ法では罰則規定もあります。

（4）　分子病の概念——鎌状赤血球貧血症

　分子生物学および遺伝子組換え技術の進歩とともに、医療関連分野への応用が盛んになってきました。「病気の原因遺伝子」を特定することが治療開発につながるという短絡的な考えに則り、競ってそのような研究が行われました。その結果、現在では、5000種類ほど存在する遺伝子疾患のうち、1000以上については、その原因遺伝子が特定されています。いや、この数は2001年の数値なので、ゲノム・プロジェクトが終焉した現在では、それ以上の「原因遺伝子」が特定されているに違いありません。新薬開発は、産業別では最も利潤の大きい分野と

なっていることからも分かるように、世界レベルの資本の動きに大きく影響を与えることも、ひとこと述べておきます。

実は、組換え実験が普及する以前から、いや、DNAの構造すら分かっていない時代に、すでに**分子病** molecular disease の概念が提案されています。その対象となったのが**鎌状赤血球貧血症** sickle cell anemia です（図15-1）。普通、赤血球 erythrocyte（red blood cell）は正常な状態では扁平な円形ですが、この病気では、赤血球が鎌状に変形してしまいます。赤血球は酸素 oxygen を身体の隅々に届ける役割を持っていますが、変形してしまうと、酸素の供給が非効率的になり、患者は貧血症状を起こすのです。

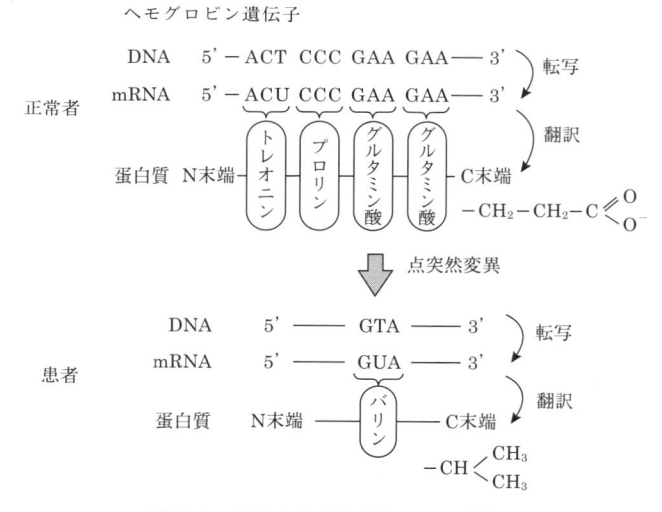

図15-1 鎌状赤血球貧血症の分子的基盤

その分子的原因は何でしょうか。還元論 reductionism を推し進めてみましょう。酸素の供給不足のために患者は貧血を起こすのですから、赤血球内に存在する酸素を運ぶ分子であるヘモグロビン hemoglobin に異常があるのではないかと考えられます。これに着目したポーリングは、ヘモグロビン分子を正常型と比較してみました。驚くべきことに、患者から得られたヘモグロビン分子の異常型では、正常型のグルタミン酸 glutamate がバリン valine に置き換わっていたので

す。そして、それ以外はまったくの正常でした。つまり、ヘモグロビン分子の一つのアミノ酸に異常が起こったことが病気の直接的な原因となっているのです。さらに研究を進めると、異常なアミノ酸のコードに対応する遺伝子上の一つの塩基の置換が、アミノ酸置換の原因であることが分かりました。**点突然変異** point mutation が病気の還元論的な原因として浮かび上がってきたのです。

　それまで、病気というものは、非常に摩訶不思議なもので、どろどろとしたものであると考えられてきました。とても還元論が適用できるようなシロモノではないと。病気という雲をつかむような複雑な表現型 phenotype に対応する単純な遺伝子型 genotype の存在など、誰も考えてもみなかったことでしょう。この研究は本当に驚きを持って迎えられたわけです。生物学的に見ると、分子の機能を個体レベルで明示した最初の例として、非常に画期的なものであると評価できます。現在でも、分子機能と個体レベルの表現型を対応させるのは容易ではありませんから、細菌の研究などが主流であった当時、ヒトを対象としたこの研究の凄さは、いくら強調しても強調しすぎることはありません。

　しかし、この研究は、基礎科学の研究としては大変高く評価できますが、医学的にはどうでしょうか。この研究は、すべての病気には分子的原因があり、その原因をつかめば治療につながるのではないかという誤解を扇動することになりました。今日、その発見から60年近くを経ても、鎌状赤血球貧血症の分子レベルを視野に入れた適切な治療法は開発されていません。いずれにしても、結果として、この研究はその後の「遺伝子診断」や「遺伝子治療」の研究に先駆けた研究であると位置づけることができます。

（5）　遺伝子治療

　組換え技術の応用の筆頭としてあげられるのが、**遺伝子治療** gene therapy ではないでしょうか。遺伝子治療の成功例が報告されたのは1990年のアメリカでのことです。その対象となったのは、**アデノシンデアミナーゼ欠損症** adenosine deaminase deficiency と呼ばれる遺伝子病の患者です。アデノシンデアミナーゼという酵素をつくる遺伝子が欠損しているのです。この酵素は、プリン purine の代謝に関わるため、この遺伝子が欠損すると、デオキシアデノシン三

燐酸が細胞内に蓄積されます。その影響を受けやすいのがリンパ球 lymphocyte（B細胞 B cell および T細胞 T cell）で、それらの正常な発生に支障をきたす結果、ひどい**免疫不全症** immunodeficiency となります。滅菌室に保護されなければ生きていくことはできません。

　この病気の原因は遺伝子レベルではっきりと分かっているわけです。ある遺伝子が欠損しているのですから、その治療にはその遺伝子を付加すればよいではないかと考えることができます。そして、実際にそのような治療が行われました。

　外部からの遺伝子導入にはアデノウイルス adenovirus がベクター vector として用いられました。アデノウイルスはヒトの細胞に感染し、遺伝子を感染細胞に注入します。そして、注入された遺伝子が細胞の中で発現されるのです。ウイルス自体の遺伝子をあらかじめ不活性化しておけば、ウイルスはただの遺伝子の運搬体、つまり、ベクターとして機能するわけです。

　患者の血液細胞を取り出し、アデノシンデアミナーゼの遺伝子を持ったアデノウイルスを感染させ、患者の体内に戻します。すると、この遺伝子を欠損していたはずの細胞は急に遺伝子を与えられることになりますから、比較的正常な行動をとることができるようになります。その結果、患者の血液の免疫学的検査の数値は良好な方向に転じることは容易に想像できます。こうして遺伝子治療は「成功した」のです。その後、日本でも、類似の治療は行われ、遺伝子治療は「成功した」と報じられています。ただし、アデノウイルスに拒否反応を起こした失敗例も報じられ、ウイルスベクターの改良が最優先課題としてあげられるようになりました。

　アデノウイルス以外にもウイルス・ベクターは開発されています。レトロウイルス retrovirus、アデノ随伴ウイルス adeno-associated virus、ヘルペスウイルス herpes virus などが主に使用されています。また、ウイルスを用いないで、DNAを脂質膜で包み込んで細胞膜に融合させるリポソーム liposome を用いた方法も開発研究が進んでいます。これらの遺伝子ベクターは、医療面での応用もそうですが、基礎生物学的な目的での使用に非常に有効です。たとえば、私が匂い受容体の機能解析を行ったときにも、アデノウイルスを用いて、生きたラットの鼻の嗅神経細胞に外来遺伝子導入を試み、実験は成功しました。

　ウイルス・ベクターなどを用いて基礎生物学的な研究をする場合、実験を成功

させることはもちろん可能です。なぜなら、基礎生物学的な実験の場合、実験系を限定しているからです。私は匂い受容体遺伝子の機能だけに注目して研究をしました。ですから、外部から遺伝子導入を受けたラットの健康がいかに蝕まれたかということについてはまったく検討していません。それは実験系の外の出来事であり、科学するうえでは必要ないのです。

けれども、治療という目的ではそうはいきません。遺伝子治療は「成功した」と述べましたが、本当に成功したのでしょうか。患者は健常人のような生活を送ることができるようになったのでしょうか。そんなわけはありません。遺伝子治療の成功は「科学的判断」の上での「成功」にすぎません。どのような検査結果がでれば「成功である」というように、あらかじめ「成功」を定義しているのです。そのように系を限定しているため、「科学的には」治療は「成功」ですが、それが本当の治療でしょうか。患者はずっと無菌室で集中治療を受けていることに変わりはありません。その患者の人生の楽しみは何なのでしょうか。私が患者だったら、まるで実験動物のようにごちゃごちゃといじくりまわされる生活には耐え難いでしょう。まさに、自殺したい気分でしょうね。成功したと騒いでいるのは周囲の人だけですから。つまり、治療という個体レベルの目標は、決して科学では計り得ないものであり、これを科学へと押し込めてしまうこと自体に無理があるのではないでしょうか。

ちなみに、アデノシンデアミナーゼ欠損症の遺伝子治療は「成功した」のですが、癌の遺伝子治療は、数限りなく試みられてきた結果、科学的な成功すらも得られていません。逆説的に、アデノシンデアミナーゼ欠損症では、科学的な成功は収めることはできたわけですから、それを積極的に肯定することは悪くないかもしれません。今後は患者全体の治療へ結びつけるという精神があるのであれば、その精神は大切なものでしょう。残念ながら、私には、患者全体の個体レベルの治療など、現代医学の頭の隅にも置かれていないのではないかと思われてなりません。

（6） 原因特定は治療には結びつかない

論理的に聞こえるけれども、しばしば大きな誤りである考え方があります。そ

れは、「ある問題を解決するための第一歩は、その原因を知ることである」という考え方です。つまり、原因を特定できれば、問題解決の方向性が見えてくるという意味です。この言明自体は確かに誤りではないと私は信じていますが、これが常に正しいとは限りません。これを医療現場へと応用してみましょう。「病気を治す第一歩は、病気の原因を知ることである」という言明になります。この言明は非常に多くの科学者の口から聞かれます。日本の偉いノーベル賞受賞者からも、アメリカの偉いノーベル賞受賞者からも、私はこの言明を直接聞いたことがあります。つまり、癌をはじめとした多くの病気の治療を考える際には、その分子レベルの原因を知ることが重要なのであると。つまり、遺伝子治療こそ、究極の治療法であり、その開発に向けて努力しなければならないというわけです。これは、極端に解釈すると、遺伝子治療以外の原因を特定できないままに行う治療法は一過性のものであり、あまり推奨される治療法ではないことを暗に物語っています。

　本当でしょうか。分子的な究極の原因が分からないままには治療はできないものでしょうか。そんなことはありません。たとえば、中国医学や漢方では、分子的原因などは気にもとめませんが、立派な治療体系を持っていることは周知のとおりです。その反面、原因遺伝子が特定されても、その治療は不可能であることを、われわれ分子生物学者はもうそろそろ認めてもよいのではないかと思います。分子病の概念は1949年に提唱されています。それから60年ほどを経た今日、世界最初の分子病である鎌状赤血球貧血症どころか、その後続々と原因遺伝子が特定された病気のどれをとっても、遺伝子レベルの適切な治療法が開発されたものはありません。遺伝子レベルとまでいかなくても、ごく一般的な対処的な治療法すら、原因遺伝子とはまったく無関係に行われている場合がほとんどです。

　そして、根本的な治療法は今後も開発されないでしょう。第1講で、私は科学とは何かということを説明してきました。思い出してみてください。科学とは、実験系を限定し、対象とする自然界の階層性を明確にし、反復した実験が可能である場合にのみ成り立つものであると述べてきました。ある病気の原因遺伝子を分子レベルで捉えることは、科学としては可能であることは明確ですが、治療についてはどうでしょうか。病気の患者は、それぞれ生きてきた歴史を背負っている多様な存在ですから、そのような人に関して限定して治療実験を行うことはで

きません。治療という階層性は個体レベルにあたり、分子レベルとはほど遠いものです。さらに、一人の患者の特定の病気に関して反復実験は不可能です。第1講で紹介した「実験で検証できることのみが科学である」とする量子物理学者の提言を真面目に受け止めると、治療という行為を科学的に切ること自体、大きな限界があることが容易に理解できるでしょう。

医療は科学的側面を持っていますが、それは治療という目的のために行われる行為であって、科学は手段にすぎません。科学が手段として適切であるという証拠はありません。非科学的な治療法が患者にとって幸福になるのなら、非科学的な方法が選ばれるべきです。医療は科学そのものではありません。純粋な科学では、興味の対象は研究者の自由ですが、医療には目的があります。医療では常に患者の利益を最大限にすることが求められるのです。

では、一体、治療とは何でしょうか。それは患者全体としての健康の回復を目的とすべき行為です。治療は常に個体レベルで行われなくてはなりません。たとえば、抗癌剤の多量投与である悪性腫瘍が一時的に小さくなったとか、患者の寿命がいくらか伸びたとかいう結果は、必ずしも患者の健康へと寄与しているとは言えません。悪性腫瘍が一時的に小さくなっても、その「治療」に用いられた化学療法において患者は大変なトラウマを経験します。しかも、その後、以前よりも悪性化した腫瘍が登場し、それを抑え込むためにさらなる「治療」が続けられる結果、患者は苦しみ、廃人となり、死んでいきます。この癌患者を最初から放置しておいた場合、患者はまったく健常人と同様に大きな苦しみのない生活を続け、最後にぽっくりと死んでいきます。研究者が新薬の効果を吟味するためには、前者のような死に方をしてくれないと困りますが、患者本人としては後者のような死に方をしたいはずです。

不思議なことに、事実はそれほど単純ではありません。ほとんどすべての人々が、もし癌を宣告された場合、前者の道を歩みます。なぜだか考えてみてください。

（7） 現代医学に対する幻想と新薬開発

前項の議論で、私は遺伝子治療という概念自体が論理的に破綻していると述べ

てきました。しかしながら、これまでの遺伝子治療が概して失敗に終わっているのは技術の未熟さのためであり、だからこそ、医療技術の研究に努力しなければならないという議論が強く展開されている今日この頃です。この議論では、これまでの失敗は技術的な未熟さのためであり、本質的な論理的破綻のためではないというわけです。確かにそのような意見は一理あるように思えますが、本当にそうでしょうか。ここまで議論が発展すると、医療社会学 medical sociology だけでなく、医学史 medical history、さらには代替療法 alternative medicine の考え方などに触れる必要がでてきます。そのような話は本書の内容を大きく超えてしまいますので、他書に譲ることにしますが、以下に一点だけコメントしておきます。

　学生の皆さんは現代医学が何でも治せると信じていないでしょうか。あるいは、現代社会が病気のない平和な社会になったのは現代医学のおかげであると信じていないでしょうか。現代医学は多くの生命を救ってきたと。これほど素晴らしい医学なのだから、遺伝子治療開発や新薬開発が進めば、もっと素晴らしいものが発明されるに違いないと。ここでは、それらのほとんどが幻想であることを述べるだけにしておきます。

　上記の遺伝子治療の話は、一般的な新薬開発にも当てはまります。クスリという化学物質を服用することで、摩訶不思議な歴史的産物である病気を治そうという考え方のもとに、新薬開発事業が行われます。特に昨今では、ゲノム情報が公開されていることから、遺伝子・蛋白質レベル情報からの新薬開発が期待されています。蛋白質の立体構造を片っ端から決定し、その立体構造にはまり込むような薬物をデザインすることが現実のものになってきました。これは理知的薬物デザイン rational drug design という言葉で呼ばれます。これを「理知的」と呼んだ理由は、これまでの新薬開発は、民間療法などの経験に基づく場合がほとんどであるためです。このような新薬開発研究は現在非常に活発に行われています。新薬をデザインしてつくり出す行為は科学かもしれませんが、それを治療に用いる行為は、少なくとも私の判断では、とても科学とは言えません。病気という不確定な系に対して単一分子をクスリとして用いることは、よほど注意しなければ、自然界の階層を乗り越えることはできないはずです。

　実は、同様に、医療行為全体も医療の経験に基づいたものがほとんどであり、

その論理的な理由はあまり存在しないのです。その意味で、最近は「証拠に基づいた医学 evidence-based medicine」が提唱されています。その良し悪しは定かではありませんが。

（8）　遺伝子診断と犯罪捜査

　遺伝子組換え技術の応用は、治療だけではありません。その応用範囲は広く、たとえば、遺伝子診断や犯罪捜査にも用いられています。
　ある婦人がある医者を訪れる場面を想像してみてください。その人の家系内ではある遺伝病が代々と伝わっていると言います。生まれてくる子どもが正常な遺伝子を持っているかどうか、それをあらかじめ調べることができないだろうかという相談でした。
　もし、その家系に伝わる遺伝病の原因遺伝子がすでに知られているのであれば、出生前診断は技術的には可能です。羊水 amniotic fluid には胎児 embryo の細胞が浮遊しているので、羊水を少しだけ採取してくれば、そこから胎児のDNAを取り出すこともできます。そのゲノムDNAのすべての配列を「正常人」の配列（そのようなものがあるかどうかは疑わしいですが）と比較することは不可能ですので、その一部の配列をPCRで増幅させてDNAの配列を読み取るか、あるいは制限酵素消化 restriction enzyme digestion によって生成された断片 fragment の電気泳動 electrophoresis のパターンを調べたりすることができます。あるいは、特定のプローブ probe をハイブリダイゼーション hybridization させ、そのパターンを調べることもできます。そのためには、どの部分を調べるべきか、あらかじめ知っておく必要があります。出生前診断に限らず、基本的にはどのような場合でも**遺伝子診断** genetic diagnosis は同様の原理で行われます。
　このような出生前診断は、一見すると、分子生物学的技術の平和利用のようにも思えますね。けれども、出生前診断をした後は、その婦人はどのような行動を起こすというのでしょうか。その特定の原因遺伝子がたとえ異常であったとしても、絶対的に病気になるというわけではない場合が大多数でしょう。他の遺伝子の状態も関与してきますから。もし堕胎される場合は、その胎児の人権はどうな

るのでしょうか。ここに、大きな倫理的問題が生じてくるわけです。これが典型的な生命倫理問題です。

　私には、このような出生前診断が平和目的で利用されているとは思えません。そのような技術がなければ、そもそも出生前には判断のしようがないですから、過去には病気の子どもでも神が授けてくれた宝物として大切に育てられたのではないでしょうか。それで世界はうまくいっていたはずです。非常に高価なこのような診断を受けて出生児を自分の判断で選択するような行為が人間的であるとはとても思えないからです。そのような行為に踏み切るような人こそ、かなり病んだ状態にあるのではないかと思います。もっと正確に言えば、そのような人が出てくる社会自体がかなり病んでいると言わねばなりません。

　では、少し話題を変えて、遺伝子技術の犯罪捜査への応用について少し考えてみましょう。DNAの塩基配列はすべての人で少しずつ異なっていますから、容疑者のDNAと犯行現場の残留DNAの配列を照合させることによって、犯人特定の根拠にすることができます。DNAの個人差の大きい部分のパターンをハイブリダイゼーション法やPCR法を用いて比較検討することができます。その個人差の大きいDNAのパターンを、「DNAの指紋」という意味で**DNAフィンガープリント** DNA fingerprint と呼びます。

　このような犯罪捜査への応用の場合、確かにDNA検査が威力を発揮することがあり得ます。これまでの判例を見ても、多くの裁判にDNAの鑑定結果が用いられてきました。しかしながら、分子生物学者なら誰でも分かっていることですが、犯行現場から得られたと思われる試料が本当に他のものによって汚染されていないのかどうか、大変怪しいものです。特にPCR法は１分子のDNAでも増幅してしまうほど感度が高いため、実験者自身のDNAや由来不明のDNAを誤って増幅してしまうことは珍しくありません。現在では、正確さを上げるためにいろいろと工夫がなされていることは確かですが、それが本当の意味で犯人特定の決め手となるのかどうかは疑問です。DNA鑑定というと何か絶対的なものがあるかのような幻想を抱かせるようですが、決してそんなことはありません。裁判の結果は、社会の常識や弁護士の質（あるいは裁判のために投資した金額）などに左右されますから、DNA鑑定結果は、判決を下すための一つの資料として捉えることが適切だと思います。その範囲内では、犯罪捜査への技術的応用は

平和利用であると言ってもよいでしょう。

（9） 遺伝子組換え食品への応用

遺伝子組換えという技術は、医療面だけでなく、農業面にも応用可能です。**遺伝子組換え食品**（遺伝的修飾食品 genetically modified food、GM food）という言葉は、最近では日常的に聞かれるようになりました。特に、ダイズ、ナタネ、トウモロコシ、ジャガイモ、食用油としてのワタの5種類が組換え食品として登場しています。そのほとんどがアメリカで生産されています。アメリカの最大の輸出国は日本なので、日本が世界最大の組換え食品の輸入国となっています。

植物の遺伝的改良は、品種改良 breeding という交配の繰り返しの操作により、古来から行われてきました。現在の農作物はほとんどが過去に品種改良されたものばかりです。このような遅々とした品種改良とは異なり、植物体に遺伝子を組み込めば、その遺伝子の性質を持つ植物体を短時間で作製することが可能になります。

その典型例が、**除草剤耐性遺伝子** herbicide-resistance gene の導入です。特定の除草剤に耐性を持つような遺伝子を植物体に持たせることができます。そのような植物を栽培し、強力な除草剤をかけると、他の雑草はすべて枯死しますから、非常に効率の良い農業生産を行うことができるようになるはずだと論じられます。ただし、その導入された遺伝子は特定の除草剤のみに耐性を示し、他の除草剤には耐性を示しませんから、除草剤耐性遺伝子を持つ作物は特定の除草剤とともに販売されることになります。

日本のように小さな作付面積で、多様な農作物を混生させるような場合には、高価な除草剤耐性遺伝子を持つ作物を使用する意味は最初からなさそうですが、広大な農地を機械管理するアメリカのような農業の場合、このような遺伝子改変作物が農業生産の効率化に貢献すると謳われてきました。しかし、実際に導入してみると、従来の農業に比べて収量が減ることや、種子自体が高価であること、除草剤が効かない雑草の出現、環境問題への懸念など、多くの問題が浮上しました。その結果、この製品を開発した会社に利潤が集中したことは確かですから、開発業者の目的は達成されたわけですが、従来の農業体制は乱されるばかりで、

現実的な社会改善は何もなかったのです。

　遺伝子組換え植物で最も多く議論されているのはその安全性 safety です。売るほうは安全だという宣伝を強化するのは当然のことですが、このような宣伝は真実として受け止めてよいものでしょうか。ちなみに、ヨーロッパでは遺伝子組換え食品への拒否反応が強く、日本ほどは市場に出回ってはいません。

　遺伝子組換え食品の安全性を本当の意味で科学的に立証することはできるのでしょうか。それはできません。本当の意味で立証するためには、長期にわたって特定の人が遺伝子組換え食品を食べ続ける以外には方法はありません。そのような人体実験を行うことができない状態では、科学的議論はできないのです。また、安全性を否定することも、厳密の意味では不可能です。ですから、「人体への安全性」を「科学的に」議論したいのならば、ある程度人為的な「安全基準」を設けて、その基準を満たしているかどうか議論する以外に方法はありません。その基準には科学的根拠はありません。そもそも非科学的な対象に科学を押し込めようとする行為自体が、遺伝子組換え論争の水掛け論の原因なのです。

　では、遺伝子組換え食品が人類の平和に貢献するかどうかを判断するには、どうすればよいのでしょうか。そのためには、社会的な言語を使って議論すればよいのです。遺伝子組換え食品は、われわれにとって新規な存在であることには変わりはありません。つまり、遺伝子組換え食品を普及させるということは、これまで人類は経験したことのない冒険をすることになります。冒険にはもちろん、危険が伴います。一方、この冒険で得るものは何でしょうか。消費者にとって、得るものは何もありません。遺伝子組換え食品を開発した会社に利潤が集中するだけです。危険を伴う無益な冒険はすべきではないと私は思います。

（10）　緑の革命の真実

　遺伝子組換え作物の開発には、それなりの科学的技術と資本が必要ですから、それらのほとんどは、アメリカの多国籍企業が中心となって推し進めてきました。その結果、様々な作物が開発されましたが、アメリカ国内でも多数の消費者団体から大きく反発され、ヨーロッパにも輸出できないという状況に陥ってしまいました。一方、日本や発展途上国は無防備ですから、その被害をまともに受け

ることになります。

　過去に行われた重要な農業革命がいわゆる「**緑の革命 Green Revolution**」でした。これは第二次世界大戦中に推進された食糧増産計画です。ここで現れたのが**ハイブリッド種子 hybrid seed**です。これは普通の種子ではありません。遺伝子組換え技術ではありませんが、細胞融合 cell fusion によって開発された商品としての「種子」で、自己再生能力がありません。ですから、これまでの農業のように、収穫後に少しだけ来年用の種子を保存しておくという行為ができなくなります。それは種子会社から、毎年、購入しなければなりません。もちろん、それは特許化されているため、特定の会社からの購入が必要になります。ただし、この種子の宣伝文句は、高収量であるという点です。旧来のコムギやトウモロコシよりも2倍から3倍も高収量であるという宣伝でした。

　インドなどの国々にこのような高収量種子が強制的に導入された結果、それまで平和に継続されてきた伝統的な農業は壊滅状態に落ち込んでしまいました。ハイブリッド種子を用いて高収量を上げるためには、本格的な機械化、灌漑設備、農薬・化学肥料の使用が前提であったのです。そのためには、資本金がなければなりません。この時点で、農業は急にお金のかかるものになってしまい、伝統的に平和に行われてきた農業体系は破壊され、富は地主に集中しました。小規模農家には農業を止めて出稼ぎに行く以外に道は残されていませんでした。地主による大規模農業は、商品経済の活性化のための輸出用作物をつくるようになり、地元への還元は十分ではなくなりました。すると、多くの人々の間には飢餓が広がり、街はスラム化していったわけです。

　このような緑の革命の真実は、現在でもあまり大きく取り上げられることはありません。「緑の革命」という言葉は、私が高校のときには社会の教科書に記載されていたように記憶していますが、それはどちらかというと肯定的なコンテクストで述べられていたように思えます。社会事情に疎くなりがちな理学部の学生は、技術開発なら何でも良かれと思い込む傾向があります。これが、私の言う「科学教」です。科学教に陥らないためにも、矛盾するように聞こえるかもしれませんが、科学とは何かをじっくりと考え、論理的な思考力を身につけることが必要なのです。

(11) 46億年の歴史に敬意を払う

　生物学の大目標は、生命現象を論理的に説明することであると述べてきました。そのような純粋に科学的な興味に端を発したはずの生物学は、生物の摩訶不思議性を次々と暴き、遂には遺伝子操作すら行うことができるようになったわけです。その結果として、遺伝子操作技術が社会的に応用され、様々な新しい社会問題を引き起こしているのが現状です。

　人間はいったん技術を手に入れてしまうと、生物に対する純粋な驚きや敬意の念を忘れてしまうものなのでしょうか。遺伝子組換え技術の獲得によって、いかにもこの生物界を人間が支配しているような風潮が広まってしまったことは、現代に生きる一人の生物学者として大変遺憾です。遺伝子組換え技術に用いられる酵素群には、人類が発明したものは一つもありません。たとえば、制限酵素は、大腸菌をはじめとした細菌類がファージの進入を阻止するために発明したものです。人類はそれを拝借しているにすぎません。もし、われわれがこの生物界のことを本当に理解しているのなら、生命をつくり出すことすら可能なはずですが、われわれの技術では生命どころか、機能的な蛋白質分子すらデザインすることはできないのです。

　それもそのはずです。地球生命体は46億年の歴史を持っています。この46億年の間に、生物は無限ともいえる進化の実験を繰り返してきたのです。その結果、46億年の歴史を背負って、生物はこの地球上に生きているのです。この歴史の重みをわれわれは深く理解すると同時に、46億年の歴史に敬意を払わねばなりません。

　遺伝子組換え技術の社会的利用がすべて社会悪につながるわけではないことを願っていますが、短絡的な利潤追求が善行とされる現代資本主義社会において、組換え技術を平和利用することは生やさしいことではありません。われわれ人類は46億年の歴史の結果として地球上に誕生したヒトと呼ばれる一つの種であることを認識することからはじめなければならないのです。

あとがき

　アメリカの大学の授業は、かなり体系的に行われます。指定された教科書と適切なシラバスがあり、授業に臨む際に当日分のページを通読しておくことが期待されています。教師の気迫もそれなりのものです。私自身、学生時代にアメリカの大学の授業を消化することは本当に大変でしたが、学んだものは非常に大きかったことを覚えています。一方、私が大学生の頃の日本の大学の授業はかなり散漫で、教科書どころか、授業内容そのものも全体像が見えぬものばかりでした。昨今の日本の大学の「アメリカ化」はアメリカ方式を無批判に取り入れているようで、必ずしも喜ばしいものではありませんが、日本の学生にも、学びの真意を伝えるような教科書を用意したいというのが本書のねらいです。時間的な余裕がまったくないままに執筆したため、本企画が成功したかどうかは不安なままですが、少なくとも私自身の授業の学生にとっては、学問の世界を泳いでいく上で多少の伴侶となるのではないかと思っています。

　本書は広範囲にわたる生物学のトピックを取り扱っています。私自身、生物学の全体像を構築するために様々な分野に足を踏み込んできました。大学時代は癌化の分子生物学、アメリカ留学後は化学と神経・発生生物学、イギリスでは免疫学の研究室に席を置きました。その間、チョウの研究を細々と並行して進めていたため、進化生物学に触れる機会もありました。また、科学や医療に関する思想的模索は私の人生を通しての愉しみでもあります。その意味で、本書のような広範囲を取り扱う際には、これまでの経験が大変役に立ち、ユニークな著作になったのではないかと自負しています。もちろん、時間的制約が大きかったため、舌足らずに終わってしまった部分も多いですし、多くの方々に反感を抱かせるような表現もあったかもしれません。そのような至らぬ点については、ここでお詫び申し上げたいと思います。さらに、私自身の守備範囲を大きく超える分野は取り

上げることができなかったことは認めなければなりません。

　生命倫理については、医療ジャーナリストである伴梨香氏にアドバイスおよび資料収集の点で大変お世話になりました。また、大学教育出版の佐藤守氏および安田愛氏には編集関係で大変お世話になりました。ここに厚く御礼を申し上げます。

2006年8月

　　　　　　　　　　　　　　　　　　　　　　　　　　　　　　著　者

［読者の皆様へ］
　メールでご意見、ご感想をお寄せください。今後の研究・教育の参考にさせていただきます。
　otaki@sci.u-ryukyu.ac.jp

■著者紹介

大瀧　丈二　（おおたき　じょうじ）

長崎市出身。
筑波大学第二学群生物学類卒業。マサチューセッツ大学アマースト校化学部卒業。コロンビア大学大学院生物科学研究科修士課程および博士課程修了、Ph. D. 取得。ケンブリッジ大学医学部ポストドクター研究員、神奈川大学理学部生物科学科助手を経て、琉球大学理学部海洋自然科学科生物系助教授、同准教授。
専門は分子生理学。蝶の色模様形成と種分化、福島原発事故の生物影響、蛋白質のアミノ酸配列情報について研究中。

著書

生物学専門著書に、『嗅覚系の分子神経生物学──においの感覚世界への招待』（フレグランスジャーナル社）、『現代生物学の基本原理〈要点集〉』（大学教育出版）、『香り分子で生物学を旅する─嗅覚と科学のファンタジー─』（フレグランスジャーナル社）、編著に『チョウの斑紋多様性と進化：統合的アプローチ』（海游舎）がある。
科学や医療に関する社会思想家でもあり、『自然史思想への招待』（緑風出版）をはじめとした著書・訳書も多数ある。

現代生物学の基本原理 15 講

2006 年 10 月 20 日　初版第 1 刷発行
2011 年 10 月 31 日　初版第 2 刷発行
2020 年 3 月 1 日　初版第 3 刷発行

■著　　者────大瀧丈二
■発 行 者────佐藤　守
■発 行 所────株式会社 大学教育出版
　　　　　　　　〒700-0953 岡山市南区西市 855-4
　　　　　　　　電話 (086) 244-1268　FAX (086) 246-0294
■印刷製本────モリモト印刷㈱

Ⓒ Joji OTAKI 2006, Printed in Japan
検印省略　　落丁・乱丁本はお取り替えいたします。
無断で本書の一部または全部を複写・複製することは禁じられています。
ISBN978-4-88730-715-5